高等职业教育智能制造系列新形态教材

数控技术与操作

主　编　赵金凤　陈秋霞
副主编　刘秀霞　吴瑞莉　郭　君　王泽琪　马长辉　刘宝君　李德民

·上海·

内 容 提 要

本书以常用的GSK980T车床数控系统和FANUC 0i数控系统为例,介绍数控车床、数控铣床和加工中心的编程与操作,将理论知识与数控编程、数控仿真加工以及数控机床操作等有机地融为一体。

本书理论联系实际;注重以学生为主体、以教师为主导的教学理念;重点突出、循序渐进、图文并茂;指导学生通过完成任务,巩固知识,锻炼技能。本书配套资源丰富,可满足混合式教学需求。

本书可作为高等职业院校数控技术、机械设计与自动化等机电类专业的教材,也可用作企业数控加工技能培训教程。

图书在版编目(CIP)数据

数控技术与操作 / 赵金凤,陈秋霞主编. —上海:同济大学出版社,2022.12
 ISBN 978-7-5765-0485-9

Ⅰ.①数… Ⅱ.①赵… ②陈… Ⅲ.①数控技术-高等职业教育-教材 Ⅳ.①TP273

中国版本图书馆 CIP 数据核字(2022)第 220878 号

高等职业教育智能制造系列新形态教材

数控技术与操作

主 编 赵金凤 陈秋霞
副主编 刘秀霞 吴瑞莉 郭 君 王泽琪 马长辉 刘宝君 李德民
责任编辑 任学敏　**助理编辑** 竺奕辰　**责任校对** 徐春莲　**封面设计** 陈益平

出版发行	同济大学出版社　www.tongjipress.com.cn	
	(地址:上海市四平路1239号　邮编:200092　电话:021-65985622)	
经　销	全国各地新华书店	
排　版	南京文脉图文设计制作有限公司	
印　刷	常熟市大宏印刷有限公司	
开　本	787mm×1092mm　1/16	
印　张	22	
字　数	549 000	
版　次	2022年12月第1版	
印　次	2022年12月第1次印刷	
书　号	ISBN 978-7-5765-0485-9	
定　价	78.00元	

本书若有印装质量问题,请向本社发行部调换　　版权所有　侵权必究

前　言

　　党的二十大对教育、科技、人才事业作了一体化部署，强调要坚持教育优先发展。"三教"改革中，教师是根本，教材是基础，教法是途径。本书是活页式教材，由校企共同组织教材内容，突出实用性与实践性；通过配套数字化教学资源，形成以"纸质教材＋多媒体平台"为形式的新形态一体化教材体系。本书还结合了课程思政，让学生在训练中培养职业道德与工匠精神。

　　本书以国家职业标准为依据，以综合职业能力的培养为目标，以典型工作任务为载体，以学生为中心，根据典型工作任务和工作过程设计内容，通过工艺制订、程序设计、仿真加工等一系列设计，培养学生对知识的应用和实践能力，体现了高职院校理实一体化的课程特色。

　　全书内容分为三个项目。项目一是数控车床典型零件编程与加工；项目二是数控铣床典型零件编程与加工；项目三是加工中心典型零件编程与加工。项目下共设十七个典型任务。

　　本书在内容的组织与安排上有以下特点。

　　① 采用活页式，便于更新新技术、新工艺。在数控技术与操作原有教材的基础上，将传统的知识点和技能点进行了解构和重构，打破了原有教和学的逻辑顺序，形成了新的以工作过程为导向的符合学生认知规律的逻辑顺序，按照真实的工作过程组织工作页的内容。

　　② 以基于工作过程的思路编排工作任务，校企合作，教学易操作。每个项目中包含若干个任务，以程序设计与仿真内容为中心，从明确任务、程序设计、小组竞赛、仿真训练、小组汇报、拓展应用等环节展开。明确任务环节中的知识点后面安排了考证习题，便于学生巩固理论知识，指导实践；程序设计环节要求学生边学边练，历练程序设计能力；小组竞赛环节中，学生可通过个人赛、小组赛，提高程序设计技能；仿真训练环节是通过仿真加工检验程序的合理性，为实操加工做准备；拓展应用环节安排了企业案例，使学生将学到的知识与技能用于企业生产。

　　③ 基于"双证制"的考试要求，搭建评价体系。在每个学习活动中，都有理论检测试题或技能训练评价表，考核标准与国家数控车工、铣工职业技能鉴定接轨，搭建符合数控车铣1＋X精神的课证融通式评价体系。

　　④ 教学资源丰富。教材配有教学资源，学生可以通过扫描书中二维码观看视频，查看工艺文件、习题答案等教学资源，随扫随学，方便学生自主学习。

　　⑤ 理论和仿真加工一体化设计，以典型零件的程序设计为基础。以"明确任务，自主学习；程序设计，历练技能；技能竞赛，强化技能；仿真训练，检验程序；小组汇报，检查评估；企业案例，拓展应用"六个学习环节为主线，详细编制了典型零件的工艺制订、程序设计、仿真加工等内容。通过六个学习环节，一是培养学生发现问题、解决问题、团结协作的能力；二

是培养学生一丝不苟、精益求精的工匠精神;三是培养学生爱岗敬业、勤俭节约的品质,为学生参加工作后尽快融入集体、适应工作岗位做好充分准备。

⑥ 拓展环节设计了程序设计的训练习题,学生可通过业余时间进行反复训练,为考证做准备。

本书由赵金凤负责项目一的编写,陈秋霞、刘秀霞、吴瑞莉负责项目二的编写,王泽琪、马长辉负责项目三的编写;郭君负责本书图片的绘制;赵金凤负责统稿。

华宇工学院的高级工程师刘宝君、德州德工机械有限公司的工程师李德民参与了教材编写,提供了企业案例,很多同行也提出了宝贵的意见和建议,在此一并表示衷心的感谢。

在编写本书的过程中,编者参考和引用了相关资料以及网络资源,在此表示深深的谢意。

本书的参考学时为 66 学时,有的学校课时比较紧,仿真训练可以课下完成。各任务的参考学时分配见学时分配表。

学时分配表

序号	项目名称	任务名称		计划学时
1	数控车床典型零件编程与加工(36学时)	任务一	数控车床认知与操作	4
		任务二	数控车床加工工艺制订	4
		任务三	轴类零件的编程与加工	4
		任务四	盘类零件的编程与加工	4
		任务五	成形面类零件的编程与加工	4
		任务六	套类零件的编程与加工	4
		任务七	槽类零件的编程与加工	4
		任务八	螺纹类零件的编程与加工	4
		任务九	曲面类零件的编程与加工	4
2	数控铣床典型零件编程与加工(14学时)	任务一	数控铣床认知与操作	4
		任务二	数控铣床加工工艺制订	2
		任务三	平面槽类零件的编程与加工	4
		任务四	平面轮廓类零件的编程与加工	4
3	加工中心典型零件编程与加工(16学时)	任务一	加工中心认知与操作	4
		任务二	孔系类零件的编程与加工	4
		任务三	特殊零件的编程与加工	4
		任务四	配合类零件的编程与加工	4
合计				66(包括仿真)

考证习题答案

编 者
2022 年 9 月

目 录

前言

项目一　数控车床典型零件编程与加工 …………………………………………… 001
　　任务一　数控车床认知与操作 ……………………………………………………… 003
　　任务二　数控车床加工工艺制订 …………………………………………………… 029
　　任务三　轴类零件的编程与加工 …………………………………………………… 055
　　任务四　盘类零件的编程与加工 …………………………………………………… 081
　　任务五　成形面类零件的编程与加工 ……………………………………………… 103
　　任务六　套类零件的编程与加工 …………………………………………………… 119
　　任务七　槽类零件的编程与加工 …………………………………………………… 135
　　任务八　螺纹类零件的编程与加工 ………………………………………………… 153
　　任务九　曲面类零件的编程与加工 ………………………………………………… 173

项目二　数控铣床典型零件编程与加工 …………………………………………… 191
　　任务一　数控铣床认知与操作 ……………………………………………………… 193
　　任务二　数控铣床加工工艺制订 …………………………………………………… 213
　　任务三　平面槽类零件的编程与加工 ……………………………………………… 235
　　任务四　平面轮廓类零件的编程与加工 …………………………………………… 257

项目三　加工中心典型零件编程与加工 …………………………………………… 271
　　任务一　加工中心认知与操作 ……………………………………………………… 273
　　任务二　孔系类零件的编程与加工 ………………………………………………… 287
　　任务三　特殊零件的编程与加工 …………………………………………………… 313
　　任务四　配合类零件的编程与加工 ………………………………………………… 329

参考文献 …………………………………………………………………………………… 343

项目一

数控车床典型零件编程与加工

项目概述

数控车床是目前使用最广泛的数控机床之一。数控车床主要用于加工轴类、盘类、套类、螺纹类等回转体零件。通过数控加工程序的运行,数控车床可自动完成内外圆柱面、圆锥面、成形表面、螺纹和端面等表面的切削加工,并能进行车槽、钻孔、扩孔以及铰孔等工作。车削中心可在一次装夹中完成更多的加工工序,提高加工精度和生产效率,适合于复杂形状回转体零件的加工。

知识树

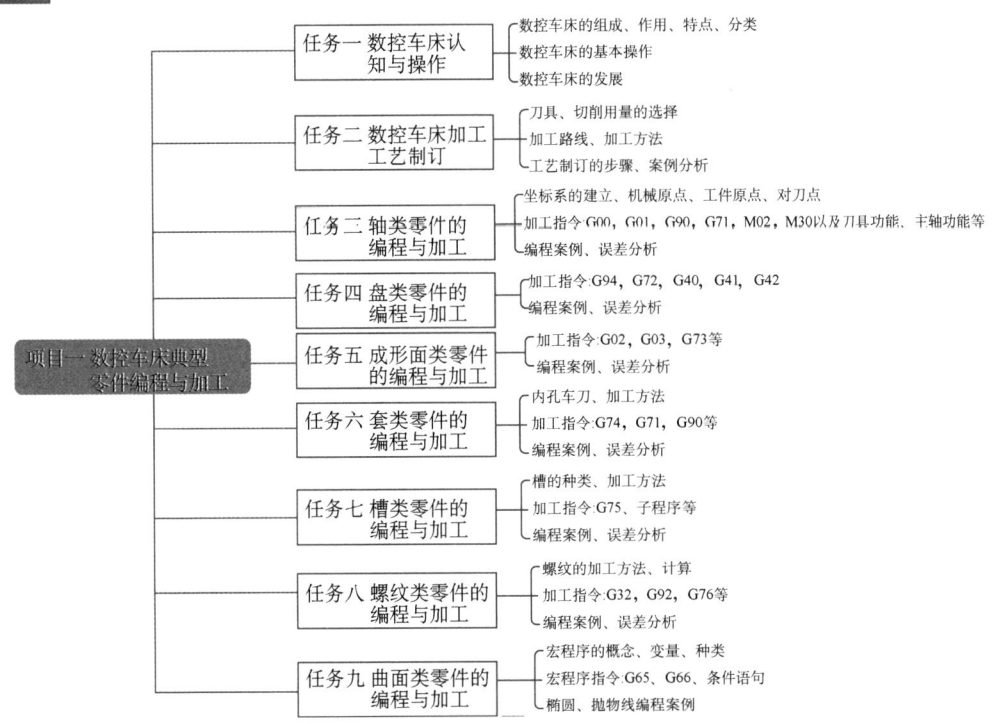

图 1-1 项目一知识树

任务分组

按照企业岗位进行班级中的学生分组,5 人一组。5 人轮流分别担任组长、工艺员、编程员、检查员、操作员角色,实施工作过程。每个人都有锻炼组织协调、任务管理、工艺制订、程序设计、任务检查、仿真操作的机会。通过小组协作,培养学生团队合作、互帮互助的精神和协同攻关能力。

给小组命名时,每个小组根据自己努力的目标,选取工匠精神的相关元素作为组名,并形成组训,营造小组凝聚力和文化氛围,并确定任务分工,组长完成任务分组表(表1)的填写。

表 1 任务分组表

组名			组训	
团队成员	学号	角色指派	职责	
		组长 (技术员)	安排任务计划、进度,组织课前自主学习,对疑难问题进行讨论,汇总问题;课后收集企业案例,解决疑难问题。进行本任务知识总结,制作汇报 PPT	
		工艺员	负责竞赛零件的工艺制订,进行小组讨论,优化加工工艺,解决工艺方面的问题	
		编程员	负责竞赛零件的加工程序设计,进行小组讨论,优化加工程序,解决加工程序方面的问题	
		检查员	对任务完成情况进行自评与互评,对小组成员提出不同意见	
		操作员	仿真操作(车床仿真操作、程序编写、零件仿真加工)	

任务一
数控车床认知与操作

📖 任务描述

数控车床能加工各种回转体零件。本任务以 GSK980T 车床数控系统为例，学习面板上各按键的功能和作用，以及数控车床的操作方法；学习相关的安全文明生产等方面的知识。参观数控生产实训车间现场，与实训指导教师进行交流，查阅相关资料，了解图 1-1-1 所示数控卧式车床的主要结构，并根据车间中数控车床的实际情况，完成表 1-1-1 关于数控车床主要技术参数的填写。

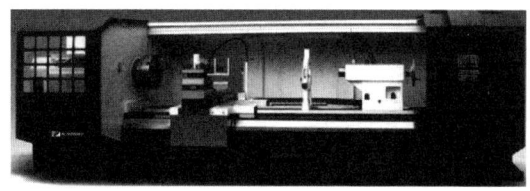

图 1-1-1　数控卧式车床

表 1-1-1　卧式数控车床的主要参数

项目	主要技术参数	项目	主要技术参数
车床型号		刀架类型	
数控系统		刀具数量	
床身结构		床身长度	
车床总功率		纵横向行程	

📖 教学目标

一、素质目标
① 正确执行安全操作规程，树立安全意识；
② 培养学生爱岗敬业的精神。
二、知识目标
① 掌握数控车床的组成、分类及特点；
② 掌握数控车床各组成部分的作用、面板的组成、各按钮的作用及数控车床的特点。

三、能力目标

① 能根据数控车床面板的组成,说出按钮的作用;
② 能够通过仿真软件,熟练操作数控车床。

学习要求

明确"数控车床认知与操作"任务中的操作步骤与安全操作规程要求,通过 5 个环节的活动训练,掌握数控车床的基本操作。具体工作步骤及要求见表 1-1-2。

表 1-1-2　具体工作步骤及要求

序号	工作步骤	要求	学时安排	备注
1	明确任务 自主学习	能快速明确任务要求并清晰地表达,在教师要求的时间内完成任务;能够在自主学习过程中发现问题,解决问题,完成知识点的测试,掌握数控车床的组成、分类、特点	0.5 学时	
2	仿真演练 历练技能	边学边练,掌握数控车床的基本操作与加工程序的编写	1.5 学时	
3	小组竞赛 强化技能	按照竞赛要求,在规定的时间内,完成程序编写、对刀等操作过程	1 学时	
4	小组汇报 检查评估	能够清晰地总结知识,思路清晰,语言描述流畅。完成自评与互评、学习报告	0.5 学时	
5	企业案例 拓展应用	了解企业文化和数控车床的产生与发展方向	0.5 学时	

课前引导

数控车床的种类很多,但组成部分及作用基本相同。数控车床的操作面板系统不同,操作面板也有所不同,本任务主要以 GSK980T 车床数控系统操作面板为例进行介绍。通过分析掌握数控车床的组成、分类及面板的组成,为数控车床操作作准备。

学习活动 1　明确任务,自主学习

根据任务要求,通过观看微课、动画等方式,学习相关知识,完成资源平台中的课前测验。预习并总结在学习过程中遇到的问题以及解决办法,填入表 1-1-3。

表 1-1-3 遇到的问题

序号	遇到的问题	是否解决 (已解决的问题说明解决办法)
1		
2		

教师检查学生自学情况,根据学生提交的问题及表现,在课堂上用如下问题抽查自学情况(也可在资源平台提问),然后进行集中讲授和个别指导。

1. 数控车床是由哪几部分组成的,各部分有什么作用?

_____

_____

2. 如何开关数控车床? 如何对刀?

_____

_____

知识点 1　数控车床组成和工作原理

一、数控车床的组成

数控车床一般由控制介质、数控系统、伺服系统、车床本体和辅助装置部分组成。

1. 控制介质

控制介质是将零件加工信息传送到数控装置去的程序载体,如移动硬盘、U 盘等(图 1-1-2)。输入装置的作用是将控制介质上的数控代码传递并存入数控系统内。输出装置的作用是打印或显示数控程序、代码或数据。

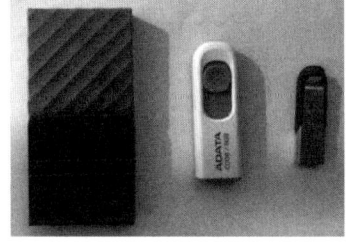

图 1-1-2　控制介质

2. 数控系统

数控系统是数控车床的核心,是整个数控车床的灵魂所在。数控系统主要由操作系统、主控制系统、可编程控制器、输入/输出接口等部分组成。它接受控制介质上的数字化信息,经过控制软件或逻辑电路进行编译、运算和逻辑处理后,输出各种信号和指令,控制机床的各个部分,进行规定的、有序的运动。

3. 伺服系统

伺服系统是连接数控系统和车床本体之间的电传动环节。它接受来自数控系统发出的脉冲信号,将其转换为车床移动部件的运动以加工出符合图纸要求的零件。伺服系统主要由驱动装置、执行机构和检测装置等部分组成。

(1) 驱动装置

驱动装置把经放大的指令信号变为机械运动,通过简单的机械连接部件驱动机床,使工作台精确定位或按规定的轨迹做严格的相对运动,最后加工出图纸所要求的零件。

（2）执行机构

目前大多采用交、直流伺服电机作为系统的执行机构,各执行机构由驱动装置驱动。交、直流伺服电机一般适用于全功能型数控车床,而步进电机多用在经济型或简易数控车床上。每个脉冲信号所对应的位移量称为脉冲当量,它是数控车床的一个基本参数,数控车床常用当量为 0.01～0.001 mm。

（3）检测装置

检测装置把机床工作台的实际位移转变成电信号反馈给计算机数控(CNC)装置,供 CNC 装置与指令值比较产生误差信号,以控制机床向消除该误差的方向移动。检测装置安装在数控车床的工作台或丝杠上,按有无检测装置,数控系统可分为开环系统和闭环系统,而按检测装置安装位置的不同可分为全闭环数控系统与半闭环数控系统。检测装置的作用是检测数控车床各个坐标轴的实际位移量,经反馈系统输入到机床的数控装置中。数控装置将反馈回来的实际位移量与设定值进行比较,控制执行机构按指令设定值运动。常用检测元件有直线光栅、光电编码器、圆光栅、绝对编码尺等,如图 1-1-3 所示。

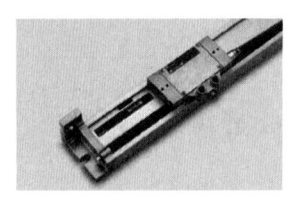  

(a) 直线光栅　　　　(b) 光电编码器　　　　(c) 圆光栅

图 1-1-3　常用检测元件

4. 车床本体

车床本体是指数控车床的机械结构实体,它与传统的普通车床相比较,同样由主传动机构、进给传动机构、工作台、拖板、床身等部分组成。数控车床较普通车床主要有以下特点:

① 主传动机构一般分为齿轮有级变速和电气无级调速两种类型。较高档次的数控车床都要求配置调速电机实现主轴的无级变速,以满足各种加工工艺的要求。采用高性能主传动及主轴部件,具有传递功率大、刚度高、抗振性好及热变形小等优点。

② 进给传动机构采用高效传动件,具有传动链短、结构简单、传动精度高等特点。如采用滚珠丝杠副、直线滚动导轨副等。

③ 床身机架具有更高的动、静刚度。

④ 为了操作安全,数控车床床身一般采用全封闭罩壳。全封闭数控车床如图 1-1-4 所示。

图 1-1-4　全封闭数控车床

5. 辅助装置

辅助装置主要包括工件自动交换机构(APC)、刀具自动交换机构(ATC)、工件夹紧放松机构、回转工作台、液压控制系统、润滑冷却装置、排屑照明装置、过载与限位保护装置以及对刀仪等。它的主要作用是接受数控装置输出的主运动变速、刀具选择和交换、辅助动作等指令信息,经过必要的编译、逻辑判断、功率放大后,直接驱动相应的电气、液压和机械部件,以完成各种规定的动作。车床的功能与类型不同,其包含辅助装置的内容也有所不同。

二、数控操作面板

1. 数控系统操作面板

数控系统操作面板也称CRT/MDI操作面板,MDI是手动数据输入的英文缩写,由CRT显示器与键盘两部分组成,如图1-1-5所示。

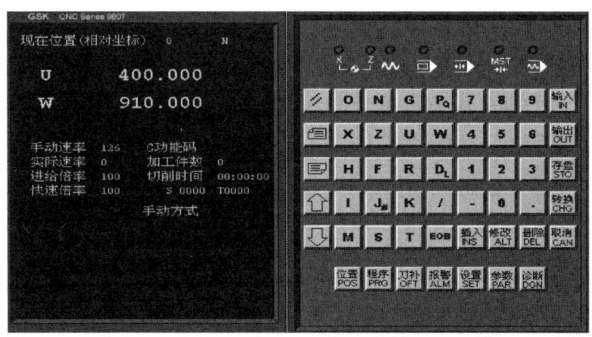

图1-1-5　CRT及键盘

(1) 显示页面按钮的名称及用途

显示页面按钮是用于选择各种显示画面的。GSK980T车床数控系统共有七种显示画面:位置、程序、刀补、报警、设置、参数、诊断。各按钮的名称及用途,见表1-1-4。

表1-1-4　显示页面按钮的名称及用途

图标	按钮名称	用途
位置 POS	位置按钮	按下此键,液晶显示器(LCD)显示现在的位置,共有四项:"相对""绝对""总和""位置/程序"。通过翻页键转换
程序 PRG	程序按钮	程序的显示、编辑等,共有三项:"MDI/模""程序""目录/存储量"
刀补 OFT	刀补按钮	显示、设定补偿量和宏变量,共两项:"偏置""宏变量"
报警 ALM	报警按钮	显示报警信息
设置 SET	设置按钮	设置显示及加工轨迹图形显示,反复按此键时在两种显示页面间切换
参数 PAR	参数按钮	显示、设定参数
诊断 DGN	诊断按钮	诊断信息显示及软键盘机床面板显示,反复按此键时在两种显示页面间切换

(2) 键盘按钮的名称及用途

键盘各主要按钮的名称及用途,见表 1-1-5。

表 1-1-5　键盘各主要按钮的名称及用途

图标	按钮名称	用途
 复位	复位按钮	解除报警,CNC 复位
 输出OUT	输出按钮	从 RS232 接口输出文件的启动
 P Q	地址/数字按钮	输入字母、数字等字符
 输入IN	输入按钮	输入参数、补偿量等数据,从 RS232 接口输入文件的启动,在 MDI 方式下输入程序段指令
 取消CAN	取消按钮	消除输入到键输入缓冲寄存器中的字符或符号。键输入缓冲寄存器的内容由 LCD 显示。例如:键输入缓冲寄存器显示为"N0001"时,按"CAN"键,则"N0001"被取消
 ⇧⇩	光标移动按钮	有四种光标移动按钮。↓:使光标向下移动一个区分单位。↑:使光标向上移动一个区分单位。持续地按光标上下键时,可使光标连续移动。W,U:用于设定参数开关的开与关及位参数、位诊断、详细显示的位选择
 📖 📖	翻页按钮	有两种换页方式。📖:使 LCD 画面以页顺方向更换(下页);📖:使 LCD 画面以页逆方向更换(上页)  
 插入INS	插入按钮	用于程序的插入的编辑操纵
 修改ALT	修改按钮	用于程序的修改的编辑操纵
 删除DEL	删除按钮	用于程序的删除的编辑操纵
 转换CHG	转换(CHG)按钮	位参数内容提示方式切换:逐位提示或字节提示
 EOB	程序段结束按钮	按该按钮,再按插入按钮,程序段结束符号";"被输入
 存盘STO	存盘按钮	保存数据

2. 数控车床操作面板

不同数控车床生产厂家的车床操作面板不同,可参考厂家的车床说明书。GSK980T车床数控系统的操作面板,如图 1-1-6 所示。

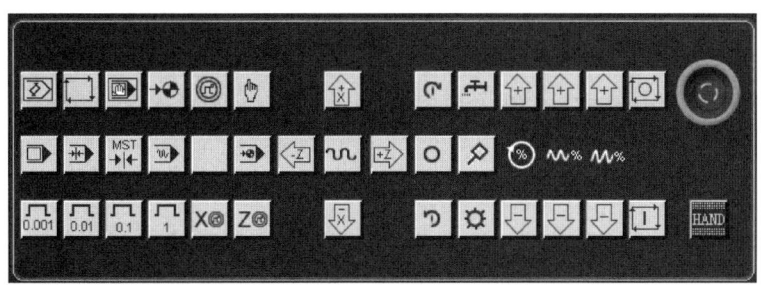

图 1-1-6　GSK980T 车床数控系统的操作面板

车床各主要按钮名称及用途,见表 1-1-6,空运行进给按钮名称及程序指令,见表 1-1-7。

表 1-1-6　车床各主要按钮的名称及用途

图标	按钮名称	用途
	循环启动按钮	自动运行的启动
	进给保持按钮	自动运行中刀具减速停止
	编辑方式按钮	选择编辑操作方式
	自动加工方式按钮	选择自动操作方式
	录入方式按钮	选择录入操作方式
	回参考点按钮	选择机械回参考点操作方式
	单步方式按钮	选择手轮/单步操作方式
	手动方式按钮	选择手动操作方式
	快速进给按钮	手动快速进给
	程序回零按钮	返回程序起点开关为"ON"(开)时,为回程序零点方式
	快速进给倍率	选择快速进给倍率
	主轴倍率	选择主轴倍率(含主轴模拟输出时)

(续表)

图标	按钮名称	用途
0.001 0.01 0.1 1	单步/手轮移动量按钮	选择单步一次的移动量（单步方式）
	车床锁住	车床锁住
	进给速度倍率	在自动运行中，对进给速度进行倍率
	手动连续进给速度	选择手动连续进给的速度
X Z	选择手摇轴按钮	选择与手摇脉冲发生器相对应的移动轴
	冷却液启动按钮	冷却液启动（详见车床使用说明书）
	润滑液启动按钮	润滑液启动（详见车床使用说明书）
	手动换刀按钮	手动换刀（详见车床使用说明书）
	主轴正转、停止、反转按钮	控制主轴正转、反转起动和停止
	选择移动轴按钮	回参考点、程序起点时，坐标轴移动
	单程序段按钮	当单程序段开关置于"ON"（开）时，单程序段灯亮，执行程序的一个程序段后停止。如果再按循环启动按钮，则执行完下个程序段后停止
	空运行按钮	当空运行为"ON"（开）时，不管程序中如何制定进给速度，以表1-1-7中的速度运动

表1-1-7 空运行进给按钮的名称及程序指令

按钮名称	程序指令	
	快速进给	切削进给
手动快速进给按钮"ON"（开）	快速进给	JOG进给最高速度
手动快速进给按钮"OFF"（关）	JOG进给速度或快速进给（用参数设定"RDRN，NO.004"，也可以快速进给）	JOG进给速度

三、数控车床的工作原理

首先根据所设计的数控车床零件图，经过加工工艺分析、设计，将加工过程中所需的各种操作，如车床启停、主轴变速、刀具选择、切削用量、走刀路线、切削液供给以及刀具与工件相对位移量等编入程序中，然后通过键盘或其他输入设备将信息传送到数控系统。由数控系统中的计算机对接收的程序指令进行处理和计算,并向伺服系统和其他各辅助控制线路发出指令,使它们按程序规定的动作顺序、刀具运动轨迹和切削工艺参数来进行自动加工,如图1-1-7所示。当零件加工结束时,车床停止工作。

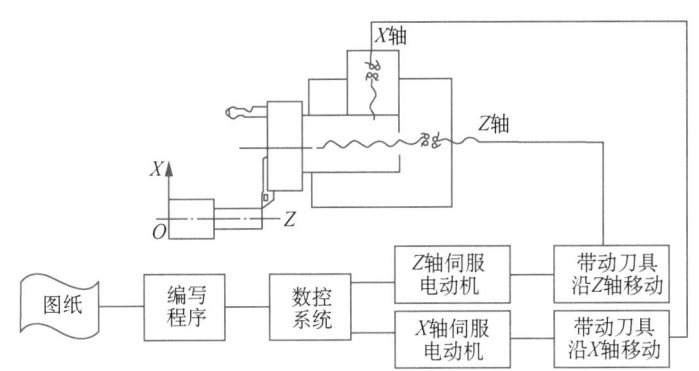

图1-1-7 数控车床的基本工作原理

当数控车床通过程序输入、调试和首件试切合格,进入正常批量加工时,操作者一般只要进行工件上、下料装卸,再按一下循环启动按钮,车床就能自动完成整个加工过程。

考证习题

一、填空题

1. 检测装置的作用是检测数控车床各个坐标轴的_____,经反馈系统输入到机床的_____中。

2. _____是将零件加工信息传送到数控装置去的程序载体。

3. 数控车床的每个脉冲信号所对应的位移量称为_____。

二、判断题

1. 车床本体是数控车床的主体,是用于完成各种切削加工的机械部分。　　　(　　)

2. 数控车床进给传动采用高效传动件,具有传动链短、结构简单、传动精度高等特点。　　　(　　)

三、选择题(选择一个或多个正确答案)

1. 在数控车床的组成中,其核心部分是(　　)。

A. 输入装置　　　B. 数控装置　　　C. 伺服装置　　　D. 机床主体

2. 下列把来自CNC装置的微弱指令信号放大成控制驱动装置的大功率信号的是(　　)。

A. 伺服单元　　　B. 驱动装置　　　C. 检测装置　　　D. 辅助装置

四、简答题

数控车床是由哪几部分组成的?

知识点 2　数控车床的分类、用途与特点

数控车床的品种规格繁多,从不同的技术或经济指标出发,可以对数控车床进行各种不同的分类。根据数控车床的功能和组成,一般可以按四种原则进行分类。

一、按进给伺服系统控制方式分类

1. 开环控制系统

开环控制系统车床所采用的开环伺服系统又称为步进电机驱动系统,它的主要特征是该系统内没有位置检测反馈装置。这类车床的控制精度主要取决于伺服系统的传动链及步进电机本身,控制精度不高,但结构简单,反应迅速,工作稳定、可靠,调试、维修方便,如图 1-1-8 所示。

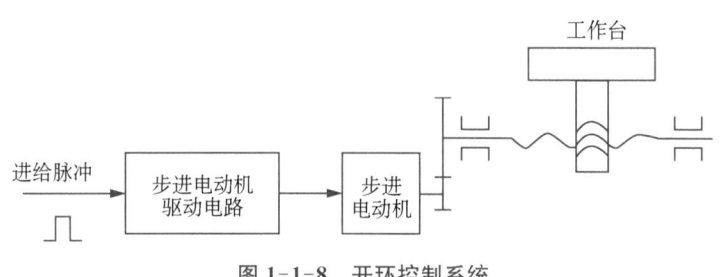

图 1-1-8　开环控制系统

2. 闭环控制系统

这类数控车床所采用的伺服系统的特征是该系统内设有以位置检测元件为主的检测反馈装置。

(1) 半闭环控制系统

它在车床的控制过程中形成部分位置随动控制环路,但不把机械传动装置等部分包括在内,故称该控制环路为"半闭环"。这种控制系统的位置测量元件不是测量工作台的实际位置,而是测量伺服电机的转角,经过推算间接测量工作台位移,不能补偿数控车床传动链零件的误差,如图 1-1-9 所示。

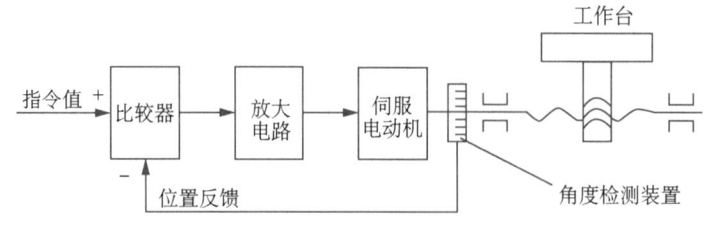

图 1-1-9　半闭环控制系统

(2) 全闭环控制系统

这类车床的控制精度很高,所采用的全闭环伺服系统在车床的控制过程中,形成全部位置随动控制环路,自动检测并补偿所有的位移误差,但结构复杂,价格高。这种控制系

统绝大多数采用伺服电机,有位置测量元件和位置比较电路,如图 1-1-10 所示。

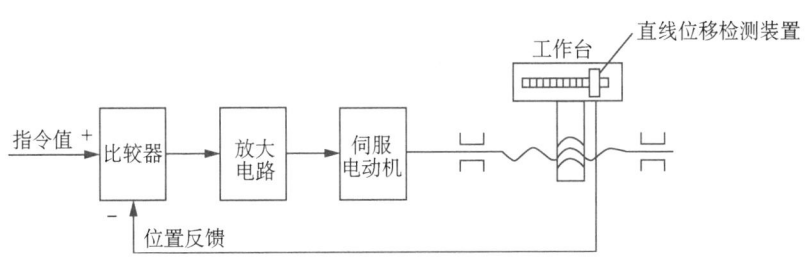

图 1-1-10　全闭环控制系统

二、按主轴的配置形式分类

1. 卧式数控车床

卧式数控车床是指主轴轴线处于水平位置的车床,又分为数控水平导轨卧式车床和数控倾斜导轨卧式车床,倾斜导轨结构的车床具有较大刚性,且易于排除切屑。

2. 立式数控车床

立式数控车床是指主轴轴线垂直于水平面的车床。有一个直径较大的圆形工作台,主要用来加工径向尺寸较大、轴向尺寸较小的大型复杂零件,如图 1-1-11 所示。

图 1-1-11　立式数控车床

三、按刀架数量分类

1. 单刀架数控车床

普通数控车床一般都配置有各种形式的单刀架,如四工位卧式转位刀架或多工位转塔式自动转位刀架。

数控车床的转塔式刀架分为卧式转塔刀架和立式转塔刀架。转塔刀架分度准确,定位可靠,重复定位精度高,转位速度快,夹紧刚性好,可以保证数控车床的高精度和高效率。卧式转塔刀架的回转轴与车床主轴平行,可以在其径向与轴向安装刀具。径向刀具多用于外圆柱面及端面加工,轴向刀具多用于内孔加工。

2. 双刀架数控车床

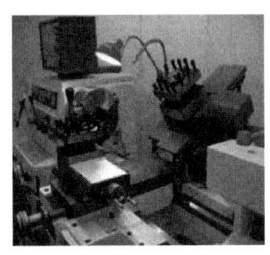

图 1-1-12　双刀架数控车床

双刀架数控车床的双刀架配置可以是平行分布,也可以是相互垂直分布,如图 1-1-12 所示。数控车床的刀架是车床的重要组成部分,其结构直接影响车床的切削性能和工作效率,在一定程度上刀架的结构和性能体现了车床的设计与制造技术水平。

四、按功能分类

1. 经济型数控车床

经济型数控车床一般指对普通车床的进给系统进行改造后形成的简易型数控车床。它采用步进电动机驱动的开环伺服系统,控制系统采用单片机或单板机。它的特征是结构简单、价格低廉、自动化程度低和功能单一,车削加工精度也不高,适用于要求不高的回转体零件的车削加工。

2. 多功能型数控车床

多功能型数控车床是根据车削加工要求在结构上进行专门设计并配备通用数控系统的数控车床,数控系统功能强,自动化程度和加工精度也比较高,适用于一般回转体零件的车削加工。

3. 车削加工中心

车削加工中心在普通数控车床的基础上,增加了 C 轴和动力刀具系统,更高级的数控车床还带有刀库。可以控制 X、Z 和 C 三个运动坐标轴,联动运动坐标轴可以是 (X,Z)、(X,C) 或 (Z,C)。由于增加了 C 轴和动力刀具系统,车削加工中心的功能大大增强了,除可以进行一般车削加工外还可以进行径向和轴向铣削、曲面铣削、中心线不在零件回转中心的孔和径向孔的钻削加工等。

五、数控车床的用途与特点

1. 数控车床的用途

车削加工是工件旋转做主运动和车刀做进给运动的切削加工方法。其主要加工对象是回转体零件。基本的车削加工内容有车外圆、车端面、切断和车槽、钻中心孔、钻孔、车孔、铰孔、车螺纹、车圆锥面、车成形面、滚花和攻螺纹等,如图 1-1-13 所示。

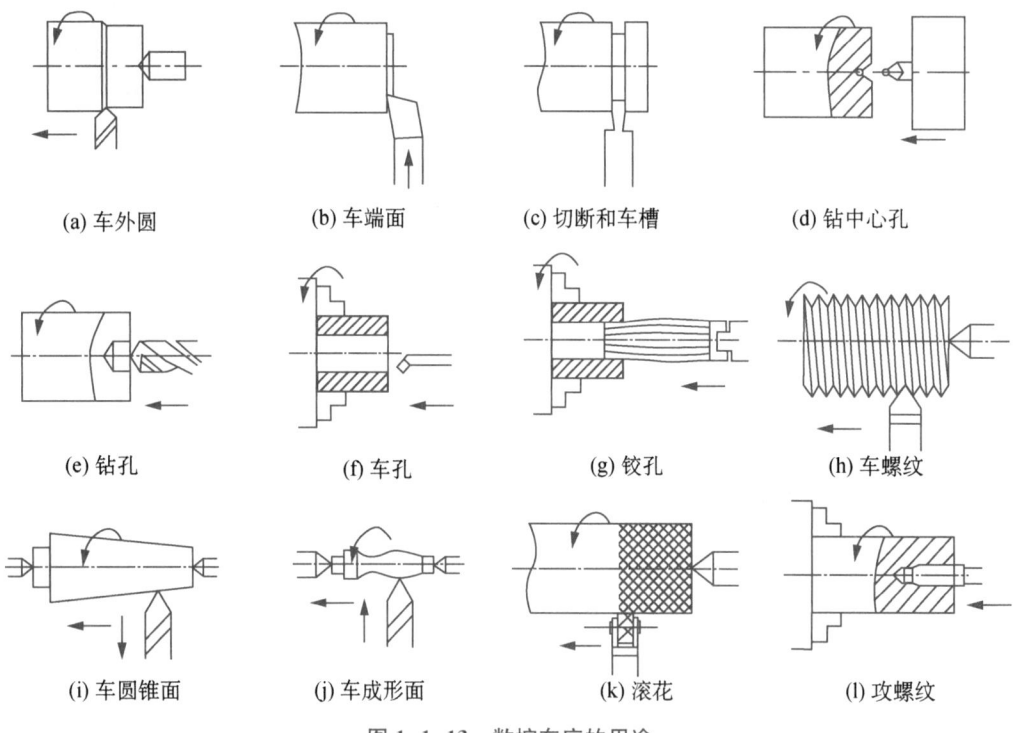

图 1-1-13 数控车床的用途

2. 数控车床的特点

(1) 适应性强

当改变加工零件时,数控车床只需更换零件的加工程序,不必用凸轮、靠模、样板或其他模具等专用工艺装备,且可采用成组技术的成套夹具,因此生产准备周期短,有利于机械产品的迅速更新换代。

（2）适合加工具有复杂型面的零件

由于数控车床能实现两轴或两轴以上的联动，所以能完成复杂型面的加工，特别是可用数学方程式和坐标点表示的形状复杂的零件。

（3）加工精度高，质量稳定

数控车床有较高的加工精度，为 0.005～0.01 mm。数控车床的加工精度不受零件复杂程度的影响，车床传动链的反向齿轮间隙和丝杠的螺距误差等都可以通过数控装置自动进行补偿，其定位精度比较高，同时还可以利用数控软件进行精度校正和补偿。

（4）生产效率高

在数控车床上可以采用较大的切削用量，有效地节省了机动工时。数控车床还有自动调整、自动换刀和其他辅助操作自动化等功能，使辅助时间大为缩短，而且一般不需工序间的检验与测量，所以，数控车床比普通车床的生产率高 3～4 倍，甚至更高。

（5）工序集中，一机多用

数控车床特别是车削中心，在一次装夹的情况下，几乎可以完成零件的全部加工工序，一台数控车床可以代替数台普通车床。这样可以减少装夹误差，节约工序之间的运输、测量和装夹等辅助时间，还可以节省车间的占地面积，带来较高的经济效益。

（6）减轻劳动强度，改善劳动条件

在输入程序并启动后，数控车床就自动地连续加工，直至零件加工完毕。这样就简化了人工操作，使劳动强度大大降低。

（7）价格较高且调试和维修较复杂

数控车床是一种技术含量高的设备，价格较高，而且要求具有较高技术水平的人员来操作和维修。

考证习题

一、填空题

1. 车削中心在普通数控车床的基础上，增加了_____和动力刀具系统，更高级的数控车床还带有刀库。

2. _____环控制系统的车床控制精度很高。

3. 卧式数控车床是指主轴轴线处于水平位置的车床，又分为数控_____。

二、判断题

1. 车削中心必须配备动力刀架。　　　　　　　　　　　　　　　　　　（　　）

2. 立式数控车床是指主轴轴线平行于水平面的车床，有一个直径较大的圆形工作台，主要用来加工径向尺寸较大、轴向尺寸较小的大型复杂零件。　　　　　（　　）

三、选择题（选择一个或多个正确答案）

1. 在开环的 CNC 系统中，下列说法中正确的是（　　）。

A. 不需要位置反馈装置　　　　　　　　　B. 可要也可不要位置反馈装置

C. 需要位置反馈装置　　　　　　　D. 除要位置反馈外,还要速度反馈

2. 下列除可以进行一般车削加工外,还可以进行径向和轴向铣削、曲面铣削、中心线不在零件回转中心的孔和径向孔的钻削加工等的是(　　)。

A. 车削加工中心　　　　　　　　　B. 数控车床
C. 柔性加工单元(FMC)车床　　　　D. 普通铣床

四、简答题

1. 数控车床按进给伺服系统控制方式分哪几种?
2. 数控车床的特点有哪些?
3. 数控车床的用途是什么?

学习活动 2　仿真演练,历练技能

请你按照操作步骤,完成数控车床的仿真操作。记录下你在操作过程中遇到的主要问题及解决方法。

一、数控车床的仿真操作

1. 数控车床项目选择及操作(以 GSK980T 车床数控系统数控仿真软件为例)

(1) 选择机床类型

打开菜单"机床/选择机床…"(图 1-1-14),或者点击工具条上的小图标,在"选择机床"对话框中,控制系统类型默认为"GSK980T",默认机床类型为车床,厂家及型号在下拉框中选择,选择完成之后,按"确定"按钮。

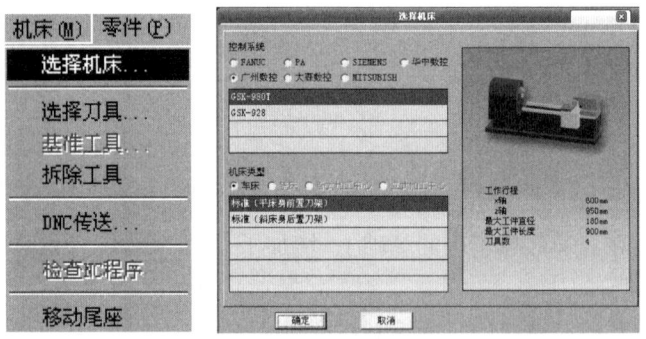

图 1-1-14　选择机床类型

(2) 接通机床电源

点击工具条上的小图标,或者点击菜单"视图/控制面板切换",此时将显示整个机床操作面板,然后检查"急停"按钮是否松开至 状态,若未松开,点击"急停"按钮 ,将其松开。

(3) 机床回零

点击"回参考点"按钮 ,选择 按钮,再选 使 X 轴方向回零,接着按下 按键,

使 Z 轴方向回零。此时车床完成加工前的准备。

(4) 设置工件坐标系原点(对刀)

数控程序一般按工件坐标系编程,对刀过程就是建立工件坐标系与机床坐标系之间对应关系的过程。常见的是将工件右端面中心点(车床)设为工件坐标系原点。

下面具体说明车床对刀的方法。

① 点击菜单"视图/俯视图"或点击主菜单工具条上的 按钮,使车床呈如图 1-1-15 所示的俯视图。点击菜单"视图/局部放大"或点击主菜单工具条上的 按钮,此时鼠标呈放大镜状,在车床视图处点击拖动鼠标,将需要局部放大的部分置于框中,如图 1-1-16 所示。松开鼠标,此时车床视图如图 1-1-17 所示。

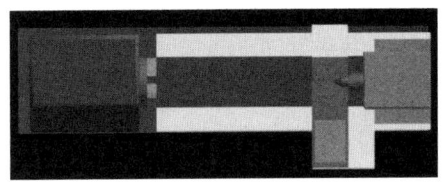

图 1-1-15　机床俯视图

② 点击 按钮,进入刀具补偿窗口,使用"翻页"按钮 、 ,用"光标"按钮 、 将光标移到序号 101 处。(注:GSK980TD 系统不用翻页)

③ 点击操作面板中"手动方式"按钮 ,使屏幕显示"手动方式"状态,点击 ,将车床向 X 轴负方向移动,然后点击 ,使车床向 Z 轴负方向移动。适当点击上述两个按钮,将车床移动到如图 1-1-18 所示大致位置。

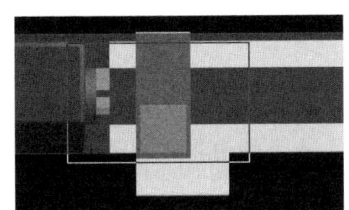

图 1-1-16　局部放大框

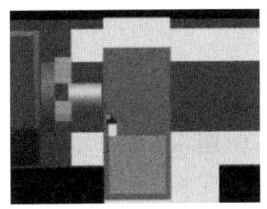

图 1-1-17　局部放大图

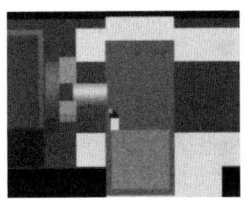

图 1-1-18　车刀靠近工件

图 1-1-19　试车外圆

④ 点击操作面板上的 或 按钮,使主轴转动。点击 ,用所选刀具试车工件外圆,如图 1-1-19 所示。读出 CRT 界面上显示的车床的 X 坐标,记为 X_1。

⑤ 点击 按钮,使主轴停止转动,然后点击菜单"零件/测量",如图 1-1-20 所示,再点击试车外圆时所车线段,选中的线段由红色变为黄色,此时在下方将有一行数据变成蓝色。该行数据表示所车外圆的尺寸值。记下对应的 X 的值,记为 X_p;在刀具补偿窗口中输入 X_p,点击 按钮,系统将车床位置的坐标减去 X_p 后得到值填入到 101 和 001 的 X 中。

⑥ 点击操作面板上的 或 按钮,使主轴转动,然后点击操作面板上的 ,将刀具退至如图 1-1-21(a)所示位置,再点击"移动"按钮 ,试车工件端面,如图 1-1-21

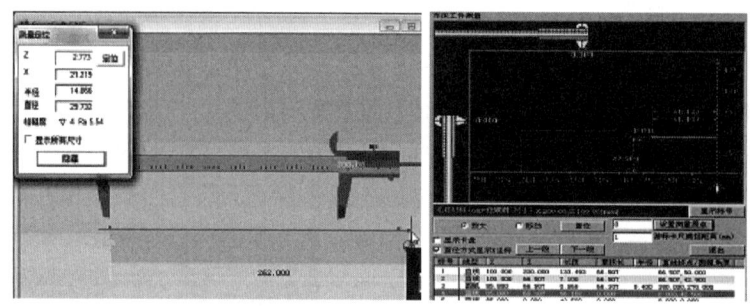

图 1-1-20 工件测量

(b)所示。在刀具补偿窗口中输入 $Z0$,点击 输入IN 按钮,系统将机床位置的坐标减去 0 后得到的值填入到 101 和 001 的 Z 中。

　　　(a)

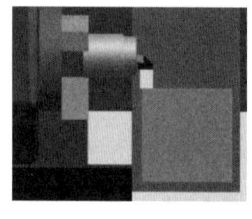
　　　(b)

图 1-1-21 试车端面

⑦ 使用如下的方法可以对刀具参数进行修正:

点击 刀补OFT 按钮,进入刀具补偿窗口,将光标移到序号 001 处。输入 $U_{\Delta x}$,点击 输入IN 按钮,此时 X 的值将改为 $X+\Delta x$;输入 $W_{\Delta z}$,点击 输入IN 按钮,此时 Z 的值将改为 $Z+\Delta z$。

注意:在数控机床上进行 X 轴对刀时,试切完外圆后,退刀时应只退 Z 轴,X 轴保持不变;Z 轴对刀时,试切完端面后退刀时应只退 X 轴,Z 轴保持不变。

(5) 参数设置

① 补偿量设置。刀具补偿量的设定方法可分为绝对值输入和增量值输入两种。

绝对值输入:点击 刀补OFT 按钮,进入刀具补偿窗口,如图 1-1-22 所示。因为显示分为多页,可按翻页键向上 📄 或向下 📄,选择需要的参数页。将光标移到要输入的补偿号的位置。按地址 X 或 Z,用数据键输入补偿量,按 输入IN 键后,补偿量就被输入系统,并在屏幕上显示出来。

偏置序号	X	0 N Z	R	T
000	0.000	0.000	0.000	0
001	0.000	0.000	0.000	0
002	0.000	0.000	0.000	0
003	0.000	0.000	0.000	0
004	0.000	0.000	0.000	0
005	0.000	0.000	0.000	0
006	0.000	0.000	0.000	0
007	0.000	0.000	0.000	0
现在位置(相对坐标)				
U 390.000		W 300.000		

图 1-1-22 刀具补偿

增量值输入:将光标移到要变更的补偿号的位置。如要改变 X 轴的值,则键入 U,要改变 Z 轴的值,则键入 W,再键入数据值,按 输入IN 键,系统会把补偿量与键入的增量值相加,其结果将作为新的补偿量显示出来。例:已设定的补偿量为 5.678 mm,键盘输入的增量为 1.5 mm,新设定的补偿量为 7.178 mm。

注意：如果系统要求小数点输入，当输入的整数后无小数点时，系统接收到的值是实际数值的 0.001 倍。机床参数在机床出厂时已设置好，不要随意改动，以免出现问题。

② 机床参数设定。点击"录入方式"按钮 ▣，进入录入方式，点击 [设置SET] 按钮，进入设置参数窗口，按翻页键 ▣，显示出参数设定界面。

自动序号：0 表示在编辑方式下用键盘输入程序时，程序段顺序号不自动插入；1 表示在编辑方式下用键盘输入程序时，程序段顺序号自动插入。输入数值按 [输入IN] 键即可，如图 1-1-23 所示。

参数开关及程序开关状态设置：通过翻页键 ▣，进入参数开关及程序开关画面，按 W、D/L 键可使参数及程序开关处于关、开的状态，如图 1-1-24 所示。

```
设置       0222   N222
奇偶校验=0
ISO代码=1（0：EIA 1：ISO）
英制编程=0（0：公制 1：英制）
自动序号=0

序号TVON=0
```

图 1-1-23 设置参数

```
设置       0222   N222

参数开关：   关√   开
程序开关：   关√   开
```

图 1-1-24 参数与程序开关

偏置		0	N
序号	数据	序号	数据
200	0.000	208	0.000
201	0.000	209	0.000
202	0.000	210	0.000
203	0.000	211	0.000
204	0.000	212	0.000
205	0.000	213	0.000
206	0.000	214	0.000
207	0.000	215	0.000

图 1-1-25 宏变量

宏变量的设定：公用变量（#200—#231）的值可以显示在 LCD 上。点击 [刀补OFT] 键进入刀具补偿窗口，如图 1-1-25 所示；然后通过翻页按钮 ▣，显示宏变量页，选择要设定的变量号所在的页，把光标移到要设定的变量号的位置，按地址键（X, Z 或 U, W）后，用数据输入键输入数值，再按 [输入IN] 键，输入变量值。

2. 车床操作

（1）手动方式

① 手动返回程序起点。按下"程序回零"按钮 ▣，此时屏幕右下角显示"程序回零"。选择相应的移动轴，点击操作面板上的 ▣ 以及 ▣ 按钮，车床就会朝着程序起点方向移动。回到程序起点后，坐标轴停止移动。

② 手动连续进给。按下"手动方式"键 ▣，进入手动操作方式，这时屏幕下方显示"手动方式"。按下手动轴向运动开关，点击操作面板上的 ▣ 按钮，车床向 X 轴正向移动，点击 ▣，车床向 X 轴负方向移动；同理，点击 ▣ 和 ▣，车床在 Z 轴方向移动，可以根据加工零件的需要，点击适当的按钮，移动车床。按下"快速进给"按钮 ▣ 时，进行"开→关→开……"切换，当为"开"时，位于面板上部的指示灯亮，为"关"时指示灯灭。选择"开"时，可手动快速进给。

点击操作面板上的 ⟳ 和 ⟲，使主轴转动；点击 O 按钮，使主轴停止转动。

（2）单步进给

① 按下"单步方式"键 ⊚，选择单步操作方式，这时屏幕右下角显示"单步方式"。

② 选择适当的步进量：[0.001] [0.01] [0.1] [1]，此时相应的屏幕下方显示"手轮增量 0.01"，0.01 表示步进增量为 0.01 mm，步进增量可在 0.001 mm 至 1 mm 之间切换。

③ 选择好步距后，点击操作面板上的 ⇧ 和 ⇩ 按钮，机床分别向 X 轴正向和负向移动一个步距；点击 ⇦ 和 ⇨ 按钮，机床在 Z 轴分别向正向和负向移动一个步距。

（3）手轮进给

① 按下"单步方式"键 ⊚，选择单步操作方式，这时屏幕右下角显示"单步方式"。

② 选择步距：[0.001] [0.01] [0.1] [1]，此时相应的屏幕左下角显示"手轮增量 0.01"。

③ 点击"手轮"按钮 HAND，操作面板将显示手轮 ⊙，进入手轮方式，然后按"轴向"按钮，选择 X 方向 X⊙ 或 Z 方向 Z⊙。在手轮上按住鼠标左键时，车床向所选方向轴的负方向运动；按住鼠标右键，车床向正方向运动。

（4）手动辅助机能操作

① 手动换刀。手动/手轮/单步方式下，按下 ✲，刀架会旋转并换下一把刀。

② 冷却液开关。手动/手轮/单步方式下，按下 ⛲，进行"开→关→开……"切换。

③ 润滑液开关。手动/手轮/单步方式下，按下 ⚷，进行"开→关→开……"切换。

④ 主轴正转。手动/手轮/单步方式下，按下 ⟲，主轴正向转动。

⑤ 主轴反转。手动/手轮/单步方式下，按下 ⟳，主轴反向转动。

⑥ 主轴停止。手动/手轮/单步方式下，按下 O，主轴停止转动。

⑦ 主轴倍率增加、减少。⇧% 增加：按一次增加键，主轴倍率以下面的顺序从当前倍率增加一档：50%→60%→70%→80%→90%→100%→110%→120%。减少：按一次减少键，主轴以同样的倍率顺序递减一档。

⑧ 快速进给倍率增加、减少。⇧∿ 增加：按一次增加键，快速进给倍率以下面的顺序从当前倍率增加一档：0%→25%→50%→75%→100%。减少：按一次减少键，快速进给倍率从当前倍率递减一档。

⑨ 进给速度倍率增加、减少。⇧∿⇩ 增加：按一次增加键，进给倍率以下面的顺序从当前倍率增加一档：0%→10%→20%→30%→40%→50%……→150%。减少：按一次减少键，进

给倍率从当前倍率递减一档。

注：自动运行进给速度倍率开关与手动连续进给速度倍率开关通用。

（5）自动方式

① 自动/单段方式的启动。点击面板上的"自动加工方式"按钮▢，进入自动加工模式；点击"循环启动"按钮▢，程序开始执行。当点击操作面板上的"单程序段"按钮▢后，指示灯亮，系统以单程序段方式执行。

② 自动运行停止。数控程序在运行时，按"进给保持"键▢，程序停止执行，再次点击"循环启动"按钮▢，程序从暂停位置开始执行；数控程序在运行时，按下"紧急停止"按钮▢，数控程序中断运行。

③ 检查程序运行轨迹。点击操作面板上的"自动加工方式"按钮▢，转入自动加工模式，再点击键盘上的▢按钮，调出需要的程序，然后点击▢按钮，进入检查运行轨迹模式，点击"循环启动"按钮▢（图1-1-26），即可观察数控程序的运行轨迹。

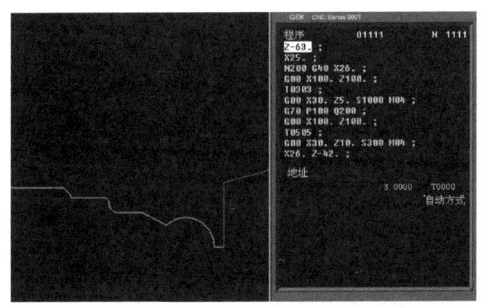

图 1-1-26　模拟运行轨迹

注意：在车床上模拟加工时，应按下"机床锁定"和"辅助功能锁定"键，以免出现人身或车床事故，模拟完成后再解除锁定状态，并进行"回零"操作。

（6）录入方式（MDI方式）

① 点击"录入方式"按钮▢。

② 点击▢键，进入程序编辑窗口，按"翻页"键▢，选择在左上方显示"程序段值"的画面，如图1-1-27所示。

③ 键入"G00"并按▢键。输入后"G00"就显示出来了。按▢键以前，如发现输入错误，可按▢键取消，然后再次输入正确的数值。以此方式，键入"X50."，按▢，"X50."就显示出来了。键入"Z80."，按▢，"Z80."就显示出来了。最后输入刀号及刀补，如"T0101"。

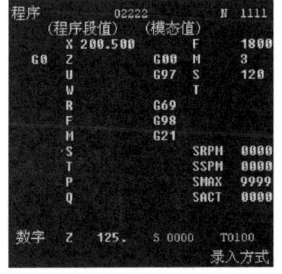

图 1-1-27　MDI 窗口

④ 点击"循环启动"按钮▯，则开始执行所输入的程序。

(7) 空运行方式

当按下空运转按钮▯时，指示灯亮，表示程序处于空运行状态，此时不论程序中如何指定，系统将以 G00 的速度运行。

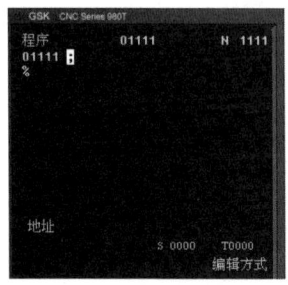

图 1-1-28　程序的建立

(8) 数控程序处理

① 新建数控程序。按下"编辑方式"键▯，进入编辑操作方式，这时屏幕右下角显示"编辑方式"。点击▯按钮进入程序编辑窗口，输入地址"○"，然后输入程序号（如"1111"），按"EOB"键，则自动产生了一个名为"○XXXX"的程序，如图 1-1-28 所示。

② 程序字的插入、修改和删除。新建程序之后，则可以通过 MDI 键盘输入加工程序。此时可以利用▯▯▯分别进行插入、修改及删除操作。

③ 程序的检索。当存储器存入多段程序时，可以通过检索的方法调出需要的程序，对其进行编辑。检索过程如下：点击"编辑方式"键▯，进入编辑操作方式，然后点击▯按钮，进入程序编辑窗口，输入要检索的程序名，例如"○2222"，然后按向下键▯，此时在 LCD 显示屏上将显示检索出的程序，如图 1-1-29 所示。

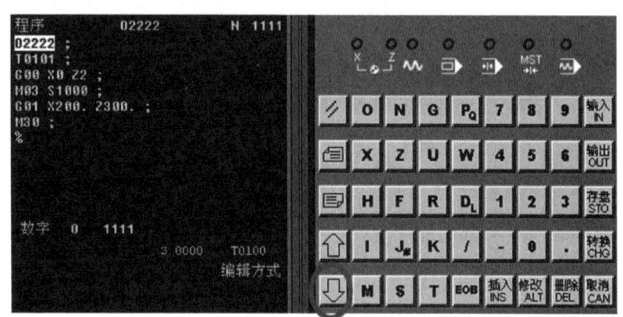

图 1-1-29　程序检索

④ 程序的删除。删除指定程序：按下▯按钮，并点击▯，进入到编辑界面，此时输入要删除的程序名，例如"○1111"，并按▯键，则对应的程序将被删除。

注意：编辑程序时，一定要谨慎使用"删除"键，否则一旦误删将无法恢复。如车床存储程序较多，新建程序时要注意不能重名，否则以前的程序会被覆盖。

删除全部程序：按下▯按钮，并点击▯，进入到编辑界面，输入"○-9999"，并按▯键，则可将所有的程序从存储器中被删除。

⑤ 程序的导出、导入。导出指定程序文件：点击"编辑方式"按钮▯，进入编辑模式，

输入要导出的程序名称,按[输出]键,然后在弹出的对话框输入要保存的文件名称,此时系统将把该程序输出至一个网络通用数据格式(NC)文件。

导出所有程序文件:点击"编辑方式"按钮[◇],进入编辑模式,输入"○-9999",按[输出]键,然后在弹出的对话框中输入要保存的文件名,此时系统将把所有的程序文件输出至一个 NC 文件。

导入指定数控程序:点击操作面板上的"编辑方式"按钮[◇],进入编辑模式,然后选择"机床"菜单下的"DNC 传送…",或者点击图标[📁],弹出选择文件的对话框,选择所要导入的程序文件,一般选择后缀名为".nc"的文件。如图 1-1-30 所示,点击打开程序,然后在程序编辑窗口中输入一个新程序号,按[输入]键,这样就把指定的 NC 程序文件导入数控系统中了,如图 1-1-31 所示。

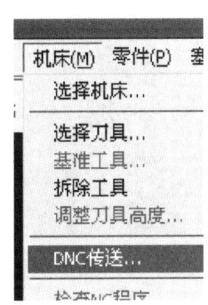 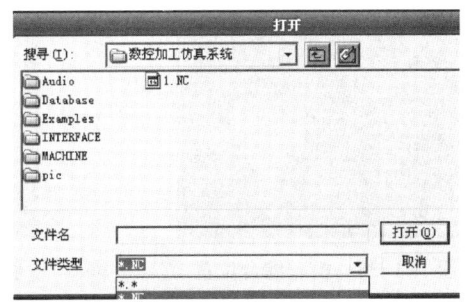

图 1-1-30 DNC 传送窗口

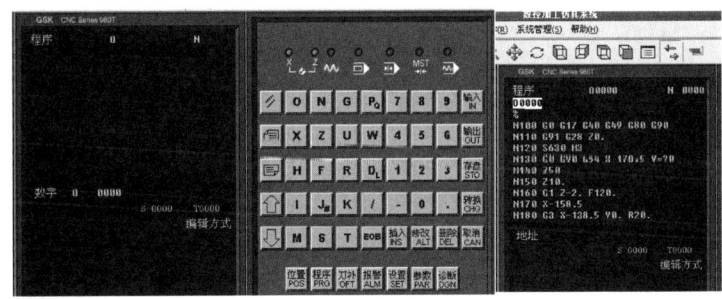

图 1-1-31 程序导入

(9) 数据显示

① 程序存储器使用量的显示。选择非编辑方式,按"程序"按钮,点击"翻页"键直到出现目录界面,如图 1-1-32 所示。

② 当前位置的显示。按[位置]键,然后通过"翻页"按钮[≡],可以出现四种画面。

显示车床在绝对坐标系中的位置,如图 1-1-33 所示。
显示车床在相对坐标系中的位置,如图 1-1-34 所示。
显示车床综合位置,如图 1-1-35 所示。
显示程序加工位置,如图 1-1-36 所示。

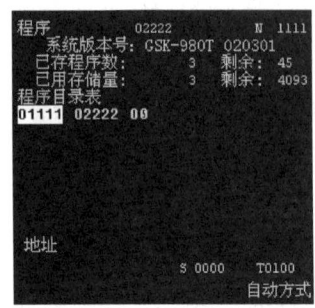

图 1-1-32　程序存储器列表

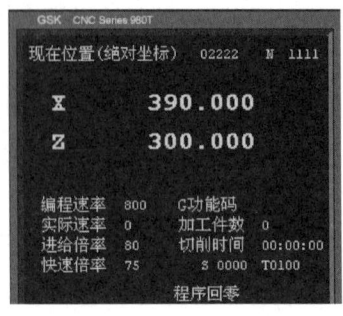

图 1-1-33　车床在绝对坐标系中的位置

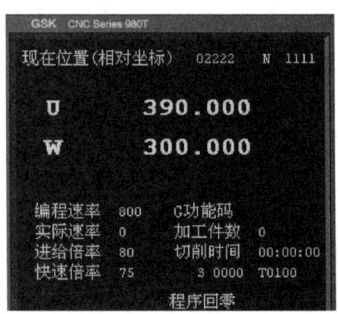

图 1-1-34　车床在相对坐标系中的位置

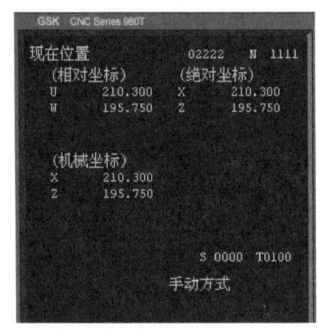

图 1-1-35　机床综合位置

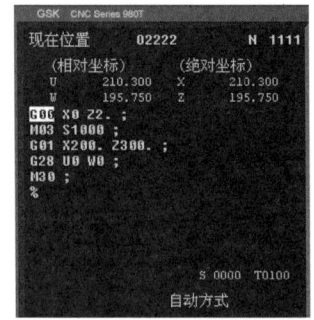

图 1-1-36　程序加工位置

注意：车床运动时，其位置即可由相对位置坐标显示出来，并可随时清零。相对坐标清零的方法是按"U"或"W"键，然后按 取消/CAN ，此时相应地址的相对位置坐标被复位成 0。

③ 指令值的显示。按 程序/PRG 键，使用"翻页"按钮可分别显示以下两种画面。

显示正在执行程序段的指令值和当前的模态值，如图 1-1-37 所示。

显示存储器内正在执行的程序段所在页的一页程序，如图 1-1-38 所示。

④ 加工时间、零件数显示。在位置显示的画面上，会显示出加工时间和加工的零件数，如图 1-1-39 所示。

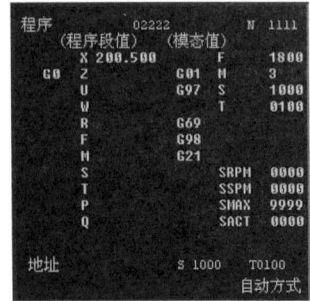

图 1-1-37　程序段指令值和模态值

图 1-1-38　所在页程序

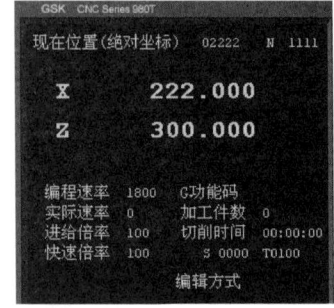

图 1-1-39　加工时间和零件数

二、技能检测

采用手动输入方式将表1-1-8程序输入数控装置,并通过程序校验来验证程序的正确性。(学生要提交程序编辑仿真视频,看谁操作得又快又准确。)

表1-1-8 数控车床的仿真操作记录卡

加工程序	
O0004;	G90 X35. Z-30. F0.2;
G99 M03 S800 T0101 F0.15;	X30.;
G00 X42. Z2.;	X25.;
G94 X-1. Z1. F0.15;	X20.5;
Z0;	S1200;
G90 X37.9 Z-22. F0.15;	G00 X16.;
G00 X100. Z100.;	G01 Z0 F0.1;
M00;	X20. Z-2.;
M03 G99 S800 T0101 F0.15;	Z-30.;
G00 X42. Z2.;	X42.;
G94 X-1. Z1. F0.15;	G00 X100. Z100.;
Z0;	M30;
S900;	
仿真加工时间	

序号	存在问题	解决办法及改进措施	备注

学习活动3 小组竞赛,强化技能

按要求完成以下任务。

(1)安装刀具

1号刀——90°外圆粗车刀;2号刀——90°外圆精车刀(35°菱形刀片);3号刀——车槽刀(刀头宽4 mm);4号刀——60°三角螺纹车刀。

(2)完成表1-1-9加工程序的编写和输入

(3)模拟演示

表1-1-9 加工程序

加工程序	
O0001；	T0303；
G99 G97 M03 T0101 S600 F0.2；	G00 X35.0 Z-20.0；
G00 X45.0 Z4.0；	G01 X16.0；
G94 X-0.1 Z0. F0.15；	G04 X0.2；
G73 U9.0 W0.01 R0.010；	G01 X37.0；
G73 P1 Q2 U0.5 W0.001 S700 F0.3；	G00 X100.0 Z100.0；
N1 G00 X16.0 Z2.0；	T0404；
G01 G42 Z1.0；	G00 X22.0 Z2.0；
X19.9. Z-1.0 F0.15；	G92 X19.3 Z-18.0 F1.0；
Z-20.0；	X19.0；
X26.0；	X18.9(或18.7)；
X30.0 Z-22.0；	G00 X100.0 Z100.0；
Z-32.0；	M30；
G03 X30.0 Z-50.0 R15.0；	
X38.0 Z-70.0；	
Z-85.0 F0.1；	
X42.0；	
N2 G00 G40 X45.0；	
M03 S1000 T0202；	
G70 P1 Q2；	
G00 X100.0 Z100.0；	

学习活动4 小组汇报,检查评估

请你根据数控车床仿真加工过程中的任务完成情况、表现,给出合理的成绩;教师根据每个小组的汇报及小组自评和互评成绩,进行点评,见表1-1-10。

表1-1-10 综合评价

项目评分			评分细则	配分	得分		
					自评	小组互评	教师评价
职业素养(30分)	纪律情况(10分)	不迟到,不早退	违反1次不得分	4			
		积极参与活动	根据上课统计情况得1~2分	4			
		笔记本、笔、教材	1种不带扣1分	2			
	职业道德(10分)	与他人合作	不符合要求不得分	5			
		工匠精神、爱国情怀	对工作精益求精且效果明显得3~5分	5			
	职业能力(10分)	规范操作的能力	按数控车床安全规程操作得1分	5			
		仿真软件的使用能力	正确使用仿真软件	5			
工作任务(70分)	小组分配	组织分配	人员安排合理,分工明确得3分;1项组织不当扣1分	3			
	自主学习	自学能力、解决问题的能力	问题组织能力3分;抽查成绩4分	7			
	基本操作	开关机,编写程序,对刀,手动、自动加工	开关机,编写程序,对刀,手动、自动加工操作正确	15			
	小组竞赛	个人赛、小组赛	个人赛5分,计入本人成绩;小组赛10分,计入小组成员成绩	15			
	仿真训练	操作规范、零件仿真加工	操作规范,撞刀、换件扣2~5分;零件仿真加工实际得分占总分10%	10			
	小组汇报	团队合作、语言表达、竞争意识	汇报6分;自评、互评符合真实情况各2分	10			
	企业案例	收集企业数控车床系统案例	介绍1种系统得2分	10			

(续表)

项目评分			评分细则	配分	得分		
					自评	小组互评	教师评价
资源平台活动情况	测验	按时提交成绩	按照资源平台每个模块的赋分权重得分,最后期末成绩占 20%	—	—	—	—
	讨论、提问	回答准确率					
	作业	完成程度、成绩					
	考试	成绩					
	课件阅读	完成程度					
总分							
总分[加权平均分(自评 20%,小组评价 30%,教师评价 50%)]							
组长签字			教师签字				

请你根据小组互评成绩,认真检查自己,查找不足,写出自己的补救方法及下一步的学习计划,完成项目总结报告。

_____

_____

教师指导意见:_____

_____

学习活动 5　企业案例,拓展应用

① 根据企业数控车床的数控系统案例进行仿真训练,提交仿真练习视频。
② 谈一谈我国数控车床的发展方向。

任务二
数控车床加工工艺制订

任务描述

工艺路线设计好后,以表格(卡片)形式记录下来的技术文件就是工艺文件。这些技术文件是对数控加工的具体说明,目的是让操作者更明确加工程序的内容、装夹方式、各个加工部位所选用的刀具、切削用量及其他技术问题。如图 1-2-1 所示是螺纹轴零件图,根据工艺文件的相关知识,完成螺纹轴的工艺文件。

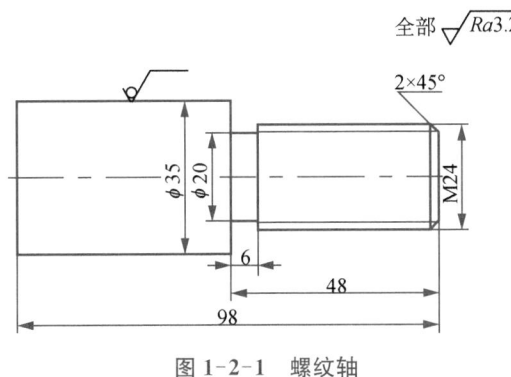

图 1-2-1　螺纹轴

教学目标

一、素质目标
① 培养学生团结协作、沟通交流的能力;
② 培养学生一丝不苟、严谨细致、诚实守信的职业素质。
二、知识目标
① 会分析零件图;
② 掌握选用刀具、夹具、切削用量的方法;
③ 掌握制订数控车削加工工艺的基本步骤、原则。
三、能力目标
① 会分析零件图,根据图纸制订加工工艺;
② 能够根据图纸合理选择刀具、切削用量。

学习要求

通过该任务的 5 个环节,明确"数控车床加工工艺制订"任务中工艺制订的内容与步骤,掌握工艺分析内容、工艺路线设计以及工艺文件制订。具体工作步骤及要求见表 1-2-1。

表 1-2-1 具体工作步骤及要求

序号	工作步骤	要求	学时安排	备注
1	明确任务 自主学习	能快速明确任务要求并清晰地表达,在教师要求的时间内完成任务;能够在自主学习过程中发现问题,解决问题,完成知识点的测试,掌握工艺制订的相关知识	0.3 学时	
2	工艺制订 历练技能	边学边练,掌握编制螺纹轴的刀具卡、工艺卡	0.7 学时	
3	小组竞赛 强化技能	按照竞赛要求,在规定的时间内,编制螺纹轴的工艺卡	0.3 学时	
4	小组汇报 检查评估	能够清晰地总结知识,思路清晰,语言描述流畅。完成任务自评与互评、学习报告	0.5 学时	
5	企业案例 拓展应用	案例分析,了解企业的工作流程	0.2 学时	
		收集企业案例	课外	

课前引导

本任务通过介绍分析数控加工的工艺路线、刀具、切削用量、工件安装及加工方案,使学生了解工艺文件的填写内容,掌握工艺路线的设计方法、步骤,选择刀具、切削用量、工件安装的方法,能确定加工方案,为零件编程及加工作准备。

螺纹轴结构简单,根据螺纹轴的尺寸与表面粗糙度要求,填写螺纹轴的工艺文件卡片。

学习活动 1　明确任务,自主学习

根据任务要求,通过观看微课、动画等方式,学习相关知识,完成资源平台中的课前测验。预习并总结在学习过程中遇到的问题以及解决办法,填入表 1-2-2。

表 1-2-2 遇到的问题

序号	遇到的问题	是否解决 (已解决的问题说明解决办法)
1		

(续表)

序号	遇到的问题	是否解决 (已解决的问题说明解决办法)
2		

教师检查学生自学情况,根据学生提交的问题及表现,在课堂上用如下问题抽查自学情况(也可在资源平台提问),然后进行集中讲授和个别指导。

1. 请你说说工艺分析主要分析哪些内容。

2. 加工阶段是如何划分的？有什么意义？

知识点1 数控车床加工工艺性分析

一、零件图样的分析

零件图样的分析主要从零件图样和零件结构两方面进行考虑。首先应熟悉零件在产品中的作用、位置、装配关系和工作条件,搞清楚各项技术要求对零件装配质量和使用性能的影响,找出主要的和关键的技术要求,然后对零件图样进行分析。

1. 零件图样技术要求

(1) 零件图上尺寸标注

零件图上尺寸标注方法应适应数控加工的特点。由于零件设计人员在标注尺寸时,一般较多地从零件的作用及装配关系方面考虑,实际图样上往往会出现局部分散的尺寸标注形式,这会给数控编程加工带来许多不便。在数控加工的零件图上,通常将局部分散的标注尺寸换算成同一基准的标注尺寸或直接给出坐标尺寸,这适应数控加工的特点,既便于编程,也便于尺寸之间的相互协调,在保持设计、工艺、检测基准与编程原点设置的一致性方面带来了很大的便利。

在分析过程中,可以同时进行一些编程尺寸的简单换算,如增量尺寸、绝对尺寸、中值尺寸及尺寸链计算等。在数控编程实践中,常常对零件要求的尺寸进行中值计算,作为编程的尺寸依据。图1-2-2(b)为对图1-2-2(a)中的轴类零件进行中值计算的结果。

构成零件轮廓几何元素的条件应充分而不矛盾。在手工编程时,要计算基点坐标;在自动编程时,要对构成零件轮廓的所有几何元素进行定义,因此在分析零件图时应注意:

① 零件图上是否漏掉某尺寸,使其几何条件不充分,影响到零件轮廓的构成。
② 零件图上的图线位置是否模糊或尺寸标注不清,使编程无法下手。
③ 零件图上给定的几何条件是否不合理,造成数学处理困难。

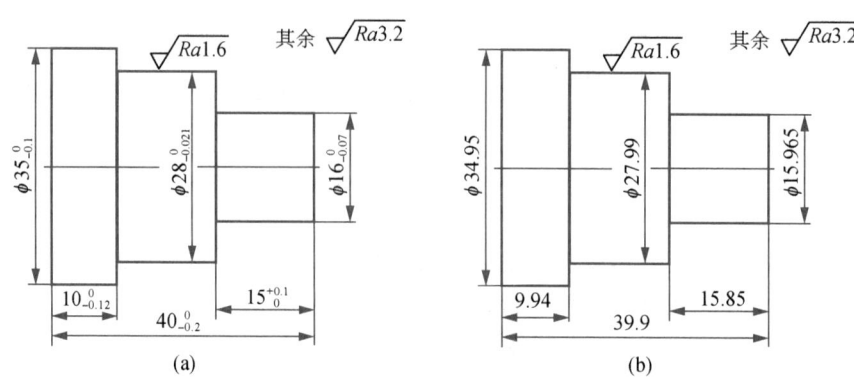

图 1-2-2 轴类零件进行中值计算

(2) 零件的技术要求分析

① 尺寸精度。分析零件图样尺寸精度的要求,以判断能否利用切削工艺达到,并确定控制尺寸精度的工艺方法。

② 形状和位置精度。零件图样上给定的形状和位置公差是保证零件精度的重要依据。加工时,要按照其要求确定零件的定位基准和测量基准,还可以根据数控车床的特殊需要进行一些技术性处理,以便有效地控制零件的形状和位置精度。

③ 表面粗糙度要求。表面粗糙度是保证零件表面微观精度的重要要求,也是合理选择数控车床、刀具及确定切削用量的依据。

④ 材料与热处理要求。零件图样上给定的材料与热处理要求是选择刀具、数控车床型号、确定切削用量的依据。

⑤ 其他要求。如动平衡、未注圆角或倒角、去毛刺、毛坯要求等。

2. 零件结构的工艺性分析

零件结构的工艺性是指零件的结构在满足使用要求的前提下,是否能以较高的生产率和最低的成本方便地制造出来。

二、毛坯的选择

正确地选择合适的毛坯,对零件的加工质量、材料消耗和加工工时都有很大的影响。显然毛坯的尺寸和形状越接近成品零件,机械加工的劳动量就越少,但是毛坯的制造成本就越高,所以应根据生产纲领,综合考虑毛坯制造和机械加工的费用,以求得最好的经济效益。常用毛坯的种类有铸件、锻件、型材、焊接件、冷冲压件等。

在选择毛坯种类及制造方法时,应考虑下列五方面因素。

1. 零件材料的工艺特性和力学性能

零件材料的工艺特性和力学性能大致决定毛坯的种类,例如铸铁零件用铸造毛坯;当钢质零件形状较简单且力学性能要求不高时常用棒料;对于重要的钢质零件,为获得良好的力学性能,应选用锻件;当形状复杂且力学性能要求不高时用铸钢件;有色金属零件常用型材或铸造毛坯。

2. 零件的结构形状与外形尺寸

大型且结构较简单的零件毛坯多用砂型铸造或自由锻,结构复杂的毛坯多用铸造;小型零件毛坯可用模锻件或压力铸造件；板状钢质零件毛坯多用锻件；对于轴类零件，若台阶直径相差不大，可用棒料，若各台阶尺寸相差较大，则宜选择锻件。

3. 生产纲领

大批、大量生产中，应采用精度和生产率都较高的毛坯制造方法。铸件采用金属模机器造型和精密铸造，锻件采用模锻或精密锻造。在单件、小批生产中用木模手工造型或自由锻来制造毛坯。

4. 现有生产条件

确定毛坯时，必须结合具体的生产条件，如现场毛坯制造的实际水平和能力、外协的可能性等。

5. 充分利用新工艺、新材料

为节约材料和能源，提高机械加工生产率，应充分考虑精密铸造、精锻、冷轧、冷挤压、粉末冶金、异型钢材及工程塑料等在机械生产中的应用，这样可大大减少机械加工量，甚至不需要进行加工，经济效益非常显著。

三、定位基准的选择

定位基准有粗基准与精基准之分。在加工的起始工序中，只能用毛坯未经加工的表面作为定位基准，该表面称为粗基准；利用已经加工过的表面作为定位基准，该表面称为精基准。选择定位基准时，要考虑保证工件加工精度的要求。

1. 粗基准选择原则

选择粗基准时，主要要求保证各加工面有足够的余量，使加工面与不加工面间的位置符合图样要求，并特别注意要尽快获得精基准。具体选择时应考虑下列原则：

（1）选择重要表面为粗基准

为保证工件上重要表面的加工余量小而均匀，则应选择该表面为粗基准。所谓重要表面一般是指工件上加工精度以及表面质量要求较高的表面。

（2）选择不加工表面为粗基准

为了保证加工面与不加工面间的位置要求，一般应选择不加工面为粗基准。如果工件上有多个不加工面，则应选其中与加工面位置要求较高的不加工面为粗基准，以便保证精度要求，使外形对称等。

（3）选择加工余量最小的表面为粗基准

在没有要求保证重要表面加工余量均匀的情况下，如果零件上每个表面都要加工，则应选择其中加工余量最小的表面为粗基准，以避免该表面在加工时因余量不足而留下部分毛坯面，出现废品。

图1-2-3所示台阶轴锻件毛坯，大头单边加工余量有3 mm，小头单边加工余量只有2.5 mm，且大、小头偏心3 mm，此时应选ϕ55 mm的外圆表面作为粗基准。否则，小头外圆因加工余量小会在黑皮尚未全部车去就已到了尺寸，从而产生了本来可以避免的废品。

（4）选择较为平整光洁、加工面积较大的表面为粗基准

选择这样的表面为粗基准以便工件定位可靠、夹紧方便。

（5）粗基准应避免重复使用

在同一尺寸方向上，粗基准只允许使用一次，否则将无法保证加工表面间的位置精

度。加工如图 1-2-4 所示的小轴,开始车 A 面时,是以不加工的 B 面作粗基准,若掉头车 C 面时仍用 B 面为基准,C 面与 A 面的轴线就会产生较大的同轴度误差。

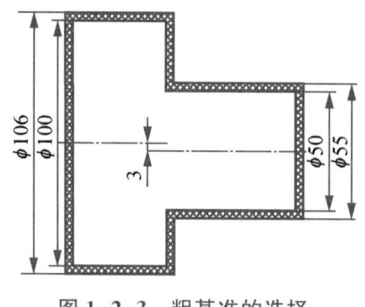
图 1-2-3 粗基准的选择

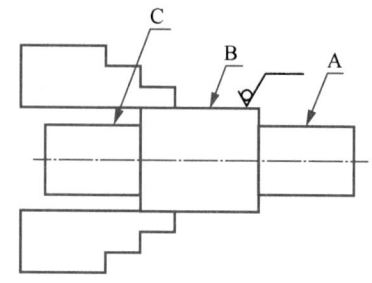
图 1-2-4 重复使用粗基准实例

粗基准本身都是未经机械加工的毛坯面,其表面粗糙且精度低,若重复使用将产生较大的误差。

2. 精基准的选择原则

选择精基准时,主要应考虑保证加工精度和工件安装方便可靠。

(1) 基准重合原则

选择设计基准作为定位基准,即所谓"基准重合"。采用基准重合可以避免基准不重合误差,有利于保证加工精度。

(2) 基准统一原则

同一零件的多道工序,应尽可能选择同一个定位基准,称为"基准统一",这样有利于保证各加工表面的位置精度。

基准重合原则与基准统一原则有时会出现矛盾,处理的方法:遇尺寸精度要求较高的表面应以基准重合为主,以免给加工带来困难,除此之外均应考虑基准统一。

(3) 自为基准原则

某些要求加工余量小而均匀的精加工工序,选择加工表面本身作为定位基准,称为自为基准原则。

(4) 互为基准原则

当对工件上两个相互位置精度要求很高的表面进行加工时,需要用两个表面互相作为基准,反复进行加工,以保证位置精度要求。

(5) 便于装夹原则

所选精基准应保证工件安装可靠,夹具设计简单、操作方便。

考证习题

一、填空题

1. 常用毛坯的种类:_____、_____、_____、焊接件、冷冲压件等。
2. 为了保证加工面与不加工面间的位置要求,一般应选择不加工面为_____。
3. 零件_____是指零件的结构在满足使用要求的前提下,是否能以较高的生产率和最低的成本方便地制造出来。

二、判断题
1. 定位基准与设计基准不重合,必然产生基准不重合引起的误差。（　　）
2. 精基准是用未加工表面作为定位基准面。（　　）

三、选择题（选择一个或多个正确答案）
1. 主轴毛坯主要有棒料和（　　）两种。
   A. 锻件　　　　　B. 铸件　　　　　C. 焊接件　　　　　D. 型材件
2. 下列哪项不是铸造的特点？（　　）
   A. 成型方便且适应性强　　　　　B. 成本较低
   C. 铸件的组织性能较差　　　　　D. 铸件的塑性较好
3. 下列哪项不是毛坯选择时应考虑的因素？（　　）
   A. 零件的生产纲领　　　　　B. 零件材料的工艺性
   C. 零件的结构形状和尺寸　　　　　D. 零件的重量等
4. 采用基准重合原则可以避免由定位基准与（　　）不重合而引起的定位误差。
   A. 设计基准　　　　　B. 工序基准
   C. 测量基准　　　　　D. 工艺基准
5. 定位基准有粗基准和精基准两种,选择定位基准应力求基准重合原则,即（　　）统一。
   A. 设计基准,粗基准和精基准　　　　　B. 设计基准,粗基准和工艺基准
   C. 设计基准,工艺基准和编程原点　　　　　D. 设计基准,精基准和编程原点
6. 选择不加工表面为粗基准,则可获得（　　）。
   A. 加工余量均匀　　　　　B. 无定位误差
   C. 金属切除量减少　　　　　D. 不加工表面与加工表面壁厚均匀
7. 当工件以某一组精基准可以比较方便地加工其他各表面时,应尽可能在多数工序中采用同一组精基准定位,这就是（　　）原则。
   A. 基准重合　　　　　B. 基准统一　　　　　C. 互为基准　　　　　D. 自为基准

四、简答题
精基准的选择原则是什么？

知识点2　数控车床加工的工艺路线设计

一、加工方法的选择
数控车床主要用于回转体零件的各种表面的车削、钻镗孔、螺纹加工等。零件的结构形状各不相同,选择的加工方法也不同。在加工过程中应根据工件的精度、表面粗糙度、工件材料和热处理条件、工件的结构形状和尺寸大小等条件进行选择。由于获得同一精度和表面粗糙度的加工方法往往有几种,选择时要结合本车间的设备情况、技术水平,并考虑生产率要求和经济效益。常用加工方法见表1-2-3、表1-2-4,可供参考。

表 1-2-3 外圆柱面加工方法

序号	加工方法	经济精度(IT)	经济表面粗糙度值 Ra(μm)	适用范围
1	粗车	IT13~IT11	50~12.5	用于加工淬火钢以外的各种金属
2	粗车→半精车	IT10~IT8	6.3~3.2	
3	粗车→半精车→精车	IT8~IT7	1.6~0.8	
4	粗车→半精车→精车→滚压(或抛光)	IT8~IT7	0.2~0.025	
5	粗车→半精车→磨削	IT8~IT7	0.8~0.4	用于淬火钢加工,也可用于未淬火钢加工,但不宜加工有色金属
6	粗车→半精车→精磨→粗磨	IT7~IT6	0.4~0.1	
7	粗车→半精车→粗磨→精磨→超精加工(或轮式超精磨)	IT5	0.1~0.012(或 Rz 0.1)	
8	粗车→半精车→精车→精细车(金刚车)	IT7~IT6	0.4~0.025	用于要求较高的有色金属加工
9	粗车→半精车→粗磨→精磨→超精磨(或镜面磨)	IT5 以上	0.025~0.006(或 Rz 0.05)	用于极高精度的外圆加工
10	粗车→半精车→粗磨→精磨→研磨	IT5 以上	0.1~0.006(或 Rz 0.05)	

表 1-2-4 孔加工方法

序号	加工方法	经济精度(IT)	经济表面粗糙度值 Ra(μm)	适用范围
1	钻	IT13~IT11	12.5	用于加工未淬火钢及铸铁的实心毛坯,也可用于加工有色金属
2	钻→铰	IT10~IT8	6.3~1.6	
3	钻→粗铰→精铰	IT8~IT7	1.6~0.8	
4	钻→扩	IT11~IT10	12.5~6.3	同上,但孔径应为 15~20 mm
5	钻→扩→铰	IT9~IT8	3.2~1.6	
6	钻→扩→粗铰→精铰	IT7	1.6~0.8	
7	钻→扩→机铰→手铰	IT7~IT6	0.4~0.2	
8	钻→扩→拉	IT9~IT7	1.6~0.1	用于大批、大量生产(精度由拉刀的精度而定);加工除淬火钢外各种材料,毛坯有铸出孔或锻出孔
9	粗镗(或扩孔)	IT13~IT11	12.5~6.3	
10	粗镗(粗扩)→半精镗(精扩)	IT10~IT9	3.2~1.6	
11	粗镗(粗扩)→半精镗(精扩)→精镗(铰)	IT8~IT7	1.6~0.8	
12	粗镗(粗扩)→半精镗(精扩)→精镗→浮动镗刀精镗	IT7~IT6	0.8~0.4	

(续表)

序号	加工方法	经济精度（IT）	经济表面粗糙度值 Ra（μm）	适用范围
13	粗镗（扩）→半精镗→磨孔	IT8～IT7	0.8～0.2	用于加工淬火钢，也可用于加工未淬火钢，但不宜加工有色金属
14	粗镗（扩）→半精镗→粗磨→精磨	IT7～IT6	0.2～0.1	
15	粗镗→半精镗→精镗→精细镗（金刚镗）	IT7～IT6	0.4～0.05	用于加工精度要求高的有色金属
16	钻→（扩）→粗铰→精铰→珩磨；钻→（扩）→拉→珩磨；粗镗→半精镗→精镗→珩磨	IT7～IT6	0.2～0.025	用于加工精度要求很高的孔
17	以研磨代替上述方法中的珩磨	IT6～IT5	0.1～0.006	

二、加工阶段的划分

1. 加工阶段

在数控机床上加工零件，一般都有较高的精度要求，所以要把整个加工过程划分为四个阶段。

（1）粗加工阶段

粗加工阶段主要是提高生产率。在这一阶段中要切除毛坯上大部分多余材料，使其在形状和尺寸上接近零件成品。

（2）半精加工阶段

半精加工阶段为主要表面的精加工做好准备，达到一定加工精度，保证一定的加工余量，并完成一些次要表面如钻孔、攻丝等的加工，一般在热处理之前进行。

（3）精加工阶段

精加工阶段保证各主要表面达到图样规定的尺寸精度和表面粗糙度要求。

（4）光整加工阶段

光整加工阶段主要目标是提高尺寸精度和减小表面粗糙度，这是精度要求很高、表面粗糙度要求很小的零件才需要的加工阶段。光整加工一般不用于纠正位置精度。

2. 合理划分加工阶段的意义

（1）保证加工质量

粗加工时因加工余量大、切削力大、切削温度较高等因素造成的加工误差、工件变形，可通过半精加工和精加工阶段逐步得到改善与提高，从而保证了加工质量。

（2）有利于合理使用设备

粗加工要求有功率大、刚性好、生产率高、精度要求不高的设备。精加工则要求有精度高的设备。划分了加工阶段，不但发挥了车床设备各自的性能特点，提高了生产率，而且也有利于延长高精度车床在使用中保持高精度的时间。

(3) 适应热处理工序的需要

合理插入必要的热处理工序,同时使热处理发挥充分的效果。例如,粗加工后工件残余应力大,可安排时效处理,消除残余应力,热处理引起的变形又可在精加工中消除。

(4) 便于及时发现毛坯缺陷

粗加工各表面后可及早发现毛坯中诸如气孔、夹砂等缺陷,以便及时作出报废或修补的补充方案,以免继续进行精加工而造成人力、物力的浪费。

三、工序的划分

与普通车床加工相比,数控车床加工工序划分有自己的特点。

1. 常用的工序划分原则

(1) 保证精度的原则

数控加工要求工序尽可能集中。粗、精加工常常在一次装夹下完成,为减少热变形和切削力变形对工件的形状、位置精度、尺寸精度和表面粗糙度的影响,应将粗、精加工分开进行。对轴类或盘类零件,通过先粗加工,留少量余量精加工,来保证表面质量要求。同时,对一些箱体类零件,为保证孔的加工精度,应先加工表面而后加工孔。

(2) 提高生产效率的原则

数控加工中,为减少换刀次数,节省换刀时间,应将需用同一把刀加工的部位全部完成后,再换另一把刀来加工其他部位。同时应尽量减少空行程,用同一把刀加工工件的多个部位时,应选择最短的路线到达各加工部位。

2. 划分工序的方法

在数控车床上加工零件,工序一般相对集中,要求在一次装夹中尽可能完成大部分或全部工序,一般工序划分有以下四种方法。

(1) 按安装次数划分工序

以一次安装完成的那一部分工艺内容为一道工序。该方法一般适合于加工内容不多的工件,加工完毕就能达到待检状态。

(2) 按所用刀具划分工序

以同一把刀具完成的那一部分工艺内容为一道工序。这种方法适用于工件的待加工表面较多、机床连续工作时间较长、加工程序的编制和检查难度较大等情况。在专用数控车床和加工中心上常用这种方法。

(3) 按粗、精加工划分工序

以工件的加工精度要求、刚度和变形等因素来划分工序时,可按粗、精加工分开的原则来划分工序,即以粗加工中完成的那部分工艺内容为一道工序,精加工中完成的那部分工艺内容为另一道工序。一般来说,在一次安装中不允许将工件的某一表面粗、精不分地加工至精度要求后再加工工件的其他表面。

(4) 按加工部位划分工序

以完成相同型面的那一部分工艺内容为一道工序。有些零件加工表面多而复杂,构成零件轮廓的表面结构差异较大,可按其结构特点(如内形、外形、曲面或平面等)划分成多道工序。如单球手柄的车削加工,第一次先进行圆柱加工[图 1-2-5(a)],然后二次装夹(调头)车削圆球部分[图 1-2-5(b)]。

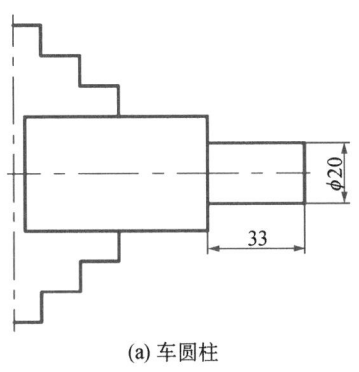
(a) 车圆柱

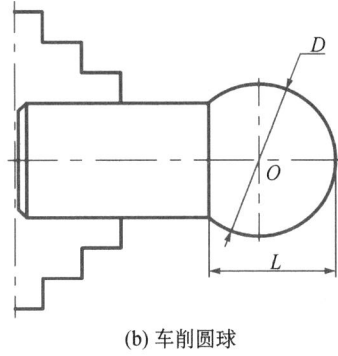
(b) 车削圆球

图 1-2-5 分工序加工示意

对于数控车削加工来说使用较多的是按所用刀具,按粗、精加工划分工序。

四、加工顺序的安排

加工顺序安排得合理与否,将直接影响到零件的加工质量、生产率和加工成本。安排加工顺序的一般原则:先粗后精、先近后远、先主后次、基面先行、内外结合等。

1. 先粗后精

为了提高生产效率并保证零件的精加工质量,在切削加工时,应先安排粗加工工序,在较短的时间内,将精加工前大量的加工余量(图 1-2-6 中的虚线内所示部分)去掉,同时尽量满足精加工的余量均匀性要求。当粗加工工序安排完后,应接着安排换刀后进行的半精加工和精加工。其中,安排半精加工的目的是当粗加工后所留余量的均匀性满足不了精加工要求时,安排半精加工作为过渡性工序,以便使精加工余量小而均匀。在安排可以一刀或多刀进行的精加工工序时,其零件的最终轮廓应由最后一次进给连续加工而成。

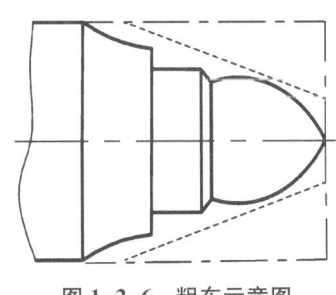

图 1-2-6 粗车示意图

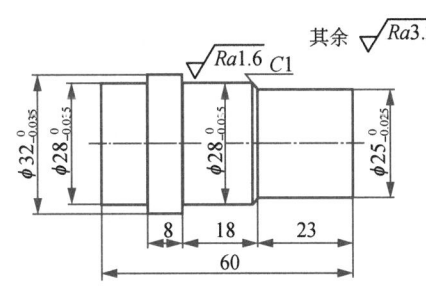

图 1-2-7 先近后远加工路线

在制订该方案的过程中,因考虑到精车过程是连续进行的,故其粗车后应尽量满足精加工余量均匀性的要求。如图 1-2-6 所示,粗车时,余量是不均匀的,可在该方案中增加一个半精车过程,即可满足精车要求。

2. 先近后远

这里所说的近与远,是按加工部位相对于起刀点的位置而言的。在一般情况下,在粗加工时,通常先加工大直径尺寸,后加工小直径尺寸。对于车削加工,这有利于保持坯件或半成品的刚性,改善其切削条件。精加工一般按照先近后远的加工顺序,以便缩短刀具移动距离,减少空行程时间。例如图 1-2-7 所示的零件,加工零件右端时,粗加工按 $\phi 32$ mm→$\phi 28$ mm→$\phi 25$ mm 的顺序安排车削,精加工按 $\phi 25$ mm→$\phi 28$ mm→$\phi 32$ mm 的顺序先近后远地安排车削。

3. 先主后次

先安排零件的装配基面和工作表面等主要表面的加工,后安排如键槽、紧固用的光孔和螺纹孔等次要表面的加工。由于次要表面加工工作量小,又常与主要表面有位置精度要求,所以一般放在主要表面的半精加工之后、精加工之前进行。

4. 基面先行

用作精基准的表面,要首先加工出来。所以,第一道工序一般是进行定位面的粗加工和半精加工(有时包括精加工),然后再以精基面定位加工其他表面。例如加工轴类零件时,总是先加工中心孔,再以中心孔为精基准加工外圆表面和端面。

5. 内外结合

对既有内表面(内孔),又有外表面需加工的零件,安排加工顺序时,应先进行内外表面粗加工,后进行内外表面精加工。切不可将零件上一部分表面(外表面或内表面)加工完毕后,再加工其他表面(内表面或外表面)。

五、加工路线的确定

加工路线是指数控加工过程中刀具(严格说是刀位点)相对于被加工零件的运动轨迹,即刀具从起刀点开始运动,直至返回该点并结束加工程序所经过的路径,包括切削加工的路径及刀具引入、返回等非切削空行程。它不但包括了工步的内容,也反映出工步顺序。

由于精加工的进给路线基本上都是沿其零件轮廓顺序进行的,因此确定进给路线时的工作重点是确定粗加工及空行程的进给路线。在确定加工路线时,主要应遵循以下原则。

1. 进给路线最短

确定进给路线的重点主要在于确定粗加工和空行程路线,因精加工切削过程的进给路线基本上都是沿其零件轮廓顺序进行的。

进给路线泛指刀具从对刀点(或机床固定原点)开始运动,直至返回该点并结束加工程序所经过的路径,包括切削加工的路径及刀具引入、切出等非切削空行程的路径。

在保证加工质量的前提下,使加工程序具有最短的进给路线,不仅可以节省整个加工过程的执行时间,还能减少一些不必要的刀具消耗及车床进给机构滑动部件的磨损等。

(1) 巧用起刀点

图 1-2-8 所示为采用矩形循环方式进行粗车的一般情况。其起刀点 A 的设定是考虑到精车等加工过程中需方便地换刀,故设置在离工件较远的位置,同时将起刀点和对刀点重合在一起,按三刀粗车的走刀路线安排如下:

第一刀:$A \to B \to C \to D \to A$;
第二刀:$A \to E \to F \to D \to A$;
第三刀:$A \to G \to H \to D \to A$。

图 1-2-9 所示则是巧将起刀点和对刀点分离。起刀点设于图示 A 点位置,仍按相同的切削用量进行三刀粗车,走刀路线安排如下:

第一刀：A→B→C→D→A；
第二刀：A→E→F→D→A；
第三刀：A→G→H→D→A。

显然，图1-2-9所示的走刀路线比图1-2-8中的短。该方法也可用于其他循环指令格式的加工程序中。

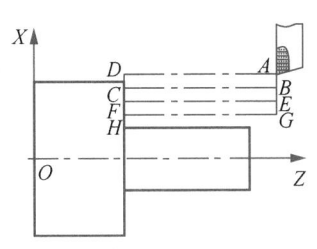
图1-2-8 起刀点和对刀点重合

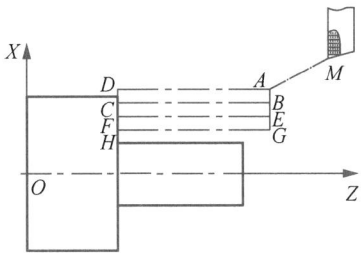
图1-2-9 起刀点和对刀点分离

（2）选择最短的切削进给路线

最短的切削进给路线，不仅可有效地提高生产效率，还可大大降低刀具的损耗。在安排粗加工或半精加工的切削进给路线时，应兼顾被加工零件的刚性及加工的工艺要求，不要顾此失彼。

图1-2-10所示为加工同一工件时安排的三种不同切削进给路线的示意图。其中，图1-2-10(a)表示利用数控系统的复合循环功能，控制车刀每次均按与零件轮廓相同的轨迹进给；图1-2-10(b)表示利用数控系统的程序循环功能安排的"三角形"进给路线；图1-2-10(c)表示利用数控系统的固定（矩形）循环功能安排的"矩形"进给路线。

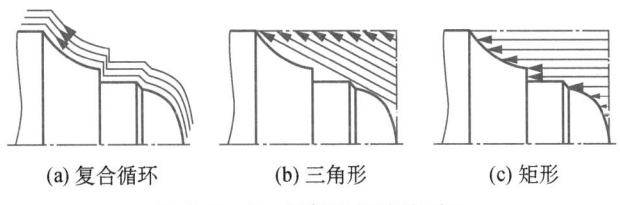
图1-2-10 切削进给路线对比

对以上三种切削进给路线，经分析和判断后可知矩形循环进给路线的走刀长度总和最短。因此，在同等条件下，其切削所需时间（不含空行程）最短，刀具的损耗小。另外，矩形循环加工的程序段格式较简单，所以这种进给路线在制订加工方案时应用较多。

2. 灵活选用不同形式的切削路线

图1-2-11给出了在切削半圆弧凹表面时，可供选用的4种常见的切削路线的形式。

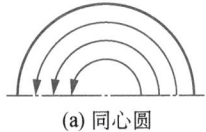 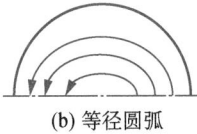 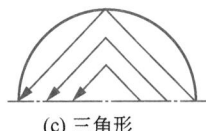 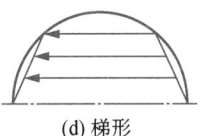

图1-2-11 切削半圆弧的路线

不同形式的切削路线有不同的特点,了解它们各自的特点,有利于合理安排其进给路线。

① 同心圆弧形式走刀路线短,精车余量最均匀。

② 等径圆弧形式计算和编程最简单,走刀路线最长。

③ 三角形形式走刀路线较同心圆弧形式长,但比梯形、等径圆弧形式短。

④ 梯形形式切削力分布合理,切削率最高。

3. 程序段最少

在加工程序的编制过程中,为使程序简洁、减少出错率及提高编程工作的效率等,总是希望以最少的程序段实现对零件的加工。

由于车床数控装置具有直线和圆弧插补等运算功能,除非圆曲线等特殊插补功能要求外,精加工程序的段数一般可由构成零件的几何要素及由工艺路线确定的各条程序段直接得到。这时,应重点考虑如何使粗车的程序段数和辅助程序段数为最少。

考证习题

一、判断题

1. 加工顺序安排得合理与否,将直接影响到零件的加工质量、生产率和加工成本。
( )

2. 加工路线是指数控加工过程中刀具相对于被加工零件的运动轨迹。( )

3. 以一次安装完成的那一部分工艺内容为一道工序。该方法一般适合于加工内容多的工件,加工完毕就能达到待检状态。( )

4. 刀具进给路线主要是对粗加工及空行程进给路线的设计,精加工的进给路径基本上都是沿零件轮廓的顺序进行的,不作主要考虑。( )

5. 刀具进给路线的设计主要是考虑加工的安全和质量,不需要考虑加工效率。
( )

二、选择题(选择一个或多个正确答案)

1. 下列确定加工路线的原则中说法正确的是( )。

A. 加工路线最短

B. 使数值计算简单

C. 加工路线应保证被加工零件的精度及表面粗糙度

D. 以上兼顾

2. 走刀路线是刀具在整个加工工序中相对于工件的( ),它不但包括了工步的内容,而且也反映出工步的顺序。

A. 走刀轨迹　　　　　　　　B. 运动距离

C. 运动轨迹　　　　　　　　D. 位移路线

3. 在确定零件加工走刀路线时,需要遵循一些原则,下列各项中说法不正确的是( )。

A. 保证零件的加工精度和表面粗糙度

B. 使走刀路线最短,减少刀具空运行时间,提高工作效率
C. 最终轮廓分多次走刀精加工完成
D. 合理安排零件的加工顺序

4. 当加工外圆时,精度达到 IT7～IT6 级,表面粗糙度值为 $Ra0.4～0.1\ \mu m$ 的加工工艺为( )。
 A. 粗车→半精车→精车　　　　　B. 粗车→半精车→精车→滚压
 C. 粗车→半精车→磨削　　　　　D. 粗车→半精车→粗磨→精磨

5. 工序集中的优点是减少了( )的辅助时间。
 A. 测量工件　　　　　　　　　　B. 调整刀具
 C. 安装工件　　　　　　　　　　D. 加工工件

6. 以下属于数控车削加工工序的划分原则的是( )。
 A. 以一次安装所进行的加工作为一道工序
 B. 以工件上的结构内容组合用一把刀具加工为一道工序
 C. 以粗、精加工划分工序
 D. 以操作人员的技术水平划分工序

7. 数控车削加工工序的划分完成后,进行工步顺序安排的一般原则有( )。
 A. 先粗后精　　B. 先远后近　　C. 内外交叉　　D. 刀具集中
 E. 基面先行

三、简答题

1. 确定加工路线的原则是什么?
2. 安排工序顺序的原则是什么?

知识点 3　刀具与切削用量的选择

在数控车床加工中,产品质量和生产率在相当大的程度上受到刀具的制约。虽然数控刀具的切削原理与普通车床刀具基本相同,但由于数控加工特性的要求,在刀具选择上,尽可能选择可转位车刀。

一、数控车床对刀具的要求

1. 强度高

为适应刀具在粗加工或对高硬度材料的零件加工时,能有大切深和快走刀,要求刀具必须具有较高的强度;刀杆细长的刀具(如深孔车刀),还应有较好的抗振性。

2. 精度高

为适应数控加工的高精度和自动换刀等要求,刀具及其刀夹都必须具有较高的精度。

3. 适应高速和大进给量切削

为提高生产效率并适应一些特殊加工的需要,刀具应能满足高切削速度的要求,如当采用聚晶金刚石复合车刀加工玻璃或碳纤维复合材料时,其切削速度高达 1 000 m/min 以上。

4. 可靠性好

为保证数控加工中不会因刀具发生意外损坏及潜在缺陷而影响到加工的顺利进行,要求刀具及与之组合的附件必须具有很好的可靠性和较强的适应性。

5. 使用寿命长

刀具在切削过程中的不断磨损,会造成加工尺寸的变化;刀刃(或刀尖)变钝,还会使切削力增大,导致被加工零件的表面粗糙度大大下降,这又会加剧刀具磨损,形成恶性循环。因此,在数控车床加工中使用的刀具,不论在粗加工、精加工还是特殊加工中都应具有比普通车床加工所用刀具更长的使用寿命,以减少更换或修磨刀具及对刀的次数,从而保证零件的加工质量,提高生产效率。使用寿命长的刀具至少应完成 1~2 个班次的加工。

6. 断屑及排屑性能好

较好的断屑性能,可保证数控车床顺利、安全运行。如果车刀的断屑性能不好,车出的螺旋形切屑就会缠绕在刀头、工件或刀架上,既可能损坏车刀(特别是刀尖),又可能割伤已加工的表面,甚至会伤人并引起设备事故。因此,在数控车削加工所用的硬质合金刀片上,常常采用三维断屑槽,改善切削性能。另外,车刀的排屑性能不好,会使切屑在前刀面或断屑槽内堆积,加大切削刃(刀尖)与零件间的摩擦,加快其磨损,降低零件的表面质量,还可能产生积屑瘤,影响车刀的切削性能。

二、刀具材料

刀具材料必须具备的主要性能有足够的硬度、强度、韧性;良好的耐磨性、红硬性;较好的工艺。

1. 涂层刀具

涂层硬质合金刀片的使用寿命与普通刀片相比至少可提高 1~2 倍,而涂层高速钢刀具的耐用度则可提高 2~10 倍。

2. 非金属材料刀具

用作刀具的非金属材料主要有陶瓷、金刚石及立方氮化硼等。

3. 可转位车刀

为适应数控车床加工技术的高速发展,除了高速钢及硬质合金材料外,新型刀具材料也正被越来越多的人所接受。

(1) 概念

可转位车刀就是有合理的几何参数,能保证(在一定的切削用量范围内)卷屑、断屑,并有几个刀刃的刀片,用机械夹固的方法,把它装夹在标准的刀杆(或刀体)上。使用时不需要刃磨(或只需稍加修磨),一个刀刃用钝后,只需把夹紧机构松开,把刀片转过一个角度,即可用另一个新的刀刃进行切削。待多角形刀片的各刀刃均已磨钝后,换上新的刀片又可继续使用。

(2) 组成

可转位车刀由刀杆、夹紧元件、刀片及刀垫组成。刀片的材料主要有高速钢、硬质合金、涂层硬质合金、陶瓷、立方氮化硼和金刚石等。其中应用最多的是硬质合金和涂层硬质合金刀片。选择刀片材料,主要依据被加工工件的材料、被加工表面的精度要求、切削载荷的大小以及切削过程中有无冲击和振动等。

（3）刀片形状及用途

最常用的是正三边形和四边形,可根据不同的使用要求来选用不同形状的刀片,具体情况见表1-2-5。

表 1-2-5　常用刀片形状的选用

刀片形状名称	刀片形状图形	特点	应用场合
正三边形 T		刀尖角小,强度差,耐用度低	可用于 60°、90°、93° 外圆、端面及内孔车刀,适用于较小的切削用量
正四边形 S		刀尖角为 90°,强度及耐用度介于三边形与五边形之间	可进行外圆、端面加工及车孔和倒角
正五边形 P		刀尖角为 108°,强度及耐用度好	用于加工系统刚性较好的零件表面,且不能同时兼作外圆车刀与端面车刀
带副偏角三角边 F 凸三边形 W		刀尖角都为 80°,刀尖强度、耐用度均比三边形好	用于 90°外圆、端面、内孔车刀,工艺系统刚性差者不宜采用
棱形刀片 V,D		刀尖角小,强度差,耐用度低	适用于仿形车床和数控车床刀具
圆形刀片 R		强度及耐用度好	可用于车曲面、成形面或精车刀具

三、切削用量的选择

数控车床加工中的切削用量是表示车床主运动和进给运动速度大小的重要参数,包括背吃刀量、切削速度和进给量。

在加工程序的编制工作中,选择好切削用量,使背吃刀量、切削速度和进给量三者间能互相适应,形成最佳切削参数,是工艺处理的重要内容之一。

1. 背吃刀量的确定

在"机床→夹具→刀具→零件"这一工艺系统刚性允许的条件下,应尽可能选取较大的背吃刀量,以减少走刀次数,提高生产效率。当零件的精度要求较高时,则应考虑适当留出精车余量,其所留精车余量一般比普通车床车削时所留余量小,常取 0.1～0.5 mm。

2. 切削速度和主轴转速的确定

切削速度是指切削时,车刀切削刃上某一点相对待加工表面在主运动方向上的瞬时速度,又称为线速度。确定加工时的切削速度除了参考表 1-2-6 列出的数值外,主要根据实践经验来确定。

表 1-2-6 切削速度参考表

零件材料	刀具材料	背吃刀量 a_p/mm			
		0.12～0.38	0.38～2.40	2.40～4.70	4.70～9.50
		进给量 $f/(\text{mm}\cdot\text{r}^{-1})$			
		0.05～0.13	0.13～0.38	0.38～0.76	0.76～1.30
		切削速度 $v/(\text{m}\cdot\text{min}^{-1})$			
低碳钢	高速钢	—	70～90	45～60	20～40
	硬质合金	215～365	165～215	120～165	90～120
中碳钢	高速钢	—	45～60	30～40	15～20
	硬质合金	130～165	100～130	75～100	55～75
灰铸铁	高速钢	—	35～45	25～35	20～25
	硬质合金	135～185	105～135	75～105	60～75
黄铜青铜	高速钢	—	85～105	70～85	45～70
	硬质合金	215～245	185～215	150～185	120～150
铝合金 低碳钢	高速钢	105～150	70～105	45～70	30～45
	硬质合金	—	70～90	45～60	20～40

主轴转速的确定方法:除螺纹加工外,与普通车削加工一样,可根据零件上被加工部位的直径、零件结构和刀具的材料、加工要求等条件所允许的切削速度来确定。在实际生产中,主轴转速可按下式计算:

$$n = \frac{1\,000v}{\pi d} \tag{1-2-1}$$

式中,

n——工件或刀具转速(r/min);

d——工件待加工表面直径或刀具的最大直径(mm);

v——切削速度(m/min)。

车削螺纹时,车床的主轴转速受螺纹螺距(或导程)的大小、驱动电机的降频特性及螺纹插补运算速率等多种因素的影响,故对于不同的数控系统,推荐的主轴转速范围会有所不同,如大多数经济型数控车床数控系统车螺纹时的主轴转速如下:

$$n \leqslant \frac{1\,200}{P} - k \tag{1-2-2}$$

式中,

P——螺纹的螺距或导程(mm),英制螺纹为换算后的 mm 值;

k——保险系数,一般取 80。

3. 进给量的确定

进给量是指工件每转一周,车刀沿进给方向移动的距离(mm/r)。它与背吃刀量有着较密切的关系。

(1) 进给量的选择原则

① 在满足表面质量的情况下,为提高生产效率,可选择较高的进给量。

② 切断、车削深孔或用高速钢刀具车削时,宜选择较低的进给量,如切断时取 0.05～0.2 mm/r。

③ 刀具空行程,特别是远距离"回零"时,可设定尽量高的进给量。

④ 在粗车时进给量的取值可大一些,精车应小一些,如一般粗车时取 0.3～0.8 mm/r。

⑤ 进给量应与切削速度和背吃刀量相适应。

(2) 进给速度的确定

进给速度 v_f 包括纵向进给速度 v_z 和横向进给速度 v_x。进给速度的计算公式为:

$$v_f = nf \tag{1-2-3}$$

进给量 f 与进给速度 v_f 可以相互进行换算,其换算公式为 mm/r＝(mm/min)/n 或 mm/min＝n(mm/r),n 为主轴转速。

考证习题

一、填空题

1. 刀片的材料主要有＿＿＿＿、＿＿＿＿、＿＿＿＿、陶瓷、立方氮化硼和金刚石等。

2. 可转位车刀就是有合理的＿＿＿＿,能保证(在一定的切削用量范围内)卷屑、断屑,并有几个刀刃的刀片,用机械夹固的方法,把它装夹在标准的刀杆(或刀体)上。

3. ＿＿＿＿刀片可进行外圆、端面加工及车孔和倒角。

4. 正三边形刀片的特点是＿＿＿＿＿＿＿＿＿＿＿＿＿＿＿＿,适用于＿＿＿＿的切削用量。

二、判断题

1. 切削用量包括切削速度、背吃刀量、进给量。（　　）

2. 圆形刀片适用于仿形车床和数控车床刀具。（　　）

3. 粗加工时选择大的背吃刀量、大的进给量和小的切削速度。（　　）

4. 精加工要采用尽量小的进给速度和切削速度。（　　）

5. 数控机床对刀具材料的基本要求是高的硬度、高的耐磨性、高的红硬性和足够的强度和韧性。（　　）

三、选择题(选择一个或多个正确答案)

1. 背吃刀量主要受机床刚度的制约,在机床刚度允许的情况下,尽可能使背吃刀量等于工序的(　　)。

A. 实际余量　　　　B. 设计余量　　　　C. 工序余量　　　　D. 加工余量

2. 粗加工时,为了提高生产效率,选用切削用量时应首先选择较大的(　　)。

A. 进给量　　　　　　　　　　　B. 背吃刀量
C. 切削速度　　　　　　　　　　D. 切削厚度

3. 数控车床使用可转位车刀,刀片材料中,采用较多的刀片材料是(　　)。

A. 硬质合金　　　　　　　　　　B. 高速钢
C. 涂层　　　　　　　　　　　　D. 陶瓷刀片

4. 粗车时选择切削用量的顺序是(　　)。

A. $a_p \rightarrow v_c \rightarrow f$　　　　　　　　B. $a_p \rightarrow f \rightarrow v_c$
C. $f \rightarrow a_p \rightarrow v_c$　　　　　　　　D. $v_c \rightarrow a_p \rightarrow f$

5. 一般情况下留精车余量为(　　)。

A. 0.1～0.5 mm　　　　　　　　B. 0.5～1 mm
C. 1.0～1.5 mm　　　　　　　　D. 1.5～2.0 mm

四、简答题

数控车床对刀具的要求有哪些?

知识点4　数控加工工艺文件

工艺路线设计好后,以表格(卡片)形式记录下来的技术文件就是工艺文件。这些工艺文件是对数控加工的具体说明,目的是让操作者更明确加工程序的内容、装夹方式、各个加工部位所选用的刀具、切削用量及其他技术问题。下面介绍工艺文件的四个卡片。

一、数控加工编程任务书

编程任务书阐明了工艺人员对数控加工工序的技术要求、工序说明和数控加工前应保证的加工余量,是编程员与工艺员协调工作和编制数控程序的重要依据之一,见表1-2-7。

表1-2-7　数控编程任务书

数控编程任务书	主要工序说明及技术要求	产品零件图号		任务书	
		零件名称			
		使用数控设备		共　页	第　页
编程收到日期			经手人		
编制		审核		编程		审核		批准	

二、数控加工工序、工艺卡

数控加工工序卡片与普通加工工序卡片相似,也记录加工工艺内容,不同的是数控加工工序卡片的工序简图中应注明编程原点与对刀点,要有编程说明及切削参数的选择等,它是操作人员进行数控加工的主要指导性工艺资料。工序卡片应按已确定的工步顺序填写,见表1-2-8。如果工序加工内容比较简单,也可采用表1-2-9数控加工工艺卡片的形式。

表 1-2-8 数控加工工序卡片

单位名称		数控加工工序卡		产品名称		零件名称		零件图号	
				车间				使用设备	
				工艺序号				程序编号	
				夹具名称				夹具编号	
工步号	工步加工内容		刀号	刀具规格	刀具补偿	主轴转速	进给速度	切削深度	备注
编制		审核		批准		年 月 日		共 页 第 页	

表 1-2-9 数控加工工艺卡片

零件名称	带轮	零件图号		工件材质	45 钢
工序号	程序编号	夹具名称		数控系统	车间
工步号	工步内容	刀具号	主轴转速/ (r·min^{-1})	进给量/ (mm·r^{-1})	背吃刀量/ mm	备注
编制		审核		批准	

三、数控加工刀具卡片

数控加工刀具卡片主要反映刀具名称、编号、规格、长度等内容,它是组装刀具、调整刀具的依据,见表 1-2-10。

表 1-2-10 数控加工刀具卡片

产品名称或代号			零件名称		零件图号	
序号	刀具号	刀具规格名称	材质	数量	加工表面	备注
编制:				审核:		

在填写卡片之前,必须对零件的加工工艺进行周到、缜密的分析,以便合理地选择车床、刀具、夹具等工艺装备,正确设计工序内容和刀具的加工路线,合理确定切削用量等参数。

数控加工工艺路线制订与通用车床加工工艺路线制订的主要区别在于数控加工路线往往不是指从毛坯到成品的整个工艺过程,而仅仅是几道数控加工工序工艺过程的具体描述。由于数控加工工序一般都穿插于零件加工的整个工艺过程中,因而应注意与普通加工工艺的衔接。

考证习题

一、填空题

1. 工艺路线设计好后,以表格(卡片)形式记录下来的技术文件就是_____。
2. 数控加工工序卡片是操作人员进行数控加工的主要指导性_____。

二、判断题

1. 数控加工刀具卡片主要反映刀具名称、编号、规格、长度等内容,它是组装刀具、调整刀具的依据。(   )
2. 编程任务书是编程员与工艺员协调工作和编写数控程序的重要依据之一。(   )

四、简答题

1. 编制工艺文件的目的是什么?
2. 收集企业案例,编制一份工艺文件。

学习活动 2 工艺制订,历练技能

螺纹轴的数控加工工艺制订

请你按照工艺文件,完成图 1-2-1 螺纹轴的工艺制订。根据学过的数控工艺知识,编制刀具卡、螺纹轴的工艺卡片。

1. 选择刀具

该零件材料为 45 圆钢,选择刀具,填入表 1-2-11。

表 1-2-11 数控加工刀具卡片

产品名称或代号			零件名称	螺纹轴	零件图号	
序号	刀具号	刀具规格及名称	材质	数量	加工表面	备注
编制:			审核:			

2. 确定加工工艺

根据工艺路线,选择切削用量,编制加工工艺卡片,填入表 1-2-12。

表 1-2-12 数控加工工艺卡片

零件名称	螺纹轴	零件图号		工件材质	45 钢	
程序编号	O0001	数控系统	GSK980T	车间		
工步号	工步内容	刀具号	主轴转速/ (r·min^{-1})	进给量/ (mm·r^{-1})	背吃刀量/ mm	备注
1						
2						
3						
4						
5						
6						
编制		审核		批准		

学习活动 3 小组竞赛,强化技能

加工如图 1-2-12 所示零件,毛坯尺寸为 $\phi62\ mm \times 205\ mm$,零件材料为 45 钢,试合理选择刀具、切削用量,制订加工工艺,完成工艺卡片,填入表 1-2-13。(拓展题,小组完成)

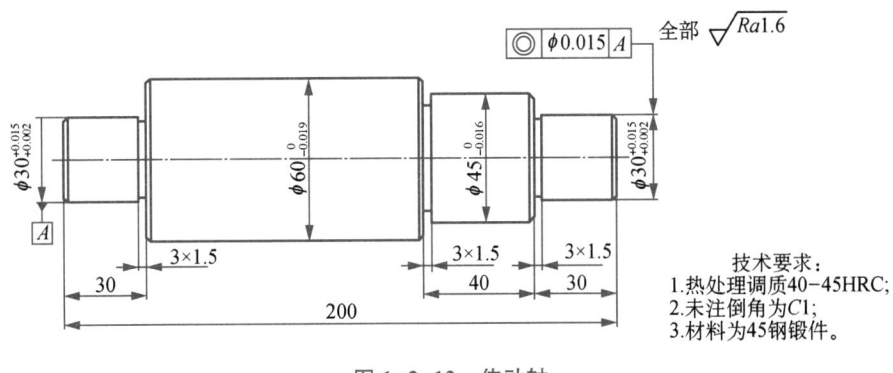

图 1-2-12 传动轴

表 1-2-13 传动轴数控加工工艺卡片

零件名称	传动轴	零件图号		工件材质	45 钢	
程序编号	O0001	数控系统		GSK980T	车间	
工步号	工步内容	刀具号	主轴转速/ (r·min^{-1})	进给量/ (mm·r^{-1})	背吃刀量/ mm	备注
1						
2						
3						
4						
5						
6						
7						
编制			审核		批准	

学习活动 4　小组汇报,检查评估

请你根据螺纹轴的加工工艺制订过程中的任务完成情况、表现,给出合理的成绩;教师根据每个小组的汇报及小组自评和互评成绩,进行点评,见表 1-2-14。

表 1-2-14 综合评价

项目评分			评分细则	配分	得分		
					自评	小组互评	教师评价
职业素养(30分)	纪律情况(10分)	不迟到,不早退	违反 1 次不得分	4			
		积极参与活动	根据上课统计情况得 1～2 分	4			
		笔记本、笔、教材	1 种不带扣 1 分	2			
	职业道德(10分)	与他人合作	不符合要求不得分	5			
		工匠精神、爱国情怀	对工作精益求精且效果明显得 3～5 分	5			
	职业能力(10分)	工艺制订能力	符合工艺要求	5			
		创新能力*(加分项)	工艺优化、加工程序创新,难度大的零件的攻关等,视情况得 1～3 分	5			

(续表)

项目评分			评分细则	配分	得分		
					自评	小组互评	教师评价
工作任务(70分)	小组分配	组织分配	人员安排合理,分工明确得3分;1项组织不当扣1分	3			
	自主学习	自学能力、解决问题的能力	问题组织能力3分;抽查成绩4分	7			
	工艺制订	刀具、工艺卡片	刀具卡片10分;工艺卡片10分	20			
	小组竞赛	个人赛、小组赛	个人赛10分,计入本人成绩;小组赛10分,计入小组成员成绩	20			
	小组汇报	团队合作、语言表达、竞争意识	汇报6分;自评、互评符合真实情况各2分	10			
	企业案例	收集企业案例情况	案例程序设计7分;每收集1例得0.5分,最高得3分	10			
资源平台活动情况	测验	按时提交、成绩	按照资源平台每个模块的赋分权重得分,最后期末成绩占20%	—	—	—	—
	讨论、提问	回答准确率					
	作业	完成程度、成绩					
	考试	成绩					
	课件阅读	完成程度					
总分							
总分[加权平均分(自评20%,小组评价30%,教师评价50%)]							
组长签字			教师签字				

请你根据小组互评成绩,认真检查自己,查找不足,写出自己的补救方法及下一步的学习计划,完成项目总结报告。

_____

_____

教师指导意见:_____

_____

_____

学习活动 5　企业案例,拓展应用

传动轴是某企业产品零件,属于轴类零件,如图 1-2-13 所示,零件毛坯为 $\phi 35$ mm× 985 mm 的圆钢,材料是 45 钢,生产类型为单件、小批生产。试按照企业生产流程,编制工序卡片。

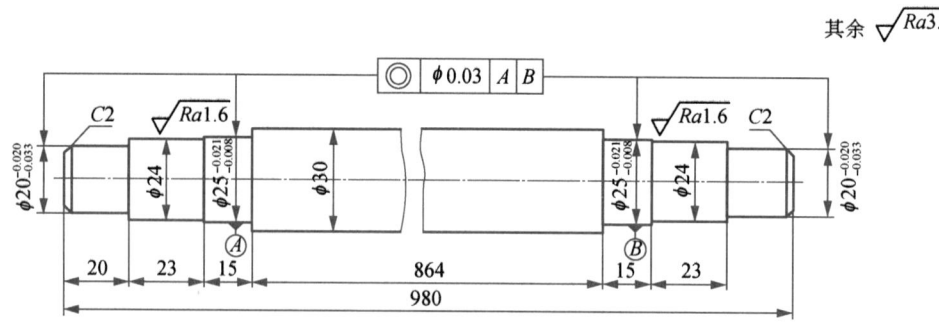

图 1-2-13　传动轴

任务三
轴类零件的编程与加工

任务描述

轴类零件是在数控车床上加工的典型零件之一,如常见的有台阶轴、细长轴、偏心轴、复杂轴等零件,它们的特点是直径方向尺寸较小,而长度方向尺寸较大,加工的部位主要是外表面,我们称这样的零件为轴类零件。如图 1-3-1 所示为一台阶轴零件图,毛坯为 $\phi38$ mm×45 mm 的圆钢,生产类型为单件、小批生产,无热处理工艺要求,试正确设定工件坐标系,制订加工工艺方案,选择合理的刀具和切削工艺参数,正确设计加工程序并完成零件的仿真加工。

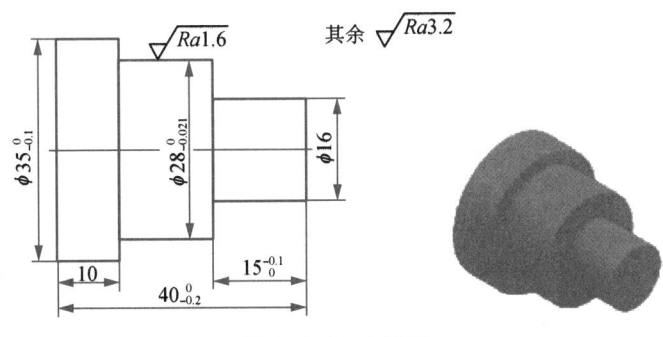

图 1-3-1 台阶轴

台阶轴的仿真加工

教学目标

一、素质目标
① 培养学生团结协作、沟通合作的能力;
② 培养学生的操作规范,爱岗敬业、忠于职守的职业道德;
③ 培养学生一丝不苟、严谨细致、精益求精的工匠精神。

二、知识目标
① 熟悉数控车床的坐标系、分类及特点;
② 掌握数控程序的组成、常用功能代码;
③ 掌握 G00,G01,G90,G94,G71,G70 的指令格式及用法;
④ 能正确制订外圆和端面的加工工艺。

三、能力目标
① 能够确定数控车床的坐标系及各相关点的位置;

② 能确定外圆与端面加工的走刀路线；
③ 会合理选择刀具与切削用量；
④ 能根据加工路线编写加工程序。

学习要求

通过该任务的 6 个环节，明确"轴类零件的编程与加工"任务中的加工程序设计的内容与步骤，掌握坐标系的建立、常用加工指令、台阶轴的程序设计。具体工作步骤及要求见表 1-3-1。

表 1-3-1 具体工作步骤及要求

序号	工作步骤	要求	学时安排	备注
1	明确任务 自主学习	能快速明确任务要求并清晰地表达，在教师要求的时间内完成任务；能够在自主学习过程中发现问题，解决问题，完成知识点的测试，掌握坐标系的建立、常用加工指令、台阶轴的程序设计	0.5 学时	
2	程序设计 历练技能	边学边练，掌握简单轴类零件的程序设计	1.5 学时	
3	小组竞赛 强化技能	按照竞赛要求，在规定的时间内，完成台阶轴程序设计	0.5 学时	
4	仿真训练 程序检验	用仿真软件进行仿真加工，检验设计程序的正确性，修改完善加工程序	1 学时	
5	小组汇报 检查评估	能够清晰地总结知识，思路清晰，语言描述流畅。完成任务自评与互评、学习报告	0.5 学时	
6	企业案例 拓展应用	根据企业产品结构，设计加工程序	课外	教材案例

课前引导

本任务通过介绍数控车床的坐标系及 GSK980T 车床数控系统的功能代码，使学生熟悉数控车床的坐标系、分类及特点，掌握数控程序的组成及各功能的使用方法。

图 1-3-1 所示的台阶轴有 4 处标注公差，精度较高，其余为自由公差，精度要求不高，$\phi 28$ mm 直径处表面粗糙度为 $Ra1.6$ μm，其余全部为 $Ra3.2$ μm，要求不是很高，外圆端面加工较为简单，注意保证精度要求即可。

台阶轴零件可根据毛坯类型选用 G01，G90，G71，G70 指令加工外圆，可用 G94 指令来加工端面，但用 G01 时会使程序变得冗长，且计算量较大，编程容易出错，如果采用固定循环指令 G90，G71 加工会使程序简短。

下面通过学习活动来完成本任务的学习。

学习活动 1　明确任务，自主学习

根据任务要求，通过观看微课、动画等方式，学习相关知识，完成资源平台中的课前测验。预习并总结在学习过程中遇到的问题以及解决办法，填写表 1-3-2。

表 1-3-2　遇到的问题

序号	遇到的问题	是否解决 （已解决的问题说明解决办法）
1		
2		

教师检查学生自学情况，根据学生提交的问题及表现，在课堂上用如下问题抽查自学情况（也可在资源平台提问），然后进行集中讲授和个别指导。

1. 数控车床的坐标系是如何建立的？机床坐标系与编程坐标系有什么不同？请举例说明。

2. 加工指令 G90 与 G94 有什么区别？

知识点 1　数控车床的坐标系

要在数控车床上自动完成零件加工，必须先编写零件的加工程序。为方便数控车床加工程序的编写及使程序具有通用性，数控车床的坐标轴和运动方向在国际上大多遵循 ISO 标准体系。我国也相应地制定了符合标准的数控车床坐标轴和运动方向的标准，并且已在数控加工中广泛应用。

一、坐标轴和运动方向命名的原则

标准的坐标系是一个右手直角笛卡尔坐标系。如图 1-3-2 所示，规定空间直角坐标系 X,Y,Z 三者的关系及其方向由右手定则判定：大拇指指向为 X 轴的正方向；食指指向为 Y 轴的正方向；中指指向为 Z 轴的正方向。X,Y,Z 各轴的回转运动及其正方向 $+A,+B,+C$ 分别用右手螺旋法则判定：以大拇指指向 $+X,+Y,+Z$ 方向，食指、中指的指向就是圆周进给运动的 $+A,+B,+C$ 方向。

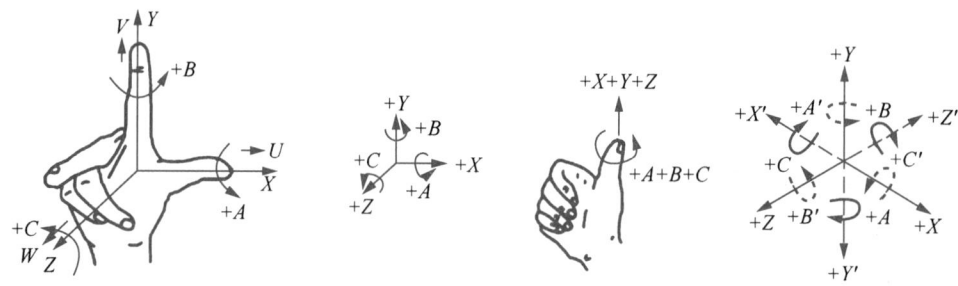

图 1-3-2 右手直角笛卡尔坐标系

1. 运动方向的确定

① 实际编程时,假定刀具相对于静止的工件而运动。当工件运动时,在坐标轴符号上加"'"表示。按相对运动的关系,工件运动的正方向恰好与刀具运动的正方向相反。

② 运动方向的规定:将增大刀具与工件距离的方向确定为各坐标轴的正方向。

③ 机床旋转坐标运动的正方向是按照右旋螺纹进入工件的方向,即车床主轴顺时针旋转的方向为"$+C'$"。

2. 坐标轴的规定

先确定 Z 轴,再按规定确定 X 轴,最后用右手直角笛卡尔定则确定 Y 轴。

① Z 轴:Z 轴与主轴轴线重合,设 Z 轴远离工件(即增大刀具与工件之间的距离)的方向为 Z 轴的正方向,如图 1-3-3 所示。

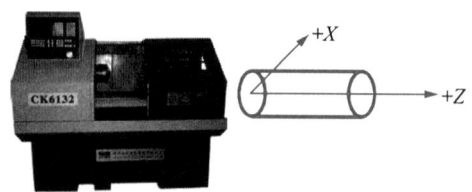

图 1-3-3 数控车床坐标轴

② X 轴:X 轴垂直于 Z 轴,对应刀架的径向移动方向,设 X 轴远离工件的轴心线(即增大刀具与工件之间的距离)的方向为 X 轴的正方向。

③ Y 轴(车床上通常为虚设轴):Y 轴根据 Z 和 X 轴,按照右手直角笛卡尔坐标系确定。

二、机床坐标系

1. 机床坐标系的原点

机床坐标系的原点是生产厂家在制造机床时的固定坐标系原点,也称机械零点,如图 1-3-4 所示。它是在机床装配、调试时已经确定下来的,是机床加工的基准点。以机床原点为坐标系原点的坐标系,是机床固有的坐标系,它是由机床生产厂家设定好的,具有唯一性。

注意:机床坐标系是数控机床中所建立的工件坐标系的参考坐标系,一般不作为编程坐标系,仅作为工件坐标系的参考坐标系。数控车床的机床坐标系原点的位置大多规定在其主轴轴线与装夹卡盘的法兰盘端面的交点上。

项目一 数控车床典型零件编程与加工

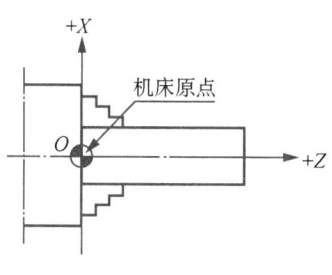

图 1-3-4 机床原点

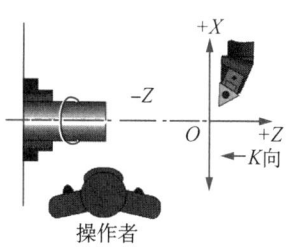

图 1-3-5 卧式数控车床坐标系

数控车床是以其主轴轴线方向为 Z 轴方向,刀具远离工件的方向为 Z 轴正方向。X 轴的方向是在工件的径向上,且平行于横向拖板,刀具离开工件旋转中心的方向为 X 轴正方向。卧式数控车床坐标系,如图 1-3-5 所示。

2. 机床参考点

机床参考点为机床上一固定点,其位置由 X 轴方向与 Z 轴方向的机械挡块及电机零点位置来确定,机械挡块一般设定在 Z 轴和 X 轴正向最大位置。机床系统启动后要进行返回参考点操作:装在纵向和横向拖板上的行程开关碰到挡块后,向数控系统发出信号,由系统控制拖板停止运动。机床通电后,必须手动返回参考点建立机床坐标系,机床坐标系一经建立,就一直保持不变直至断电。数控车床的机床参考点是离机床原点最远的极限点,如图 1-3-6 所示。

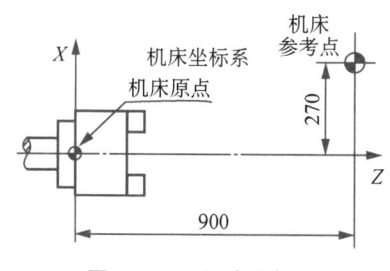

图 1-3-6 机床坐标系

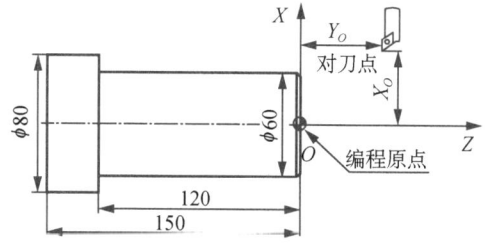

图 1-3-7 编程坐标系及对刀点

三、编程坐标系

1. 编程坐标系

编程坐标系(也称工件坐标系)是编程人员根据零件图样及加工工艺等建立的坐标系,如图 1-3-7 所示。编程坐标系一般供编程使用,确定编程坐标系时不必考虑工件毛坯在机床上的实际装夹位置。以编程原点为坐标原点,建立一个 Z 轴与 X 轴的直角坐标系,则此坐标系就称为工件坐标系。

2. 编程原点

编程原点是根据加工零件图样及加工工艺要求选定的编程坐标系的原点。编程原点应尽量选择在零件的设计基准或工艺基准上,编程坐标系中各轴的方向应该与所使用的数控机床相应的坐标轴方向一致,数控车床上工件的编程原点一般选择在工件轴线与工件右端面或左端面的交点上。如图 1-3-7 所示车削零件的编程原点设在工件右端面与轴线的交点

处。(工件原点偏置：工件随夹具在机床上安装后,工件原点与机床原点间的距离)

3. 对刀点

数控加工中刀具相对工件运动的起点,程序也从该点开始执行,称为起刀点或程序起点。对刀点选择原则：找正容易；编程方便；对刀误差小；加工时检查方便、可靠。

考证习题

一、填空题

1. Z 轴与主轴轴线重合,设 Z 轴远离工件(即增大刀具与工件之间的距离)的方向为 Z 轴的 _____。

2. 数控车床的机床坐标系原点的位置大多规定在其 _____。

3. 编程原点应尽量选择在零件的 _____ 上。

二、判断题

1. 确定机床坐标系时,一般先确定 X 轴,然后确定 Y 轴,再根据右手定则法确定 Z 轴。( )

2. 同一工件,无论用数控车床加工还是用普通车床加工,其工序都一样。( )

3. 编程原点是根据加工零件图样及加工工艺要求选定的编程坐标系的原点。( )

三、选择题(选择一个或多个正确答案)

1. 数控机床 X,Y,Z 各轴的回转运动及其正方向 $+A,+B,+C$ 分别用( )判定。
   A. 右手直角笛卡尔坐标系　　　B. 右手螺旋法则
   C. 左手螺旋法则　　　　　　　D. 都可以

2. 数控编程时,应首先设定( )。
   A. 机床原点　　　　　　　　　B. 固定参考点
   C. 机床坐标系　　　　　　　　D. 工件坐标系

3. 通常情况下,平行于机床主轴的坐标轴是( )。
   A. X 轴　　B. Z 轴　　C. Y 轴　　D. 不确定

四、简答题

数控车床的坐标轴是怎样规定的？

知识点 2　零件程序的结构及功能代码

一、零件程序的结构

一个零件程序是一组被传送到数控装置中去的指令和数据,这个零件程序是由遵循一定结构、句法和格式规则的若干个程序段组成的,是数控加工的核心内容,是一系列加工指令的有序集合。一个完整的加工程序应包括程序号、程序内容和结束符号三个部分。

1. 程序号

程序号用作加工程序的开始标识。每个工件加工程序都有自己专用的程序号。不同的数控系统,程序号地址码也不相同,常用的有％,P,O 等符号,编程时一定要按照系统说明书的规定去指定,如写成%8,P10,O0001等形式,否则系统不识别。

2. 程序内容

程序内容由加工顺序、刀具的各种运动轨迹和各种辅助动作的若干个程序段组成。

程序段中的各坐标数值输入时应至少带一位小数,每段程序最后应加";"以示此段程序结束。

一个程序段定义一个将由数控装置执行的指令行。而每个程序段则是由若干个指令字组成的,程序段的格式定义了每个程序段中功能字的句法,其结构见表1-3-3。

表 1-3-3 程序段中功能字的结构

N	G	X(U)	Z(W)	F	S	T	M
顺序号	准备功能	坐标字		进给功能	主轴功能	刀具功能	辅助功能

如 N20,G01,X40.,Z60.,F0.1。

3. 结束符号

结束符号表示加工程序结束,例如,GSK980T 和 FANUC 0i 系统中都用 M02 表示结束;若需程序返回至程序首,则需使用 M30 指令。

4. 程序指令字的格式

一个指令字是由地址符(指令字符)和带符号(如定义尺寸的字)或不带符号的数据组成的(如准备功能字G代码)。程序中不同的指令字符及其后的数据确立了每个指令字符的含义,在数控程序段中包含的常用地址见表1-3-4。

表 1-3-4 指令字符一览表

功能	指令字符	意义
程序号	O	程序编号(0~9 999)
程序段顺序号	N	程序段顺序号(N0~……)
准备功能	G	指令动作方式(如直线、圆弧等)
尺寸字	X,Z,U,W	坐标轴的移动指令
	R	圆弧半径、固定循环的参数
	I,K	圆弧中心坐标
进给速度	F	进给速度指定
主轴功能	S	主轴转速指定
刀具功能	T	刀具编号选择
辅助功能	M	机床开、关及相关控制
暂停	P,U,X	暂停时间指定
子程序号指定	P	子程序号指定
重复次数	L	子程序的重复次数
参数	P,Q,R	指定程序重复部分的顺序号

二、功能代码

1. 准备功能

准备功能又称"G 功能"或"G 代码",是由地址字 G 和后面的两位数来表示的,它用来规定刀具和工件的相对运动轨迹、机床坐标系、坐标平面、刀具补偿、坐标偏置等多种加工操作,其功能见表 1-3-5。

表 1-3-5 GSK980T 系统的准备功能 G 代码

G 代码	组	功能	指令格式
G00	01	快速点定位	G00 X__ Z__ ;
*G01		直线切削	G01 X__ Z__ F__ ;
G02		圆弧插补(CW,顺时针)	G02/G03 X__ Z__ R__ F__ ;
G03		圆弧插补(CCW,逆时针)	G02/G03 X__ Z__ I__ K__ F__ ;
G04	00	延时	G04 X1.5;或 G04 P1500;
G20	06	英制输入	G20;
*G21		公制输入	G21;
G28	00	参考点返回	G28 X__ Z__ ;
G32	01	切螺纹	G32 X__ Z__ F__ ;(F 为导程)
*G40	07	取消刀尖半径补偿	G40;
G41		刀尖圆弧半径左补偿	G41 G01 X__ Z__ ;
G42		刀尖圆弧半径右补偿	G42 G01 X__ Z__ ;
G50	00	坐标系设定或最高限速	G50 X__ Z__ ; G50 S__ ;
G65	00	宏程序非模态调用	G65P__ L__ 〈自变量指定〉;
G70	00	精车循环	G70 P__ Q__ ;
G71		外圆粗切复合循环	G71 U(Δd)__ R(e)__ ; G71 P(ns)__ Q(nf)__ U(Δu)__ W(Δw)__ F__ ;
G72		端面粗切复合循环	G72 W(Δd)__ R(e)__ ; G72 P(ns)__ Q(nf)__ U(Δu)__ W(Δw)__ F__ ;
G73		固定形状粗加工重复循环	G73 U(Δi)__ W(Δk)__ R(d)__ ; G73 P(ns)__ Q(nf)__ U(Δu)__ W(Δw)__ F__ ;
G74		端面钻孔切削循环	G74 R(e)__ ; G74 X(U)__ Z(W)__ P(Δi)__ Q(Δk)__ R(Δd)__ F__ ;
G75		外圆切槽循环	G75 R(e)__ ; G75 X(U)__ Z(W)__ P(Δi)__ Q(Δk)__ R(Δd)__ F__ ;
G76		切螺纹复合循环	G76 P(m)(r)(a)__ Q(Δd_{min})__ R(d)__ ; G76 X(U)__ Z(W)__ R(i)__ P(k)__ Q(Δd)__ F(p)__ (l)__ ;

(续表)

G 代码	组	功能	指令格式
G90	01	单一形状内、外径切削循环	G90 X__ Z__ F__ ; G90 X__ Z__ R__ F__ ;
G92	01	螺纹切削循环	G92 X__ Z__ F__ ; G92 X__ Z__ R__ F__ ;
G94	01	端面切削循环	G94 X__ Z__ F__ ; G94 X__ Z__ R__ F__ ;
G96	02	恒线速度控制	G96 S200;(200 m/min)
G97	02	每分钟转速	G97 S800;(800 r/min)
*G98	05	每分钟进给量	G98 F100;(100 mm/min)
G99	05	每转进给量	G99 F0.1;(0.1 mm/r)

注：① "*"号缺省 G 代码，即机床系统上电时被初始化为该功能。
② 在同一程序段中可以指定不同组的几个 G 代码且与顺序无关；若在同一程序段中指定同组的 G 代码，后面的有效。不同系统的 G 代码并不一致，即使同型号的系统，也未必相同，编程时要用系统说明书所规定的代码编程。
③ 00 组的 G 代码是一次性 G 代码（非模态代码）。
④ 如果使用了 G 代码一览表中未列出的 G 代码，则出现报警（№010）；指令了不具有选择功能的 G 代码，也会出现报警。
⑤ 在恒线速控制下，可设定主轴最大转速（G50）。

2. 辅助功能

辅助功能也称 M 功能，它用于控制零件程序的走向，并用来指定机床辅助动作及状态。它是由字母 M 及其后面的数字组成，其特点是靠继电器的通断来实现其控制过程。辅助功能代码及其功能见表 1-3-6。

表 1-3-6 辅助功能代码及其功能

M 代码	功能说明	M 代码	功能说明
M00	程序暂停	M10	尾座进
M03	主轴正转（CW）	M11	尾座退
M04	主轴反转（CCW）	M30	程序结束并返回起点
M05	主轴停	M98	子程序调用
M08	切削液开	M99	子程序结束
M09	切削液关		

M 功能可分为前作用 M 功能和后作用 M 功能。
前作用 M 功能：在程序段编辑的轴运动之前执行。
后作用 M 功能：在程序段编辑的轴运动之后执行。

(1) CNC 内定的辅助功能

M00,M01,M02,M03,M98,M99 用于控制零件程序的走向,是 CNC 内定的辅助功能,与可编程逻辑控制器(PLC)无关,是程序通用 M 功能。

① M00(程序暂停)。当 CNC 执行 M00 指令时,将暂停执行当前程序,并且将保持现有的模态信息不变,车床进给停止,以方便操作者进行刀具和工件的测量、调速、工件调头等操作。

欲继续执行后续程序,重按"循环启动"键即可。

M00 为非模态的后作用 M 功能。

② M01(选择停止)。作用与 M00 相同,区别是只有按下用户操作面板上的"任意停止"开关时,该指令才有效,否则机床继续执行后面的程序。该指令一般用于抽查工件的关键尺寸。

③ M02(程序结束)。当 CNC 执行 M02 指令时,机床的主轴、进给、切削液会停止,加工结束,且光标停留在停止指令 M02 上。如要重新运行则必须重新调用该程序后,再按"循环启动"键。

M02 为非模态 M 功能。

④ M30(程序结束并返回)。M30 和 M02 的功能基本相同,只是 M30 在程序结束后还具有控制光标返回到零件程序头(O)的作用。所以若要重新执行该程序只需按一下"循环启动"键即可。

⑤ M98,M99(子程序调用):

M98 用来调用子程序;

M99 表示程序结束,返回到主程序。

(2) PLC 设定的辅助功能

① 主轴控制指令:

M03 启动主轴,以程序中编写的主轴速度顺时针方向旋转;

M04 启动主轴,以程序中编写的主轴速度逆时针方向旋转;

M05 使主轴停止旋转。

M03、M04 为模态前作用 M 功能,M05 为模态后作用 M 功能,三者之间可相互注销。

② 冷却控制指令:

M08 打开切削液;

M09 关闭切削液;

M08 为模态前作用 M 功能,M09 为模态后作用 M 功能。

3. 主轴功能(S 功能)

主轴功能控制主轴转速,其后的数值表示主轴转速数值,单位为 r/min。

在使用恒线速度功能时(G96 启动恒线速切削,G97 取消恒线速切削),S 指令为切削线速度,单位为 m/min。

S 为模态指令,且 S 功能只有在主轴速度可自动调节的车床上有效。

S 限定的主轴转速还可借助用户操作面板上的主轴转速倍率开关来进行修调。

4. 刀具功能(T 功能)

刀具功能也称 T 功能,T 代码主要用来选择刀具。它也是由地址符 T 和后续数字组成,有 T××和 T×××位之分,具体对应关系由生产厂家确定,使用时应首先参考厂家说明书。

例如:T0101 表示选择 01 号刀并调用 01 号刀具补偿值。

T0000 表示取消 01 号刀具及 01 号刀补。

当一个程序段中同时指定 T 代码与刀具移动指令时,则先执行 T 代码指令选择刀具,而后执行刀具移动指令。

5. 进给功能(F 功能)

进给功能也称 F 功能,F 指令表示坐标轴的进给速度,它的单位取决于 G98 或 G99 指令。G98 表示每分钟进给量,单位为 mm/min。G99 表示每转进给量,单位为 mm/r。F 指令也为模态值。在 G01、G02 或 G03 方式下,F 值一直有效,直到被新 F 值取代或被 G00 指令注销为止。G00 指令工作方式下的快速定位速度是各轴的最高速度,由系统参数确定,与编程无关。

考证习题

一、填空题

1. 程序内容由加工顺序、刀具的各种运动轨迹和各种辅助动作的若干个_____组成。

2. 一个完整的加工程序应包括 _____、_____、_____三个部分。

二、判断题

1. G00 指令工作方式下的快速定位速度是各轴的最高速度,由系统参数确定,与编程无关。( )

2. 干轴功能控制主轴转速,其后的数值表示主轴转速数值,单位为 m/min。( )

三、选择题(选择一个或多个正确答案)

1. 程序结束指令是( )。
A. M02　　　　　　　　　　　　B. M03
C. M04　　　　　　　　　　　　D. M30

2. 主轴正转的加工指令是( )。
A. M02　　　　　　　　　　　　B. M03
C. M04　　　　　　　　　　　　D. M30

3. 每转进给量指令是( )。
A. G90　　　　　　　　　　　　B. G97
C. G98　　　　　　　　　　　　D. G99

四、简答题

一个完整的加工程序由哪几部分组成?其开始部分和结束部分常用什么符号及代码表示?

知识点3 数控车床的编程特点

一、径向编程

在径向编程时,有直径值、半径值编程两种方法:直径值编程时,X(U)均以直径值表示;半径值编程时,X(U)均以半径值表示。但由于被车削零件的径向尺寸在图样上和测量时,都是以直径值表示,所以一般采用直径值编程,本任务中的举例都是以直径值编程的。如图 1-3-8 所示,图中 A 点的坐标值为(30,80),B 点的坐标值为(40,60)。采用直径尺寸编程与零件图样中的尺寸标注一致,这样可避免尺寸换算过程中可能造成的错误,给编程带来很大便利。

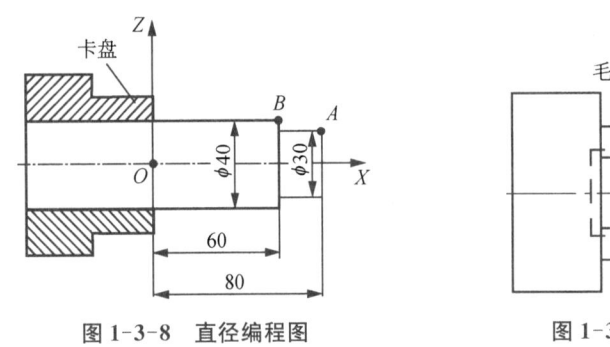
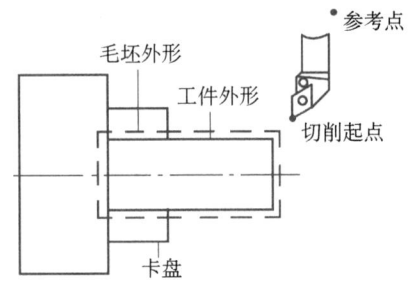

图 1-3-8 直径编程图　　　　　　　图 1-3-9 切削起始点的确定

二、小数点编程

数值可以用小数点输入,当输入距离、时间或速度时使用小数点,将视为一般通用的度量单位:mm(毫米)、in(英寸)、或 s(秒)等。但是某些地址不能用小数点,可以用小数点输入的地址有:X,Y,Z,I,J,K,R,Q,F,U,V,W,A,B,C。GSK980T 系统和 FANUC 系统(FANUC 0i 以后的系统可以不用小数点编程,操作时要看机床编程说明书)相同,有两种类型的小数点表示法:计算器型和标准型,可以用参数进行选择,如

X1——计算机型小数点编程:1 mm。标准型小数点编程:0.001 mm。

X1.——计算机型小数点编程:1 mm。标准型小数点编程:1 mm。

从上例可以看出,当使用计算器型小数点表示法时,没有小数点的数值单位就被认为是一般通用的度量单位;当使用标准型小数点表示法时,没有小数点的数值单位被认为是最小输入单位(公制为 0.001 mm,英制为 0.000 1 in)。因此当控制系统选用标准型小数点输入时,有无小数点数值大不相同。若疏漏了小数点时,则输入的数值将缩小成千分之一,此时输入的数值就会接近为零,在加工时必出事故。为安全起见,最好养成良好的编程习惯,将可以使用小数点的数值都加上小数点,而且为了醒目,以".0"的形式强化小数点的存在,免得因疏忽小数点而酿成大错。

三、切削起点的确定

切削起点的确定与工件毛坯余量大小有关,应以刀具快速走到该点时刀尖不与工件发生碰撞为原则,如图 1-3-9 所示。对于车削加工,进刀时采用快速走刀接近工件切削起

点,再改用切削进给,以减少空走刀的时间,提高加工效率。

四、尺寸标注

在一个程序段中,根据图样上标注的尺寸,可以采用绝对值编程(目标点坐标以地址 X,Z 表示)或增量值编程(目标点坐标以地址 U,W 表示),也可以采用两者混合编程(即目标点坐标以 X,W 或 U,Z 表示)。

五、固定循环的选用

由于车削加工时毛坯常用棒料或锻件,加工余量较大,一个表面往往需要进行多次反复的加工,所以为了简化程序,数控系统采用了不同形式的固定循环,可进行多次重复循环切削。

六、刀具半径补偿

在数控车编程时,常将车刀刀尖看作一个点,而实际的刀尖通常是一个半径不大的圆弧。为了提高工件的加工精度,在编写锥面、圆弧、曲线等的程序时,需要对刀具半径进行补偿。

考证习题

一、填空题

1. 在径向编程时,有_____、_____编程两种方法。
2. 为了提高工件的加工精度,在编写_____、_____、_____等的程序时,需要对刀具半径进行补偿。

二、判断题

1. 在数控车编程时,常将车刀刀尖看作一个点,而实际的刀尖通常是一个半径不大的圆弧。　　　　　　　　　　　　　　　　　　　　　　　　( )
2. 在一个程序段中,根据图样上标注的尺寸,只能采用绝对值编程。　( )
3. 切削起点的确定与工件毛坯余量大小有关,应以刀具快速走到该点时刀尖不与工件发生碰撞为原则。　　　　　　　　　　　　　　　　　　　　( )

三、简答题

为什么要进行小数点编程?

知识点 4　编程加工指令

数控加工中的动作在加工程序中用指令的方式予以规定。准备功能 G 指令用来规定与刀具和工件的相对运动轨迹、机床坐标系、坐标平面、刀具补偿、坐标偏置等相关的多种加工操作。为了完成上述图 1-3-1 所示零件的加工,先来学习基本加工指令代码。

一、快速点定位指令 G00

G00 指令是模态代码,它命令刀具以点定位控制方式从刀具所在点快速运动到下一个目标位置。它只是快速定位,而无运动轨迹要求,且无切削加工过程。

1. 指令格式

G00 X(U)__Z(W)__;

式中，

X，Z——刀具以各轴的快速进给速度移动时的绝对坐标值；

U，W——刀具以各轴的快速进给速度移动时的增量坐标值。

绝对编程指令是轮廓终点相对于工件原点绝对坐标值的编程方式；增量编程指令是轮廓终点相对于轮廓起点坐标增量的编程方式。

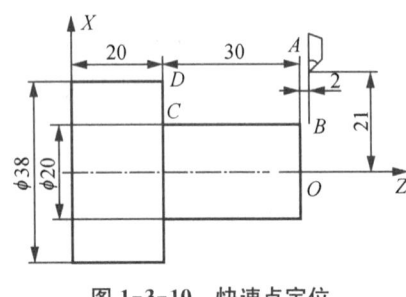

图 1-3-10 快速点定位

如图 1-3-10 所示，A 点坐标为(X42.，Z2.)，B 点坐标为(X20.，Z2.)。

A—B

N10 G00　X20.0　Z2.0　（绝对值编程）

N10 G00　U−22.0　W0.0　（相对值编程）

当用绝对值编程时，X，Z 后面的数值是终点位置在工件坐标系的坐标。当用相对值编程时，U，W 后面的数值是终点与起点之间的距离和方向。

2. 指令说明

① G00 为模态指令，可由 G01、G02、G03 或 G32 功能注销。

② 移动速度不能用程序指令设定，而是由厂家预先设置的。

③ G00 的执行过程：刀具由程序起始点加速到最大速度，然后快速移动，最后减速到终点，实现快速点定位。

④ 刀具的实际运动路线有时不是直线，而是折线，因此，在使用 G00 时，要注意刀具与工件是否发生干涉，对不适合联动的场合，两轴可单动。

⑤ G00 一般用于加工前的快速定位或加工后的快速退刀。

二、直线插补指令 G01

G01 指令是模态代码，它是直线插补指令，规定刀具在 XOZ 平面内以插补联动方式按指定的进给速度 F 做任意的直线运动。

1. 指令格式

$$G01\ X(U)\_Z(W)\_F\_;$$

式中，

X，Z——刀具以各轴的快速进给速度移动时的绝对坐标值；

U，W——刀具以各轴的快速进给速度移动时的增量坐标值；

F——进给速度；

G 指令格式中如果省略 X(U)，则表示为外圆加工；如果省略 Z(W)，则表示为端面加工。

2. 指令说明

① G01 指令后的坐标值取绝对值编程还是取增量值编程，由编程者根据情况决定。

② 进给速度由 F 指令决定。F 指令也是模态指令，可由 G00 指令取消。如果在 G01 程序段之前的程序段没有 F 指令，且 G01 程序段中也没有 F 指令，则机床不运动。因此，G01 程序中必须含有 F 指令。

③ 程序中 F 指令进给速度在没有新的 F 指令以前一直有效，不必在每个程序段中都写入 F 指令。

三、外圆固定循环指令 G90

在数控车床上加工工件的毛坯常用棒料或铸、锻件,因此加工余量大,一般需要多次重复循环加工,才能去除全部余量。为了简化编程,数控系统提供不同形式的固定循环功能,以缩短程序的长度,减少程序所占内存。固定切削循环通常是用一个含 G 代码的程序段完成多个程序段指令的加工操作,使程序得以简化。固定循环一般分为单一形状固定循环和复合形状固定循环。这里主要讲单一形状固定循环,复合形状固定循环将在以后的任务中讲解。

1. 指令格式

$$G90\ X(U)\_\_Z(W)\_\_F\_\_;$$

式中,

X,Z——切削终点的绝对坐标值;

U,W——切削终点的增量坐标值;

F——进给速度。

如图 1-3-11 所示,刀具从循环起点开始按矩形循环,最后又回到循环起点。图中 1(R) 和 4(R) 表示快速运动,2(F) 和 3(F) 表示按 F 指定的进给速度运动。其加工顺序按 1→2→3→4 进行。U 和 W 的正负号(+/-)在增量坐标程序里是根据 1 和 2 的方向改变的。

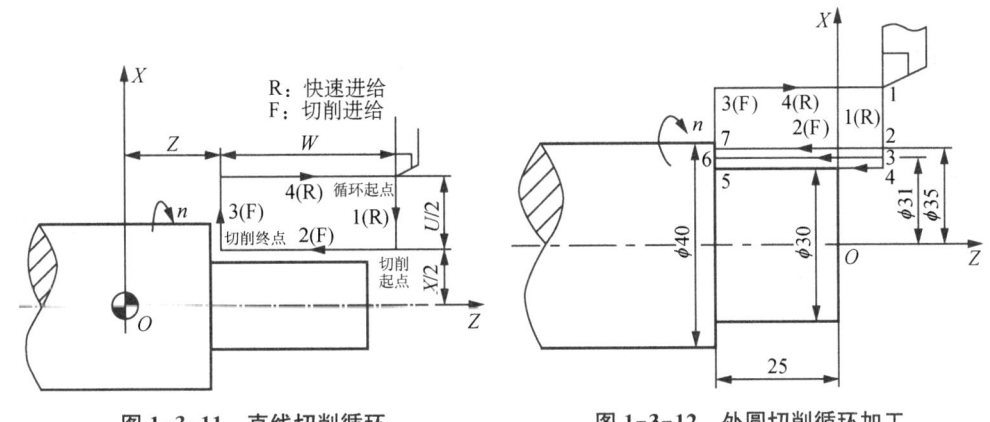

图 1-3-11　直线切削循环　　　图 1-3-12　外圆切削循环加工

2. 指令说明

① 在固定循环切削过程中,M,S,T 等功能都不能改变;如需改变,必须在 G00 或 G01 的指令下变更。

② G90 循环每一步吃刀加工结束后,刀具均返回起刀点。

③ G90 循环第一步移动为沿 X 轴方向移动。

④ 在图 1-3-12 中,1(R),2(F),3(F),4(R) 走刀路径中的 R 表示快速进给,F 表示切削进给。用三次走刀完成外圆的加工。

3. 案例分析

加工如图 1-3-12 所示的工件,编写加工程序,其加工程序见表 1-3-7。

表 1-3-7 G90 应用实例

加工程序	程序说明
O0002;	程序号
G99 G97 M03 S600　T0101 F0.2;	主轴正转启动,转速为 600 r/min,选择 1 号刀及 1 号刀补
G00 X42.0 Z3.0;	刀具快速移动到定刀点
G90 X35.0 Z−25. F0.15;	循环第一刀加工,X 轴进刀 2.5 mm,并回到起点
X31.0;	循环第一刀加工,X 轴进刀 2 mm,并回到起点
X30.0;	循环第一刀加工,X 轴进刀 0.5 mm,并回到起点
G00　X100.　Z100.;	回换刀点
M30;	程序结束并返回

四、端面车削循环指令 G94

1. 指令格式

$$G94\ X(U)\_\_Z(W)\_\_F\_\_;$$

式中,

X,Z——切削终点的绝对坐标值;

U,W——切削终点的增量坐标值;

F——进给速度。

如图 1-3-13 所示,刀具从循环起点开始按矩形循环,最后又回到循环起点。其加工顺序按 1→2→3→4 进行。在增量编程中,U 和 W 地址后的数值符号取决于轨迹 1 和 2 的方向,如果轨迹的方向在 Z 轴的负向,W 值也是负的。

2. 指令说明

G94 循环与 G90 循环的最大区别在于,G94 循环第一步移动为 Z 轴方向,G90 循环第一步移动为 X 轴方向。

3. 案例分析

加工如图 1-3-14 所示的工件,编写加工程序,其加工程序见表 1-3-8。

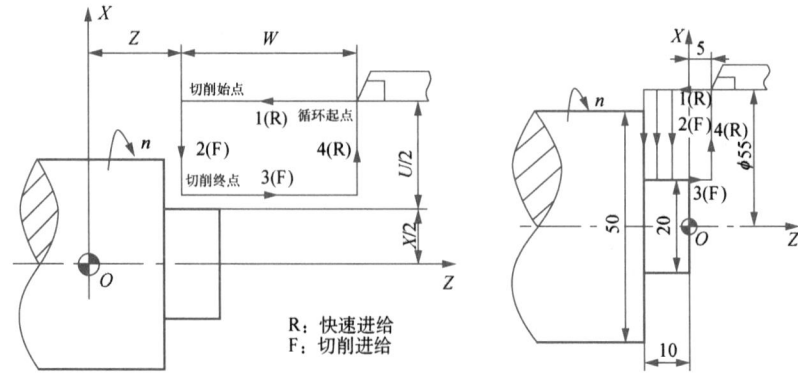

图 1-3-13　端面切削循环　　　图 1-3-14　G94 应用实例

表 1-3-8 G94 应用实例

加工程序	程序说明
O0002；	程序号
G99 G97 M03 S600 T0101 F0.2；	主轴正转启动，转速为 600 r/min，选择 1 号刀及 1 号刀补
G00 X55.0 Z5.0；	刀具快速移动到定刀点
G94 X20.0 Z-3.5 F0.3；	循环第一刀加工，Z 轴进刀 3.5 mm，并回到起点
X20.0 Z-7.0；	循环第一刀加工，Z 轴进刀 3.5 mm，并回到起点
X20.0 Z-10.0；	循环第一刀加工，Z 轴进刀 3 mm，并回到起点
G00 X100. Z100.；	回换刀点
M30；	程序结束并返回

五、复合形状循环指令

G71~G73 是 GSK980T 车床数控系统中复合形状固定循环指令，与单一形状固定循环指令一样，它可以用于必须重复多次加工才能达到规定尺寸的典型工序，主要用于粗车铸、锻毛坯，车阶梯较大的轴。利用复合形状固定循环功能，只要编写出最终走刀路线，给出每次切除余量或循环次数，数控车床即可以自动决定粗加工时的刀具路径，完成重复切削直至加工完毕。在这一组复合形状多重循环指令中，G70 是 G71，G72，G73 等粗加工指令后的精加工指令。下面先来学习 G71 复合形状固定循环指令。

1. 外圆粗车循环指令 G71

外圆粗车循环 G71 指令适用于切除棒料毛坯的大部分加工余量。

(1) 指令格式

$$G71U(\Delta d)\_R(e)\_;$$
$$G71P(ns)\_Q(nf)\_U(\Delta u)\_W(\Delta w)\_F(f)\_S(s)\_T(t);$$

式中，

Δd——切削深度(半径指定)(mm)，不指定正负符号，切削方向依照 AA' 的方向决定，在另一个值指定前不会改变；

e——退刀行程，模态指定，在下次指定前均有效；

ns——精加工程序中的第一个程序段号，该程序段不能有 Z 轴指令；

nf——精加工程序中最后一个程序段号；

Δu——X 轴方向精加工预留量的距离及方向(直径/半径)；

Δw——Z 轴方向精加工预留量的距离及方向；

f——切削进给速度(mm/min)；

s——主轴转速；

t——刀具、刀偏号。

系统根据 ns~nf 程序段给出工件精加工路线，在 ns~nf 程序段内的(即自循环开始至循环结束)F，S，T 指令不起作用。在整个粗车循环中，只执行循环开始前指令的 F，S，T 功能，即进给速度、主轴转速、刀具均不能改变。在含有 G71 指令的程序段中 F，S，T

指令是有效的。

如图 1-3-15(a)所示，用程序决定 A 至 A' 至 B 的精加工形状，用 Δd（切削深度）车掉指定的区域，留精加工预留量 $\Delta u/2$ 及 Δw。

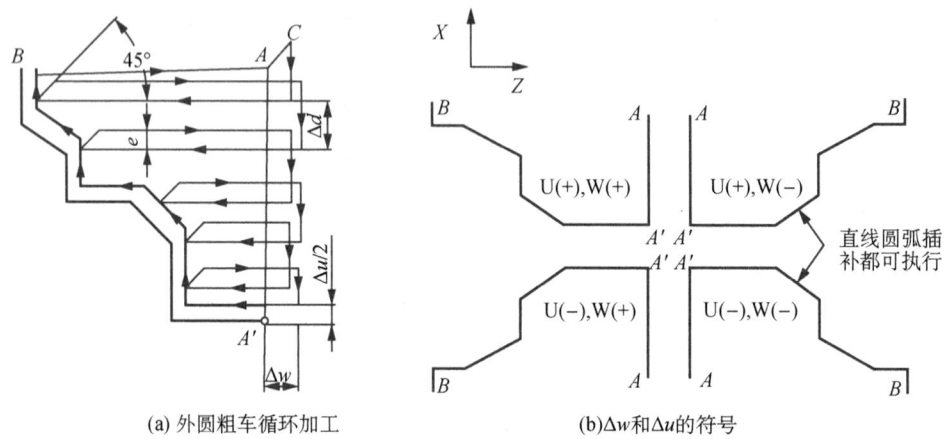

(a) 外圆粗车循环加工　　　　(b) Δw 和 Δu 的符号

图 1-3-15　外圆粗车循环加工及 Δw 和 Δu 的符号

(2) 指令说明

① Δd 和 Δu 两者都由地址 U 指定时，其意义由地址 P 和 Q 决定。

② 粗车循环由带有 P，Q 的 G71 指令实现，在点 A 和点 B 间的运动指令中的 F、S、T 无效，在 G71 程序段或前面的程序段中的 F，S，T 功能有效。

③ 当用 G96 或 G97 时，在 A 和 B 间指定的 G97 或 G97 无效，而在 G71 程序段或以前的程序段中指定有效。AA'之间的刀具轨迹是在包括 G00 或 G01 顺序号的程序段中指定的，并且在这个程序段中不指定 Z 轴的运动指令。A' 和 B 之间的刀具轨迹在 X 和 Z 方向必须单调变化，逐渐增加或减少。

Δw 和 Δu 的符号如图 1-3-15(b)所示。

2. 精车循环加工 G70

当用 G71，G72，G73 指令粗车工件后，用 G70 来指定精车循环，切除精加工的余量。

指令格式为：

$$G70\ P(ns)\_\_Q(nf)\_\_;$$

式中，

ns——精加工程序的第一个程序段号；

nf——精加工程序的最后一个程序段号。

在精车循环 G70 状态下，在 $ns\sim nf$ 程序段中指定的 F，S，T 有效；如果 $ns\sim nf$ 程序段中不指定 F，S，T 时，粗车循环中指定的 F，S，T 有效。在使用 G70 精车循环时，要特别注意快速退刀路线，防止刀具与工件发生干涉。

3. 案例分析

如图 1-3-16 所示零件，毛坯材料为 45 钢，毛坯尺寸为 $\phi 52$ mm$\times 80$ mm。用 G71 编写的程序，见表 1-3-9。

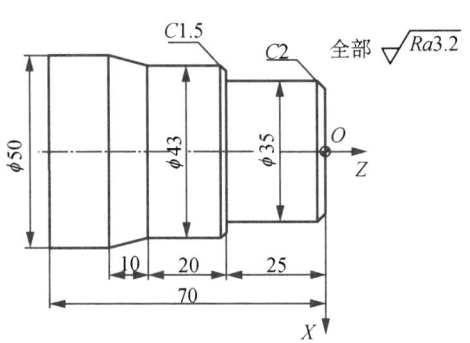

图 1-3-16 台阶轴

表 1-3-9 用 G71 切削循环指令加工台阶轴程序

加工程序	程序说明
O0003;	程序名
M03 S800 T0101 F0.15;	主轴正转,转速为 800 r/min,选择 1 号刀及 1 号刀补
G00 X42. Z2.;	刀具快速移动到达循环起点
G94 X-1. Z1. F0.15;	G94 切削循环车削工件左端面
Z0;	
G71 U2. R1.;	设定分层切削的背吃刀量和退刀量
G71 P1 Q2 U0.5 W0.01;	外轮廓粗加工
N1 G00 X27.;	精车外轮廓的路线, 主轴正转,精车转速为 1 000 r/min
G01 X35. Z-2. F0.1;	
Z-25.;	
X40.;	
X43. Z-26.5;	
Z-45.;	
X50. Z-55.;	
Z-70.;	
N2 X52.;	
M03 S1000;	
G70 P1 Q2;	外轮廓精加工
G00 X100. Z100.;	车刀远离工件
M30;	程序结束,光标返回程序头

考证习题

一、填空题

1. G94 循环与 G90 循环的最大区别在于,G94 循环第一步移动为_____轴方向,G90 循环第一步移动为_____轴方向。

2. 外圆粗车循环 G71 指令中,精加工程序中的第一个程序段号不能有_____轴指令。

二、判断题

1. G90 循环每一步吃刀加工结束后,刀具均返回起刀点。　　　　　　(　　)

2. 在使用 G01 指令的第一个程序段中必须含有 F 指令。　　　　　　(　　)

3. G00 指令中的移动速度可以用程序指令设定。　　　　　　　　　　(　　)

三、选择题(选择一个或多个正确答案)

1. G71U(Δd)R(e),G71 P(ns)Q(nf)U(Δu)W(Δw)F(f)＿S(s)＿T(t) Δd 表示(　　)。

A. Z 轴方向精加工余量

B. X 轴方向精加工余量

C. 每次径向背吃刀量

D. 总径向背吃刀量

2. 外圆粗车循环 G71 指令中,精加工程序中的第一个程序段号不能有(　　)轴指令。

A. X   B. Y

C. Z   D. X、Y、Z

四、简答题

说明固定形状粗车循环(G71)的格式及其参数的含义。

学习活动 2　程序设计,历练技能

请你根据学过的知识,先完成图 1-3-1 所示台阶轴的刀具卡片、工艺卡片编制,最后选择合理的加工指令,完成台阶轴的程序设计。

一、工艺制订

根据学过的数控工艺知识,编制刀具卡片、台阶轴的工艺卡片。

1. 选择刀具

该零件材料为 45 圆钢,选择刀具,填入表 1-3-10。

台阶轴的程序设计

表 1-3-10　数控加工刀具卡片

产品名称或代号			零件名称	台阶轴	零件图号	
序号	刀具号	刀具规格及名称	材质	数量	加工表面	备注
1						
2						
3						
编制：			审核：			

2. 确定加工工艺

从图 1-3-1 中可以看出加工内容较为简单，主要为圆柱面，选用三爪自定心卡盘装夹。以工件的轴线和工件的右端面的交点为工件原点，工件的加工方法很多，实际中可根据毛坯合理选择，参考工艺路线安排如下：

① 粗加工各外圆；

② 精加工各外圆。

也可以先粗、精加工好一外圆，再加工另一外圆。

根据工艺路线，选择切削用量，编制加工工艺卡片，完成工艺卡片，填入表 1-3-11。

表 1-3-11　数控加工工艺卡片

零件名称	台阶轴	零件图号		工件材质	45 钢	
工序号	程序编号	夹具名称		数控系统	车间	
1	O0001～O0004	三爪自定心卡盘		广数		
工步号	工步内容	刀具号	主轴转速/ (r·min^{-1})	进给量/ (mm·r^{-1})	背吃刀量/ mm	备注
1						
2						
3						
4						
5						
6						
编制		审核		批准		

二、编写加工程序

1. 加工程序方案一

已粗车完的半成品，用 G01 编程，加工程序填入表 1-3-12。

表 1-3-12　G01 的应用

加工程序	程序说明

2. 加工程序方案二

如果台阶轴没有倒角要求,用 G90,G94 编程,也比较简单,加工程序填入表 1-3-13。

表 1-3-13　G90,G94 的应用

加工程序	程序说明

3. 加工程序方案三

如果毛坯是加工余量较大的圆钢,如果再用 G90 编程,程序较长,用 G71 编程可简化

程序,加工程序填入表1-3-14。

表1-3-14 G71的应用

加工程序	程序说明

三、优化加工程序

对比三种编程方法,指出三种编程方法的优缺点,并上传至相关资源平台。

_____

_____

_____

学习活动3　小组竞赛,强化技能

加工如图1-3-17所示零件,毛坯尺寸为$\phi48$ mm×90 mm,零件材料为45钢,试合理选择加工指令,编写加工程序,填入表1-3-15。(拓展题,小组完成)

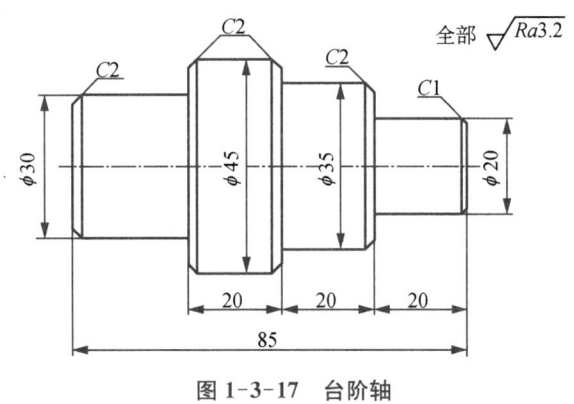

图1-3-17　台阶轴

表 1-3-15 台阶轴的加工程序

加工程序	程序说明

学习活动 4　仿真训练，检验程序

请根据编程竞赛零件加工程序，小组共同完成台阶轴的仿真加工，提交仿真视频，根据仿真情况，填写检测结果至表 1-3-16 中。如果遇到问题可扫描二维码，阅读台阶轴仿真加工说明书、仿真加工程序，进行学习。

表 1-3-16 台阶轴的仿真加工评分标准

序号	项目	检测内容		配分		检测结果		得分
		IT	Ra	IT	Ra	IT	Ra	
1	外圆	ϕ45	—	4	—	—	—	
2		ϕ35	—	4	—	—	—	
3		ϕ30	—	4	—	—	—	
4		ϕ20	—	3	—	—	—	
5	长度	20(3处)	—	3	—	—	—	
7		85	—	3	—	—	—	
8	倒角	C1	—	1	—	—	—	
		C2(3处)		3				
9	程序	检查程序正误		75				
10	考场纪律	① 小组讨论完成； ② 文明生产，避免产生撞刀、崩刀、换件等				若有违反考场纪律的考生酌情扣 3~10 分		
11	评分细则	① 外径尺寸每超差不得分，长度尺寸每超差不得分； ② 倒角不合格酌情扣 1~2 分； ③ 程序没完成或指令格式有错误导致程序无法运行扣 20~30 分； ④ 程序能运行但存在指令格式错误或编写不规范酌情扣 2~10 分						

学习活动 5　小组汇报，检查评估

请你根据台阶轴的加工程序设计过程中的任务完成情况、表现，给出合理的自评、互评成绩；教师根据每个小组的汇报及小组自评和互评成绩，进行点评，见表 1-3-17。

表 1-3-17　综合评价

项目评分		评分细则	配分	得分		
				自评	小组互评	教师评价
职业素养（30 分）	纪律情况（10 分）	不迟到，不早退	违反 1 次不得分	4			
		积极参与活动	根据上课统计情况得 1~2 分	4			
		笔记本、笔、教材	1 种不带扣 1 分	2			
	职业道德（10 分）	与他人合作	不符合要求不得分	5			
		工匠精神、爱国情怀	对工作精益求精且效果明显得 3~5 分	5			
	职业能力（10 分）	工艺制订能力	符合工艺要求	3			
		程序设计能力	正确运用加工指令	4			
		创新能力 *（加分项）	工艺优化、加工程序创新，难度大的零件的攻关等，视情况得 1~3 分	3			
工作任务（70 分）	小组分配	组织分配	人员安排合理，分工明确得 3 分；1 项组织不当扣 1 分	3			
	自主学习	自学能力、解决问题的能力	问题组织能力 3 分；抽查成绩 4 分	7			
	程序设计	工艺卡片、程序卡片	工艺卡片 6 分；程序卡片 8 分	14			
	小组竞赛	个人赛、小组赛	个人赛 6 分，计入本人成绩；小组赛 10 分，计入小组成员成绩	16			
	仿真训练	操作规范、零件加工	操作规范，撞刀、换件扣 2~5 分；零件仿真加工实际得分占总分 10%	10			
	小组汇报	团队合作、语言表达、竞争意识	汇报 6 分；自评、互评符合真实情况各 2 分	10			
	企业案例	收集企业案例情况	案例程序设计 7 分；每收集 1 例得 0.5 分，最高得 3 分	10			

(续表)

项目评分			评分细则	配分	得分		
					自评	小组互评	教师评价
资源平台活动情况	测验	按时提交、成绩	按照资源平台每个模块的赋分权重得分,最后期末成绩占 20%		—	—	—
	讨论、提问	回答准确率					
	作业、考试	完成程度、成绩					
	课件阅读	完成程度					
总分							
总分[加权平均分(自评 20%,小组评价 30%,教师评价 50%)]							
组长签字			教师签字				

请你根据小组互评成绩,认真检查自己,查找不足,写出自己的补救方法及下一步的学习计划,完成项目总结报告。

教师指导意见:

学习活动 6　企业案例,拓展应用

如图 1-3-18 所示,企业产品为泵轴零件,根据产品图纸,编写加工程序。请你去企业收集相关台阶轴的案例,进行程序设计练习,上传到资源平台。

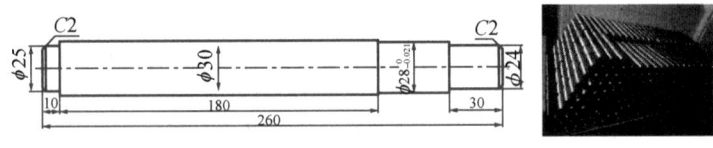

图 1-3-18　零件图

任务四
盘类零件的编程与加工

任务描述

盘类零件是车削加工中最常见的加工零件之一,如图1-4-1所示的锥盘是其中较有代表性的零件,毛坯为 $\phi 105\ \text{mm} \times 55\ \text{mm}$ 的锻件,生产类型为单件、小批生产,无热处理工艺要求。本任务通过锥度和锥面的加工特点的分析,设定工件坐标系,制订加工工艺方案,选择合理的切削工艺参数,设计加工程序完成零件的仿真加工,并进行加工误差分析。

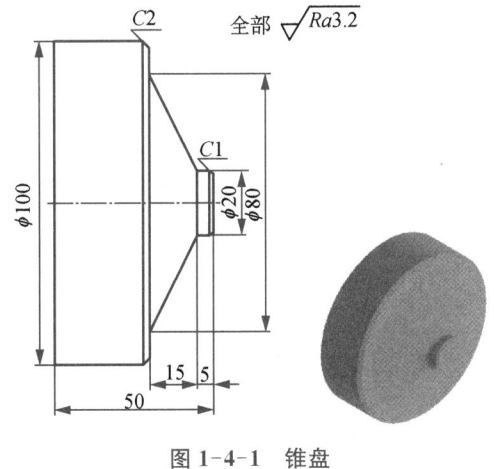

锥盘的仿真加工

图1-4-1 锥盘

教学目标

一、素质目标
① 培养学生团结协作、沟通合作的能力;
② 培养学生规范操作,爱岗敬业、忠于职守的职业道德;
③ 培养学生一丝不苟、严谨细致、精益求精的工匠精神。
二、知识目标
① 掌握G94,G90,G72的指令格式及用法;
② 掌握刀具半径补偿的方法;
③ 掌握G41,G42,G40刀具半径补偿指令;
④ 能正确制订锥面的加工工艺;
⑤ 能分析产生加工误差的原因。

三、能力目标

① 能确定锥面的走刀路线；
② 会合理选择刀具与切削用量；
③ 正确使用刀具补偿号；
④ 正确使用刀具半径补偿指令；
⑤ 能根据加工路线编写加工程序；
⑥ 正确选择消除加工误差的方法。

学习要求

通过该任务的6个环节，明确"盘类零件的编程与加工"任务中的加工程序设计的内容与步骤，掌握加工指令（G94，G90，G72等）、刀具半径补偿、盘类零件的程序设计。具体工作步骤及要求见表1-4-1。

表1-4-1 具体工作步骤及要求

序号	工作步骤	要求	学时安排	备注
1	明确任务 自主学习	能快速明确任务要求并清晰地表达，在教师要求的时间内完成任务；能够在自主学习过程中发现问题，解决问题，完成知识点的测试，掌握坐标系的建立、常用加工指令、盘类零件的程序设计	0.2学时	
2	程序设计 历练技能	边学边练，掌握简单盘类零件的程序设计	0.5学时	
3	小组竞赛 强化技能	按照竞赛要求，在规定的时间内，完成锥盘的程序设计	0.5学时	
4	小组汇报 检查评估	能够清晰地总结知识，思路清晰，语言描述流畅。完成任务自评与互评、学习报告	0.5学时	
5	仿真训练 程序检验	利用课外时间，进行仿真训练，检验设计程序的正确性，修改完善加工程序	课外	
6	企业案例 拓展应用	根据企业产品结构，设计加工程序	0.3学时	教材案例

课前引导

该零件是盘类零件中最简单的，是使用数控车床加工的基本零件之一，也是加工中常见的零件。该零件表面由两个圆柱面和一个圆锥面组成，尺寸精度和表面粗糙度要求不高。尺寸标注完整，轮廓描述清楚。已知毛坯材料为45钢，毛坯尺寸为ϕ105 mm×60 mm的锻件。用循环指令进行粗车，用基本指令进行精车，重点巩固G72或G94的应用。

本任务主要学习外锥与端面的加工工艺、加工特点、加工方法、编程指令以及加工误差的分析。通过本任务的学习和训练,学生能够掌握常用圆锥的工艺分析、编程、刀具及切削用量的选择等。

学习活动 1　明确任务,自主学习

根据任务要求,通过观看微课、动画等方式,学习相关知识,完成资源平台中的课前测验。预习并总结在学习过程中遇到的问题以及解决办法,填入表 1-4-2。

表 1-4-2　遇到的问题

序号	遇到的问题	是否解决 (已解决的问题说明解决办法)
1		
2		

教师检查学生自学情况,根据学生提交的问题及表现,在课堂上用如下问题抽查自学情况(也可在资源平台提问),然后进行集中讲授和个别指导。

1. 如何选择 G41,G42 指令?请举例说明。
_____
_____

2. 数控车床上锥面的加工方法有哪些?请举例说明。
_____
_____

知识点 1　车圆锥的加工路线

数控加工中,刀具相对于工件的运动轨迹和方向称为加工路线,即刀具从起刀点开始运动,直至结束加工所经过的路径,包括切削加工的路径及刀具引入、返回等非切削空行程。加工路线的确定首先必须保证被加工零件的尺寸精度和表面质量,其次考虑数值计算简单,走刀路线尽量短,效率要高等。下面分析车圆锥的加工路线。

一、阶梯车削路线

1. 轴向移动距离的计算

假设圆锥大径为 D、小径为 d、锥长为 L,车圆锥的加工路线如图 1-4-2 所示。按图 1-4-2(a)的阶梯车削路线,二刀为粗车,最后一刀为精车。二刀粗车的终刀距 S 要计算精确,由相似三角形得:

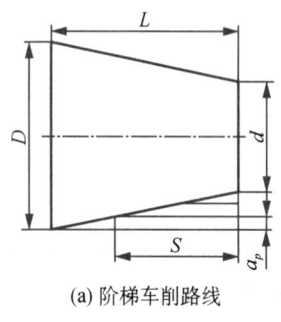 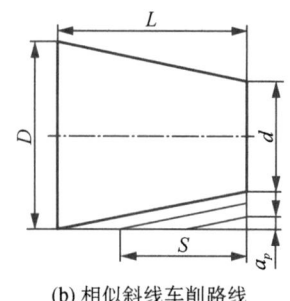 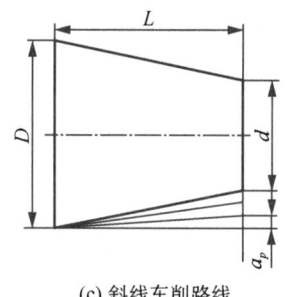

(a) 阶梯车削路线　　　　　(b) 相似斜线车削路线　　　　(c) 斜线车削路线

图 1-4-2　圆锥的加工路线

$$\frac{\dfrac{D-d}{2}}{L} = \frac{\left(\dfrac{D-d}{2}\right) - a_p}{S} \tag{1-4-1}$$

$$S = \frac{L\left(\dfrac{D-d}{2} - a_p\right)}{\dfrac{D-d}{2}} \tag{1-4-2}$$

2. 车削特点

按此种加工路线粗车时，刀具背吃刀量相同，但精车时，背吃刀量不同，刀具车削运动的路线最短。

二、相似斜线车削路线

1. 轴向移动距离的计算

按图 1-4-2(b) 的相似斜线车削路线，也需计算粗车时的终刀距 S，同样由相似三角形可计算得：

$$\frac{\dfrac{D-d}{2}}{L} = \frac{a_p}{S} \tag{1-4-3}$$

$$S = \frac{L \cdot a_p}{\dfrac{D-d}{2}} \tag{1-4-4}$$

2. 车削特点

按此种加工路线，刀具切削运动的距离较短。

三、斜线车削路线

按图 1-4-2(c) 的斜线车削路线，只需确定每次背吃刀量 a_p，而不需计算终刀距，编程方便。但在每次车削中背吃刀量是变化的，且刀具车削运动的路线较长。

考证习题

一、判断题

1. 斜线车削路线不需计算终刀距,编程方便。但在每次车削中背吃刀量是变化的,且刀具车削运动的路线较长。（　　）

2. 按相似斜线车削路线加工路线,刀具车削运动的距离较短。（　　）

二、选择题(选择一个或多个正确答案)

1. 按(　　)加工路线粗车削圆锥面时,刀具背吃刀量相同,但精车时,背吃刀量不同,刀具车削运动的路线最短。

　　A. 阶梯车削路线　　　　　　B. 相似斜线车削路线
　　C. 斜线车削路线　　　　　　D. 同心圆车削路线

2. 加工路线的确定首先必须保证被加工零件的(　　),其次考虑数值计算简单,走刀路线尽量短,效率要高等。

　　A. 结构形状　　　　　　　　B. 尺寸精度和表面质量
　　C. 形位公差　　　　　　　　D. 性能

三、简答题

在数控车床上,加工锥面的路线有哪些?

知识点2　车圆锥的加工指令

数控加工中的动作在加工程序中用指令的方式予以规定。准备功能 G 指令用来规定刀具和工件的相对运动轨迹、机床坐标系、坐标平面、刀具补偿、坐标偏置等多种加工操作。为了完成上述图 1-4-1 所示零件的加工,先来学习基本加工指令代码。

一、锥面一般加工指令 G01

圆锥工件可以通过 G01 代码来加工实现。但在加工中一定要注意刀具的半径补偿,否则将会加工出错误的路径。如图 1-4-3 所示的工件中有一段 15 mm 长的锥面,在此使用 G01 来编程。刀具设置为 01 号刀具,在数控车床 01 寄存器里输入已经测量好的该刀具的补偿值。最后刀具补偿取消用 00 来实现。加工程序见表 1-4-3。

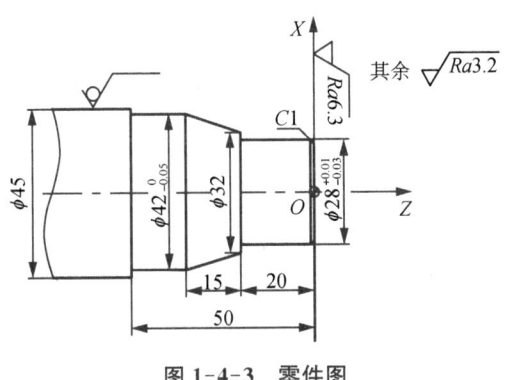

图 1-4-3　零件图

表 1-4-3　锥面一般加工程序(G01)

加工程序	程序说明
O0001；	程序号
G99 G97 M03 T0101 S600 F0.2；	主轴正转,转速为 600 r/min
G00 X200.0 Z200.0；	设定换刀点
X20.0 Z3.0　T0101；	快速到达循环起点,实现1号刀补
G01 X28.0 Z-1.0 F0.3；	倒角
Z-20.；	车外圆
X32.0；	车端面
X42.0 Z-35.0；	车圆锥面
Z-50.0；	车外圆
X50.0；	车端面
G00 X200.0 Z200.0；	回换刀点
M30；	程序结束并返回

二、锥面循环加工指令 G90

该锥面的车削量比较大,如果使用G01指令,刀具的进刀量较大,并且程序的加工代码较多,为了简化编程,采用G90锥面循环加工指令来实现。

1. 指令格式

$$G90\ X(U)\_\ Z(W)\_\ R\_\ F\_\ ；$$

式中,

X,Z——切削终点的绝对坐标值；

U,W——切削终点的增量坐标值；

R——切削始点与圆锥面切削终点的半径差；

F——进给速度。

加工路径如图 1-4-4(a)所示。编程实例如图 1-4-4(b)所示,程序见表 1-4-4。

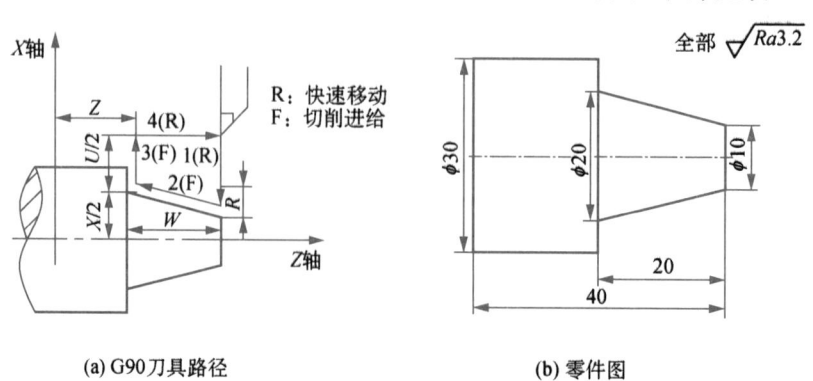

(a) G90刀具路径　　(b) 零件图

图 1-4-4　加工路径及编程实例图

表 1-4-4 锥面循环加工程序(G90)

加工程序	程序说明
O0002;	程序号
G99 G97 M03 T0101 S600 F0.2;	主轴正转,转速为 600 r/min
G00 X200.0 Z200.0;	设定换刀点
X35.0 Z3.0 T0101;	快速到达循环起点,实现 1 号刀补
G90 X25.0 Z-20.0 R-5.0 F0.3;	圆锥面循环第一次
X21.0;	圆锥面循环第二次
X20.0;	圆锥面循环第三次
G00 X100.0 Z100.0;	取消 G90,快速返回起刀点
M30;	程序结束并返回

2. 指令说明

编程时,应注意 R 的符号,确定的方法是:锥面起点坐标 X 值大于终点坐标 X 值时为正,反之为负,具体形式如图 1-4-5 所示。R 为快速移动,F 为切削进给;刀具路径: 1(R)→2(F)→3(F)→4(R)。

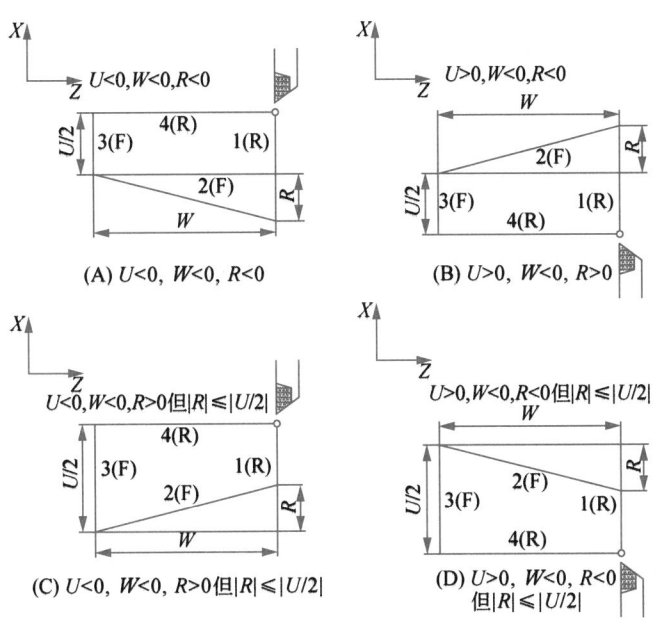

图 1-4-5 锥面的方向

三、带锥面的端面车削循环指令 G94

1. 指令格式

$$G94\ X(U)\_\_Z(W)\_\_R\_\_F\_\_;$$

式中，

X，Z——切削循环终点的绝对坐标值；

U，W——切削循环终点相对于循环起点的增量坐标值；

R——循环起点与循环终点的 Z 轴的方向之差；

F——进给速度

2. 指令说明

如图 1-4-6 所示，在增量编程中，U 和 W 地址后的数值符号取决于轨迹 1 和 2 的方向，如果轨迹的方向在 Z 轴的负向，W 值也是负的。

在增量编程中，U，W 和 R 地址后的数值符号和刀具之间的关系如图 1-4-7 所示。

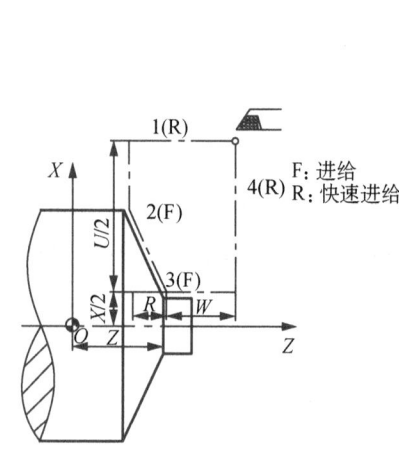

图 1-4-6 锥面切削循环

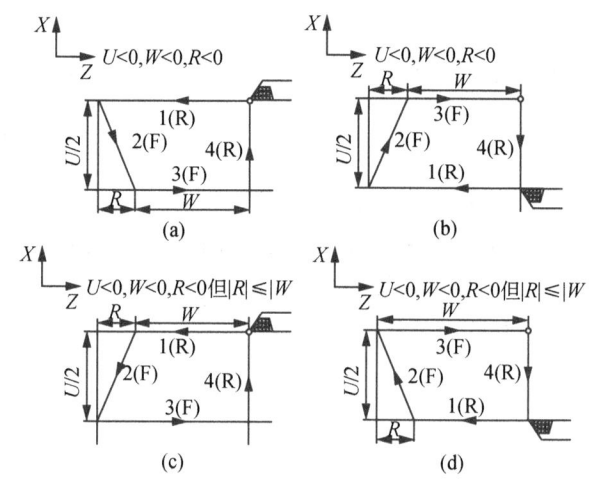

图 1-4-7 锥面的方向

四、端面粗车循环指令 G72

它适用于粗车 X 轴方向单边余量大于 Z 轴方向余量的零件。

1. 指令格式

G72 W(Δd)＿R(e)＿;

G72 P(ns)＿Q(nf)＿U(Δu)＿W(Δw)＿F(f)＿S(s)＿T(t);

N＿(ns) G00(G01)……;

G01……;

……F;

……S;

……T;

……;

N＿(nf)G00(G01)……;

……;

式中，

Δd——粗车时 Z 轴切深，无符号，切入方向由 AB 方向决定；

e——粗车 Z 轴的退刀量,无符号;

ns——精加工轨迹的第一个程序段的程序段号;

nf——精加工轨迹的最后一个程序段的程序段号;

Δu——粗车时 X 轴留出的精加工余量,(单位:mm,直径值,有符号);

Δw——粗车时 Z 轴留出的精加工余量,(单位:mm,有符号);

f——切削进给速度;

s——主轴的转速;

t——刀具号、刀具偏置号。

G72 程序段中各参数的含义与 G71 相同,但它完成端面方向的粗车,在 ns 程序段中不能有 X 轴指令,走刀路线如图 1-4-8(a)所示。

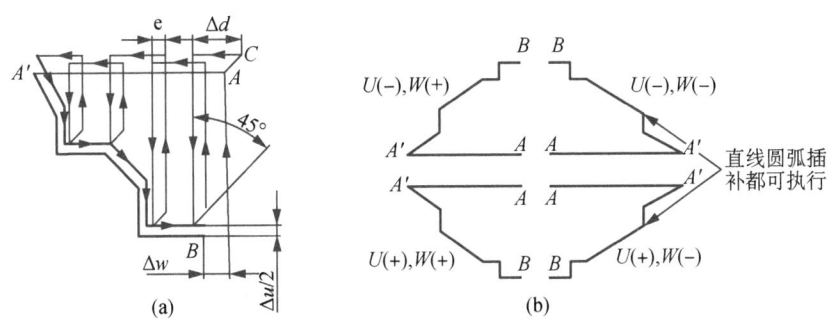

图 1-4-8　端面粗车循环加工及 Δw 和 Δu 的符号

2. 指令说明

① Δd 和 Δw 两者都由地址 W 指定时,其意义由地址 P 和 Q 决定。

② 粗车循环由带有 P,Q 的 G72 指令实现,在 A 和 B 点间的运动指令中的 F,S,T 无效,在 G72 程序段或前面的程序段中的 F,S,T 功能有效。

③ 当用 G96 或 G97 时,在 A 和 B 间指定的 G97 或 G97 无效,而在 G72 程序段或以前的程序段中指定有效。

④ AA' 之间的刀具轨迹是在包括 G00 或 G01 顺序号的程序段中指定的,并且在这个程序段中不指定 X 轴的运动指令。

⑤ A' 和 B 之间的刀具轨迹在 X 和 Z 方向必须单调变化,逐渐增加或减少。

Δw 和 Δu 的符号如图 1-4-8(b)所示。

3. 案例分析

如图 1-4-9 所示,毛坯为 $\phi 40$ mm×80 mm 的圆钢(2件),生产类型为单件、小批生产,试用 G72 循环指令编写加工程序。加工程序见表 1-4-5。

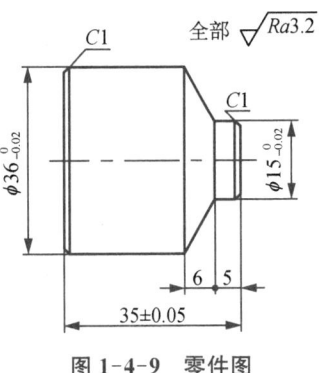

图 1-4-9　零件图

表 1-4-5　G72 指令加工程序

加工程序	程序说明
O0001;	程序号
G99 G97 M03 T0101 S600 F0.2;	主轴正转,转速为 600 r/min
G00 X42.0 Z2.0;	快速起刀点
G94 X-1.0 Z0.0 F0.2;	切断面
G90 X37.0 Z-35.0 F0.15;	车外圆
X36.0;	
G00 X40. Z1. S900;	转速为 900 r/min,车刀到达循环起点
G72 W1.0 R0.5;	每次切深 1 mm,退刀 0.5 mm
G72 P10 Q20 U0.01 W0.5;	粗车加工,X 轴方向 0.01 mm,Z 轴方向 0.5 mm
N1 G00 G42 Z-11.0;	定位到 Z-11 mm	
G01 X36.0;	慢速到 X36 mm	
X15.0 Z-5.0;	车锥面	精加工
Z-1.0;	车外圆	
X13.0 Z0.0;	倒角	
N2 G01 G40 Z1.0;	离开工件 1 mm	
G70 P10 Q20;	精车加工
G00 X150.0 Z100.0;	取消 G90,快速返回起刀点
M30;	程序结束并返回

考证习题

一、填空题

1. G94 X(U)__Z(W)__R__F__中,R 表示_____。
2. G72 W(Δd)R(e);G72P(ns)Q(nf)U(Δu)W(Δw)F(f)S(s)T(t)中,Δw 表示_____。

二、判断题

1. G72 指令主要适用于粗车 X 轴方向单边余量大于 Z 轴方向余量的零件。(　　)
2. 使用 G72 粗加工时,在粗加工的程序段中的 F,S,T 是有效的。(　　)
3. G94 循环与 G90 循环最大的区别在于,G94 第一步先走 Z 轴,而 G90 则是先走 X 轴。(　　)

三、选择题(选择一个或多个正确答案)

1. 下列指令中不能用于端面切削的指令是(　　)。
   A. G94　　　　　　B. G01　　　　　　C. G72　　　　　　D. G73
2. G90 X(U)__Z(W)__R__F__中 R 表示(　　)。
   A. 循环起点与循环终点的 Z 轴的方向之差
   B. 切削始点与圆锥面切削终点的半径差

C. 径向背吃刀量

D. 轴向背吃刀量

3. G72 程序段中各参数的含义与 G71 相同,但它完成端面方向的粗车,在 ns 程序段中不能有( )轴指令。

A. Z B. X C. Y D. M

四、简答题

简述指令 G72 与 G71 有哪些不同。

知识点 3 刀具补偿

刀具补偿功能是用来补偿刀具实际安装位置(或实际刀尖圆弧半径)与理论编程位置(刀尖圆弧半径)之差的一种功能。刀具补偿功能是数控车床的一种主要功能,它分为刀具偏移补偿(即刀具位置补偿)和刀尖圆弧半径补偿两种。

当用圆头刀具加工时,只需按照零件轮廓编程,不必按刀具中心轨迹编程,大大简化了程序编制;其次,可通过刀具半径补偿功能很方便地留出加工余量,先进行粗加工,再进行精加工;最后,可以补偿由于刀具磨损等因素造成的误差,提高零件的加工精度。

一、刀具位置补偿

当采用不同尺寸的刀具加工同一轮廓尺寸的零件,或同一尺寸的刀具因换刀重调、磨损以及切削力引起工件、刀具、机床发生变形,导致工件尺寸出现偏差时,为加工出合格的零件,必须进行刀具位置补偿。

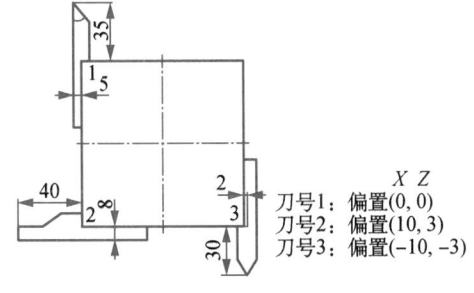

图 1-4-10 刀具位置补偿

刀具位置补偿是数控加工中较为复杂的准备工作之一,各刀具定位及相互之间的位置将直接影响到零件的尺寸精度。如图 1-4-10 所示,刀具安装在刀架上后便与车床确定了相互关系,但每把刀具安装的位置和伸出长度均不相同,都存在一定的位置偏差。这个偏差可通过刀具补偿值设定,使刀具在 X 轴方向和 Z 轴方向获得相应的补偿量。通过对刀或刀具预调,使每把刀的刀位点尽量重合于某一理想基准点,同时测定各号刀的刀位偏差值,存入相应的刀具偏置寄存器中以备加工时随时调用。

二、刀位点

刀位点是指在加工程序编写中,用以表示刀具特征的点,也是对刀和加工的基准点。编程时用该点的运动来描述刀具的运动,运动所形成的轨迹称为编程轨迹。对于数控车床使用的不同刀具,由于刀具的结构特点不同,刀位点的选择比较复杂。常用各类车刀的刀位点如图 1-4-11 所示,车刀、镗刀的刀位点是刀尖,注意切断刀有左右两

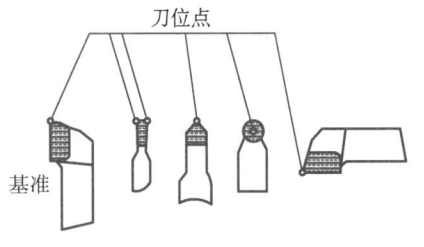

图 1-4-11 刀位点

个刀位点。目前常用的机夹可转位刀片的刀尖处都有过渡圆弧,所以数控编程时应考虑刀尖圆弧半径对工件加工尺寸的影响。还有如切槽刀,实际存在两个刀尖位置,确定刀位点时应主要考虑是否便于对刀和测量。

三、刀具半径补偿

刀具几何补偿是指在加工中考虑刀具的几何形状,从而使刀具轨迹沿着编程中设定的加工轨迹运动。数控车床中的刀具几何补偿分为刀具半径补偿和刀具位置补偿。

1. 刀具补偿号

刀具半径补偿可以由刀具补偿号来实现。在程序中刀具补偿用指定的 T 代码来实现,T 代码后的 4 位数字中,前两位为刀具号,后两位为刀具补偿号。刀具补偿号实际上是刀具补偿寄存器的地址号,该寄存器中存放刀具的几何偏置量和磨损偏置量(X 轴偏置和 Z 轴偏置),如图 1-4-12 所示。刀具补偿号可以是 00~32 中的任意一个数,刀具补偿号为 00 时,表示不进行刀具补偿或取消刀具补偿。

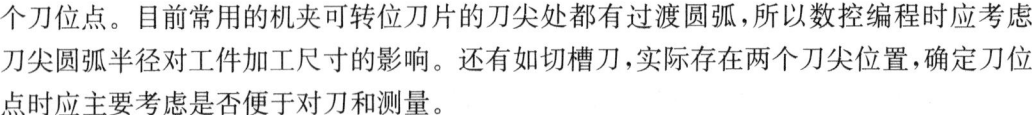

图 1-4-12 刀具补偿寄存器页面

当刀具磨损后或工件尺寸有误差时,只要修改每把刀具相应存储器中的数值即可。例如,某工件加工后外圆直径比要求尺寸大(或小)0.02 mm,则可以用 U-0.02(或 U0.02)修改相应寄存器中的数值;当长度方向尺寸有误差时,修改方向类同。

由此可见,通过刀具偏移可以分别或同时对刀具轴向和径向的偏移量进行修正。修正的方法是在程序中事先给定各刀具及其刀具补偿号。每个刀具补偿号中的 X 轴向刀具补偿值和 Z 轴向刀具补偿值由操作者按实际需要输入数控装置。每当程序调用这一刀具补偿号时,该刀具补偿值就生效,使刀尖从偏离位置恢复到编程轨迹上,从而实现刀具偏移量的修正。

2. 刀具半径补偿的目的

车刀的刀尖由于磨损等原因总有一个小圆弧(车刀不可能是绝对尖的),但是,编程时是根据理论刀尖(假想刀尖)A 来进行计算的,如图 1-4-13 所示。

车削时,假想的刀尖 A 并不是刀刃圆弧上的一点,这样在加工圆锥面和圆弧面时,就会造成切削加工不到位或切削过量的现象,产生加工表面的形状误差。表面的形状误差为切削圆锥时,因切削加工不足而产生的加工误差,如图 1-4-14 所示。

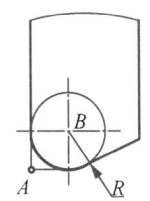
图 1-4-13 刀尖圆弧和刀尖

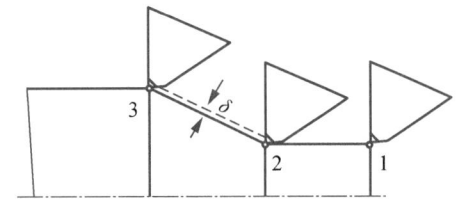
图 1-4-14 切削圆锥时产生的误差

从图 1-4-13 可以看出,编程时刀尖运动轨迹是 1,2,3。由于刀尖圆弧半径 R 的存在,实际车出工件形状如图中虚线所示,这样就产生了圆锥表面误差 δ。如果工件要求不高(如要留磨削余量),可忽略不计,如工件要求很高,就应考虑刀尖圆弧半径对工件表面形状的影响。

现由车圆弧的实例来说明刀尖磨损对工件表面形状误差的影响。如图 1-4-15 所示,编程时刀尖运动轨迹应该是刀尖 A 轨迹(图中 $P_1,A,A,A,\cdots,P_2$)。但是,车削时实际起车削作用的是刀尖圆弧的各切点,因此车出的工件实际表面形状是图中的虚线形状,这样就产生了较大的形状误差 $\delta_1 \sim \delta_2$。可见,车圆弧时必须考虑刀尖圆弧半径对工件表面形状的影响。

消除车圆弧时产生误差的方法是采用车床的刀具半径补偿功能,编程者只需按工件轮廓线编程,执行刀具半径补偿后,刀具自动偏离工件轮廓一个刀具半径值,从而消除了刀尖圆弧半径对工件形状的影响,如图 1-4-16 所示。

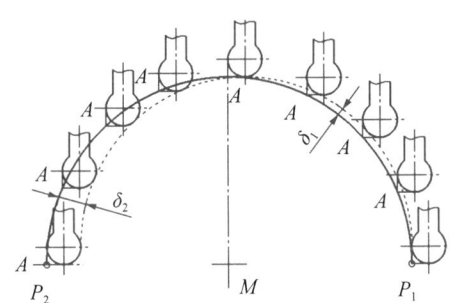
图 1-4-15 车圆弧时产生的误差

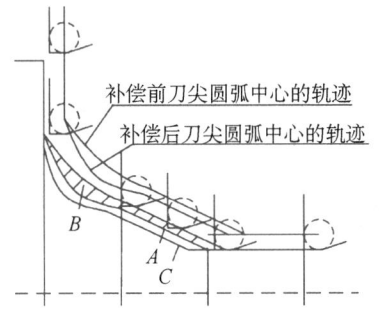
图 1-4-16 刀尖半径补偿时的刀具轨迹

3. 刀具半径补偿的指令

在编写轮廓切削加工程序时,一般以工件的轮廓尺寸为刀具轨迹编程,即假设刀具中心运动轨迹是沿工件轮廓运动的,而实际的刀具运动轨迹要与工件轮廓有一个偏移量(刀具半径)。利用刀具半径补偿功能可以方便地实现这一转变,简化编程。数控车床可以自动判断补偿的方向和补偿值的大小,自动计算出实际刀具中心轨迹,并按刀具中心轨迹运动。

根据刀具轨迹的不同,刀尖半径补偿的指令有如下三种:

① G41 刀尖圆弧半径左补偿。如图 1-4-17 所示,顺着刀具运动方向看,刀具在工件左侧,称为刀尖圆弧半径左补偿,用 G41 代码编程。

② G42 刀尖圆弧半径右补偿。如图 1-4-17 所示,顺着刀具运动方向看,刀具在工件的右侧,称为刀尖圆弧半径右补偿,用 G42 代码编程。

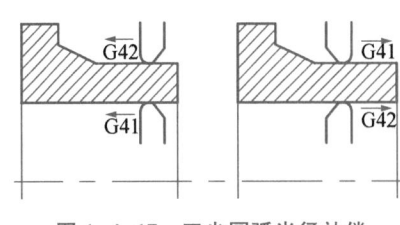
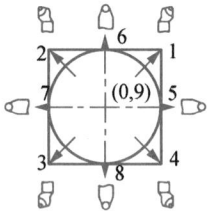

图 1-4-17　刀尖圆弧半径补偿　　　　图 1-4-18　刀尖方位号

③ G40 取消刀尖圆弧半径补偿。如需要取消刀尖圆弧半径补偿,可编入 G40 代码。取消刀尖圆弧半径补偿后,假想刀尖轨迹与编程轨迹重合。

如图 1-4-18 所示,每个刀具补偿号,都有一组对应偏置量 X,Z,分别为刀尖半径补偿量 R 和刀尖方位号 TIP。如果程序中输入"G00 G42 X20.0 Z10.0 T0202;",则数控系统会按照 02 号刀具补偿值自动修正刀具的安装误差,并根据刀尖圆弧半径补偿值,自动将刀尖移至正确位置上。

刀尖方位号(TIP)如图 1-4-18 所示。补偿值可通过操作面板上的功能键"OFF""SET"分别设定、修改并输入到数控车床中,也可用程序指令来输入。

4. 注意事项

① G41,G42,G40 指令不能与圆弧切削指令写在同一个程序段内,刀具补偿程序段中有 G00 或 G01 功能才有效。而且偏移量补偿要在一个程序的执行过程中完成,这个过程是不能省略的。例如"G00 X20.0 Z10.0 T0202;"表示调用 02 号刀具,且有刀具补偿,补偿量在 02 号储存器内。

② 在调用新刀具前或要更改刀具补偿方向时,中间必须取消前一个刀具补偿,避免产生加工误差。

③ 在 G41 或 G42 程序段后面加 G40 程序段,便可以取消刀尖半径补偿,其格式为:

G41(或 G42)……;

……

G40……;

程序的最后必须以取消偏置状态结束,否则刀具不能在终点定位,而是停在与终点位置偏移一个矢量的位置上。

④ G41,G42,G40 是模态代码。

⑤ 在 G41 方式中,不要再指定 G42 方式,否则补偿会出错;同样,在 G42 方式中,不要再指定 G41 方式。当补偿取负值时,G41 和 G42 互相转化。

⑥ 在使用 G41 和 G42 之后的程序段中,不能出现连续两个或两个以上的不移动指令,否则 G41 和 G42 会失效。

⑦ 必须在取消刀具补偿状态下调用其他刀具。

5. 刀具半径补偿实例

应用刀尖圆弧半径补偿指令车削如图 1-4-19 所示的零件,加工程序见表 1-4-6。采用刀尖圆弧半径补偿指令后,系统自动计算刀具圆弧中心轨迹,使刀具按刀尖圆弧轨迹运动,无表面形状误差。

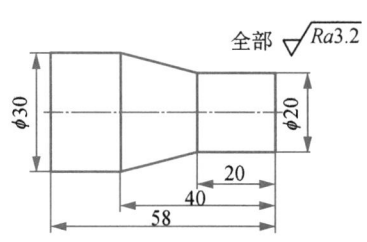

图 1-4-19 刀具半径补偿实例

表 1-4-6 刀尖圆弧半径补偿实例加工程序

加工程序	程序说明
O0003;	程序号
G99 G97 M03 T0101 S600 F0.2;	主轴正转,转速为 600 r/min,1 号刀,并建立 1 号刀补
G00 X20.0 Z5.0;	快速移近工件
G42 G01 X20.0 Z0.0 F0.3;	实现 1 号刀左补
Z-20.0;	车外圆
X30.0 Z-40.0;	车圆锥面
G40 X40.0;	退刀
G00 X100.0 Z100.0;	快速退刀,取消 1 号刀补
M30;	程序结束并返回

四、车刀刀尖圆弧半径引起的误差分析

在进行锥面和圆弧加工时,经常出现的加工误差可以分为两大类,一类是车刀刀尖圆弧半径对工件产生的误差,另一类是非车刀刀尖圆弧半径影响产生的误差,如因操作问题与圆弧自身问题产生的误差。

1. 产生原因

(1) 加工单段锥体类零件表面

对于单段外锥体零件的加工,由于车刀刀尖圆弧半径的存在,锥体的轴向尺寸、径向尺寸均发生变化,且轴向尺寸的变化量随刀尖圆弧半径的增大而增大,随锥体锥角的增大而增大;径向尺寸随刀尖圆弧半径的增大而减小,随锥体锥角的增大而减小。

(2) 加工锥体接球体类零件表面

对于锥体接球体类零件的加工,由于车刀刀尖圆弧半径的存在,使得被加工零件锥体部分轴向尺寸的变化量随刀尖圆弧半径的增大而增大,随锥体锥角的增大而增大;球体部分轴向尺寸的变化量随刀尖圆弧半径的增大而增大,随刀尖零件切点处与轴线间夹角的增大而增大。锥体部分大端的径向尺寸随刀尖圆弧半径的增大而减小,随锥体锥角的增大而减小;球体部分小端径向尺寸随刀尖圆弧半径的增大而增大,随刀尖零件切点处与轴线间夹角的增大而增大。所以加工中应随之变换其位移长度。

同理可得加工凹球面、内球面与锥体部分相接时轴向尺寸、径向尺寸的变化量及其位移长度。

2. 误差的消除方法

① 编程时,调整刀尖的轨迹,使得圆弧形刀尖实际加工轮廓与理想轮廓相符,即通过简单的几何计算,将实际需要的圆弧形刀尖的轨迹换算成假想刀尖的轨迹。

② 以刀尖圆弧中心为刀位点的编程步骤如下:

绘制零件草图→以刀尖圆弧半径 R 和工件尺寸为依据绘制刀尖圆弧运动轨迹→计算圆弧中心轨迹特征点→编程。

在这个过程中刀尖圆弧中心轨迹的绘制及其特征点计算略显烦琐,如果使用计算机辅助设计(CAD)软件中等距线的绘制功能和点的坐标查询功能来完成此项操作则十分方便。采用这种方法加工时,应注意检查所使用刀具的刀尖圆弧半径的 R 值是否与程序中的 R 值相符;对刀时,也要把 R 值考虑进去。

五、非车刀刀尖圆弧半径引起的误差分析

非车刀刀尖圆弧半径影响也是产生工件误差的一个主要原因。数控车床锥面和圆弧加工中经常遇到的加工质量问题有多种,其问题现象、产生原因以及预防和消除方法见表1-4-7。

表 1-4-7　锥面加工误差分析

问题现象	产生原因	预防和消除
锥度不符合要求	① 程序错误 ② 工件装夹不正确	① 检查、修改加工程序 ② 检查工件安装、增加安装刚度
切削过程出现振动	① 工件装夹不正确 ② 刀具安装不正确 ③ 切削参数不正确	① 正确安装工件 ② 正确安装刀具 ③ 编程时合理选择切削参数
锥面径向尺寸不符合要求	① 程序错误 ② 刀具磨损 ③ 没考虑刀尖圆弧半径补偿	① 保证编程正确 ② 及时更换掉磨损大的刀具 ③ 编程时考虑刀具圆弧半径补偿
切削过程出现干涉现象	工件斜度大于刀具后角	① 选择正确刀具 ② 改变切削方式

考证习题

一、填空题

1. 数控车床中的刀具补偿分为_____和_____。

2. G41,G42,G40 指令不能与_____写在同一个程序段内,但可与 G01,G00 指令写在同一程序段内,即它是通过直线运动来建立或取消刀具补偿的。

3. _____是指在加工程序编写中,用以表示刀具特征的点,也是对刀和加工的基准点。

4. 车削时,假想的刀尖 A 并不是刀刃圆弧上的一点,这样在加工圆锥面和圆弧面时,就会造成切削加工_____的现象,产生加工表面的形状误差。

二、判断题

1. 在调用新刀具前或要更改刀具补偿方向时,中间必须取消前一个刀具补偿,避免产生加工误差。（ ）
2. 顺着刀具运动方向看,刀具在工件的右侧,称为刀尖圆弧半径右补偿。（ ）
3. 加工锥面时,切削过程中出现干涉现象是由于工件斜度大于刀具后角。（ ）

三、选择题（选择一个或多个正确答案）

1. 沿刀具前进方向观察,刀具偏在工件轮廓的左边是（ ）指令。
   A. G40   B. G41   C. G42   D. G43
2. 下列属于取消刀具半径补偿的指令是（ ）。
   A. G41   B. G42   C. G40   D. G49
3. 刀具半径补偿可以由刀具补偿号来实现。在程序中刀具补偿用指定的 T 代码来实现,T 代码后的 4 位数字中,前两位为（ ）,后两位为（ ）。
   A. 刀具号   B. 刀具补偿号   C. 补值   D. 刀具精度

四、简答题

1. 为什么要用刀具半径补偿?刀具半径补偿有哪几种?指令分别是什么?
2. 加工圆锥时,切削过程出现振动的原因及预防方法有哪些?

学习活动 2 程序设计,历练技能

请你按照编程原则,完成图 1-4-1 锥盘的程序设计。记录下你在编写程序的过程中遇到的主要问题及解决方法。

锥盘的程序设计

一、工艺制订

1. 零件的安装

从图 1-4-1 中可以看出加工内容较为简单,主要为圆柱面、圆锥面,选用三爪自定心卡盘装夹。

2. 选择刀具

该零件材料为 45 圆钢,选择刀具,填入表 1-4-8。

表 1-4-8 数控加工刀具卡片

产品名称或代号:			零件名称:锥盘		零件图号:	
序号	刀具号	刀具规格及名称	材质	数量	加工表面	备注
1	T01					
2	T02					
编制:			审核:			

3. 确定加工工艺

以工件的轴线和工件的右端面的交点为工件原点,工件的加工方法很多,实际中可根据毛坯合理选择,参考工艺路线安排如下:

① 粗加工各圆柱、圆锥面;

② 精加工各圆柱、圆锥面。

也可以先粗、精加工好一外圆,再加工另一外圆。

编制加工工艺卡片,填入表1-4-9。

表1-4-9 数控加工工艺卡片

零件名称	锥盘	零件图号		工件材质		45钢
工序号	程序编号	夹具名称		数控系统		车间
1	O0001	三爪自定心卡盘		广数		
工步号	工步内容	刀具号	主轴转速/ (r·min^{-1})	进给量/ (mm·r^{-1})	背吃刀量/ mm	备注
1						
2						
3						
4						
编制		审核		批准		

二、编写加工程序

编写图1-4-1锥盘的加工程序。该零件主要是锥面加工,采用G72断面循环编程,加工程序填入表1-4-10。

表1-4-10 锥盘的加工程序

加工程序	程序说明

学习活动 3　小组竞赛，强化技能

加工如图 1-4-20 所示零件，毛坯尺寸为 $\phi 40$ mm×60 mm，零件材料为 45 钢，试合理选择加工指令和加工工艺，编写加工程序并完成锥台的仿真加工，将锥台的加工程序填入表 1-4-11。

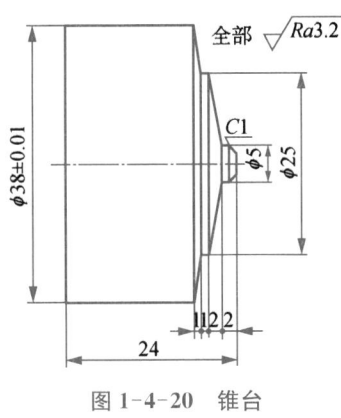

图 1-4-20　锥台

表 1-4-11　锥台的加工程序

加工程序	程序说明

加工如图 1-4-21 所示芯轴零件图，毛坯尺寸为 $\phi 42$ mm×80 mm，零件材料为 45 钢，试设计合理的加工工艺，编写加工程序，填入表 1-4-12。（拓展题，小组完成）

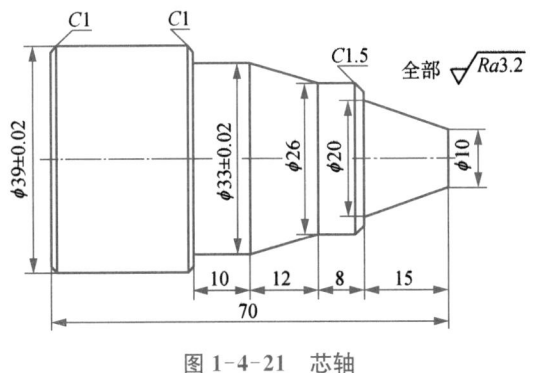

图 1-4-21　芯轴

表 1-4-12 芯轴的加工程序

加工程序	程序说明

学习活动 4　仿真训练，程序检验

请根据编程竞赛中的零件加工程序，小组共同完成锥盘的仿真加工，提交仿真视频，根据仿真情况，填写表 1-4-13 中的检测结果。

表 1-4-13　锥台的仿真加工评分标准

序号	项目	检测内容		配分		检测结果		得分
		IT	Ra	IT	Ra	IT	Ra	
1	外圆	$\phi 39\pm 0.02$	—	5	—		—	
2		$\phi 33\pm 0.02$	—	5	—		—	
3		$\phi 20$	—	4	—		—	
4		$\phi 10$	—	3	—		—	
5	长度	10	—	3	—		—	
6		15	—	1	—		—	
7		55	—	1	—		—	
8	倒角	未注倒角(2处)	—	1	—		—	
		C1(2处)		2				
9	程序	检查程序正误		75				
10	考场纪律	① 小组讨论完成； ② 文明生产，避免产生撞刀、崩刀、换件等				若有违反考场纪律的考生酌情扣3～10分		
11	评分细则	① 外径尺寸每超差不得分，长度尺寸每超差不得分； ② 倒角不合格酌情扣1～2分； ③ 程序没完成或指令格式有错导致程序无法运行扣20～30分； ④ 程序能运行但存在指令格式错误或编写不规范酌情扣2～10分						

学习活动 5　小组汇报，检查评估

请你根据锥盘的加工程序设计过程中的任务完成情况、表现，给出合理的自评、互评成绩；教师根据每个小组的汇报及小组自评和互评成绩，进行点评，见表 1-4-14。

表 1-4-14　综合评价

项目评分			评分细则	配分	得分		
					自评	小组互评	教师评价
职业素养（30 分）	纪律情况（10 分）	不迟到，不早退	违反 1 次不得分	4			
		积极参与活动	根据上课统计情况得 1~2 分	4			
		笔记本、笔、教材	1 种不带扣 1 分	2			
	职业道德（10 分）	与他人合作	不符合要求不得分	5			
		工匠精神、爱国情怀	对工作精益求精且效果明显得 3~5 分	5			
	职业能力（10 分）	工艺制订能力	符合工艺要求	3			
		程序设计能力	正确运用加工指令	4			
		创新能力 *（加分项）	工艺优化、加工程序创新，难度大的零件的攻关等，视情况得 1~3 分	3			
工作任务（70 分）	小组分配	组织分配	人员安排合理，分工明确得 3 分；1 项组织不当扣 1 分	3			
	自主学习	自学能力、解决问题的能力	问题组织能力 3 分；抽查成绩 4 分	7			
	程序设计	刀具卡片、工艺卡片程序卡片	刀具卡片 3 分；工艺卡片 5 分；程序卡片 6 分	14			
	小组竞赛	个人赛、小组赛	个人赛 6 分，计入本人成绩；小组赛 10 分，计入小组成员成绩	16			
	仿真训练	操作规范、零件加工	操作规范、撞刀、换件扣 2~5 分；零件仿真加工实际得分占总分 10%	10			
	小组汇报	团队合作、语言表达、竞争意识	汇报 6 分；自评、互评符合真实情况各 2 分	10			
	企业案例	收集企业案例情况	案例程序设计 7 分；每收集 1 例得 0.5 分，最高得 3 分	10			

(续表)

项目评分		评分细则	配分	得分		
				自评	小组互评	教师评价
资源平台活动情况	测验 按时提交、成绩	按照资源平台每个模块的赋分权重得分,最后期末成绩占20%		—	—	—
	讨论、提问 回答准确率					
	作业 完成程度、成绩					
	考试 成绩					
	课件阅读 完成程度					
总分						
总分[加权平均分(自评20%,小组评价30%,教师评价50%)]						
组长签字		教师签字				

请你根据小组互评成绩,认真检查自己,查找不足,写出自己的补救方法及下一步的学习计划,完成项目总结报告。

_____
_____
_____

教师指导意见:_____
_____
_____

学习活动6　企业案例,拓展应用

企业产品为锥套零件,如图1-4-22所示,毛坯尺寸为φ92 mm×84 mm,零件材料为45钢,编写零件外部轮廓的加工程序。请你去企业收集相关盘类零件的案例,进行程序设计练习,上传到资源平台。

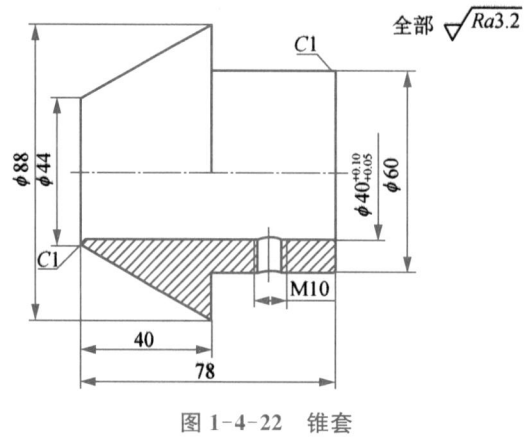

图1-4-22　锥套

任务五
成形面类零件的编程与加工

任务描述

成形面加工是车削加工中最常见的加工之一,如图 1-5-1 所示的单球手柄是成形面类零件中较有代表性的零件。本任务将通过对单球手柄的分析,学习成型面加工的特点、工艺的确定、指令的应用、程序的编写、加工误差的分析等内容。

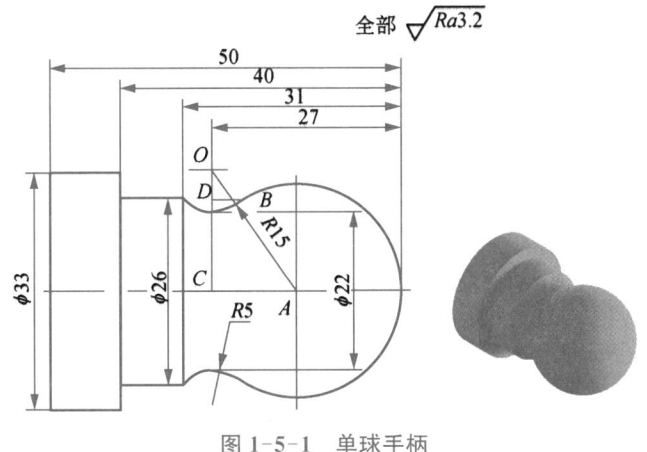

图 1-5-1 单球手柄

单球手柄的仿真加工

教学目标

一、素质目标
① 培养学生团结协作、沟通合作的能力;
② 培养学生一丝不苟、严谨细致的工作态度。

二、知识目标
① 掌握 G73,G02,G03 的指令格式及用法,巩固 G00,G01,G94,G90 的指令格式及用法;
② 巩固 G41,G42,G40 刀具半径补偿指令;
③ 能正确制订成型面的加工工艺;
④ 分析产生加工误差的原因。

三、能力目标
① 能确定成型面的走刀路线;
② 会合理选择刀具与切削用量;

③ 正确使用刀具半径补偿指令；
④ 能根据加工路线编写加工程序。

课前引导

该零件的毛坯材料为45钢，毛坯为 $\phi 35 \text{ mm} \times 55 \text{ mm}$ 的圆棒料。主要表面为R15，R5圆弧表面，是零件的主要组成部分。

本任务主要学习圆弧的加工工艺、加工特点、加工方法、编程指令以及加工误差的分析。学生利用G02，G03指令进行编程，能够掌握常用圆弧的编程、加工、刀具选择及测量等。

学习要求

通过该任务的6个环节，明确"成形面类零件的编程与加工"任务中的加工程序设计的内容与步骤，掌握加工指令（G94，G90，G72等）、刀具半径补偿、盘类零件的程序设计。具体工作步骤及要求见表1-5-1。

表1-5-1 具体工作步骤及要求

序号	工作步骤	要求	学时安排	备注
1	明确任务 自主学习	能快速明确任务要求并清晰地表达，在教师要求的时间内完成任务；能够在自主学习过程中发现问题，解决问题，完成知识点的测试，掌握常用加工指令（G02，G03，G73等）、成形面类零件的程序设计	0.3学时	
2	程序设计 历练技能	边学边练，掌握简单成形面类零件的程序设计	1.2学时	
3	小组竞赛 强化技能	按照竞赛要求，在规定的时间内，完成印台的程序设计	0.5学时	
4	仿真训练 程序检验	通过仿真加工，检验设计程序的正确性，修改完善加工程序	1学时	
5	小组汇报 检查评估	能够清晰地总结知识，思路清晰，语言描述流畅。完成任务自评与互评、学习报告	1学时	
6	企业案例 拓展应用	根据手柄的结构，设计加工程序	课外	教材案例
		了解企业产品类型，生产流程，新工艺、新技术		收集案例

学习活动1 明确任务，自主学习

根据任务要求，通过观看微课、动画等方式，学习相关知识，完成资源平台的课前测验。预习并总结在学习过程中遇到的问题以及解决办法，填入表 1-5-2。

表 1-5-2 遇到的问题

序号	遇到的问题	是否解决 （已解决的问题说明解决办法）
1		
2		

教师检查学生自学情况，根据学生提交的问题及表现，在课堂上用如下问题抽查自学情况（也可在资源平台提问），然后进行集中讲授和个别指导。

1. 数控车床上圆弧面的加工方法有哪些？请举例说明。
_____
_____

2. G02,G03 指令有什么不同？如何判断？
_____
_____

3. 简述 G73 指令的格式以及适用场合。
_____
_____

知识点 1　车圆弧的加工路线

在数控车床中应用指令车圆弧时，若一刀就把圆弧加工出来，这样吃刀量太大，容易打刀。所以，实际车圆弧时，需要多刀加工，先将大余量切除，最后精车得到所需圆弧。

一、阶梯形车削路线

如图 1-5-2 所示为车圆弧的阶梯形车削路线，即先粗车成阶梯，最后一刀精车出圆弧。此方法在确定了每次背吃刀量后，需精确计算出粗车的终刀距 S，即求圆弧与直线的交点。此方法刀具车削运动距离较短，但数值计算较复杂。

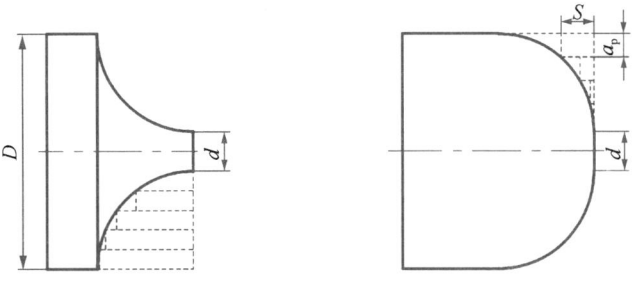

图 1-5-2　阶梯形车削圆弧路线

二、同心圆法车削路线

如图 1-5-3(a)、(b)所示为车圆弧的同心圆弧车削路线,即沿不同的半径圆来车削,最后将所需圆弧加工出来。此方法在确定了每次背吃刀量后,对 90°圆弧的起点、终点坐标较易确定,数值计算简单,编程方便,因此常被采用。但按图 1-5-3(b)所示路线加工时,空行程较长。

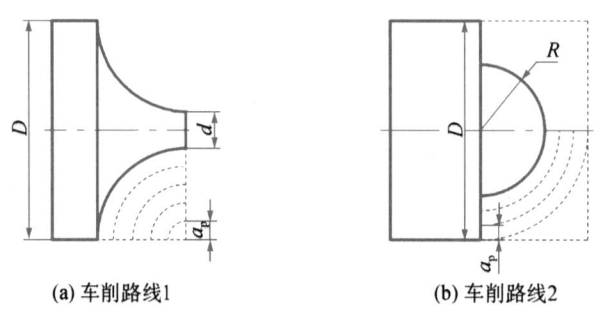

(a) 车削路线1　　(b) 车削路线2

图 1-5-3　同心圆法车削圆弧路线

三、车锥法车削路线

如图 1-5-4 所示为车圆弧的车锥法车削路线,即先车一个圆锥,再车圆弧。但要注意车圆锥时起点和终点的确定,若确定不好,则可能损坏圆锥表面,也可能将余量留得过大。确定方法如图 1-5-4 所示,连接 OC 交圆弧于 D,过 D 点作圆弧的切线 AB。

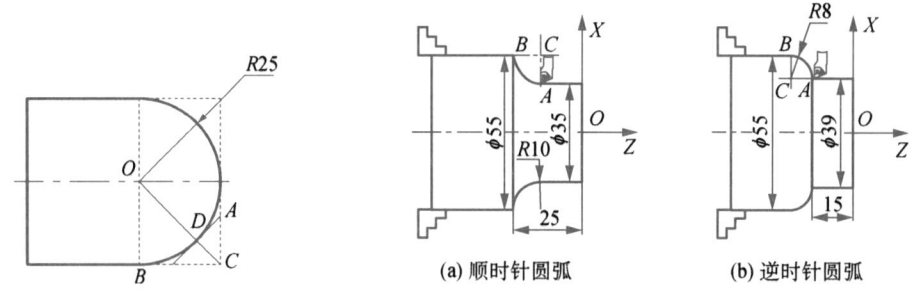

图 1-5-4　车锥法车削圆弧路线　　　图 1-5-5　顺时针圆弧和逆时针圆弧

由几何关系可知: $CD = OC - OD = \sqrt{2}R - R = 0.414R$,此为车削时的最大车削余量,即车削时的加工路线不能超过 AB 线。由图示关系,可得 $AC = BC = 0.586R$,这样可确定出车削时的起点和终点。当 R 不太大时,可取 $AC = BC = 0.5R$。此方法数值计算较复杂,刀具车削路线短。

考证习题

一、判断题

1. 按车锥法车削路线与阶梯形车削路线车削圆弧,刀具切削运动距离较短,但数值计算较复杂。   (   )

2. 按同心圆法车削路线车削圆弧,数值计算简单,编程方便,因此常被采用,但空行程较长。   (   )

二、简答题

圆弧的加工路线有几种?

知识点 2 车圆弧的加工指令

如图 1-5-5(a)、(b)分别为顺时针圆弧和逆时针圆弧,加工时用到了加工顺时针圆弧的指令 G02 和加工逆时针圆弧的指令 G03。顺时针圆弧插补 G02 和逆时针圆弧插补 G03 指令的格式如下:

$$\left.\begin{array}{l}G02(G03)\\G02(G03)\end{array}\right\} X(U)\_Z(W)\_\left\{\begin{array}{l}I\_K\_\\R\_\end{array}\right\} F\_;$$

说明:指令使刀具从圆弧起点移动到圆弧终点。圆弧顺、逆的判断符合直角坐标系的右手定则。如图 1-5-5 所示,Y 轴正方向应该是垂直于 XOZ 平面指向纸面以内,则沿 Y 轴负方向看去,刀具顺时针方向加工为 G02,刀具逆时针方向加工为 G03。

一、指定圆心的圆弧插补 G02(G03)

1. 指令格式

$$G02(G03)\ X(U)\_Z(W)\_I\_K\_F\_;$$

式中,

X,Z——圆弧的终点绝对坐标值;

U,W——终点相对于起点的增量坐标值;

I——从起点到圆弧中心的 X 轴距离,带符号,半径值;

K——从起点到圆弧中心的 Z 轴距离,带符号。

2. 指令说明

I、K 是从圆弧始点向圆弧中心看的矢量,其符号由圆心坐标减始点坐标的正负号确定,其值用增量值指定。例如,如图 1-5-6(a)所示的 I、K 均为正值;如图 1-5-6(b)所示的 I、K 均为负值。

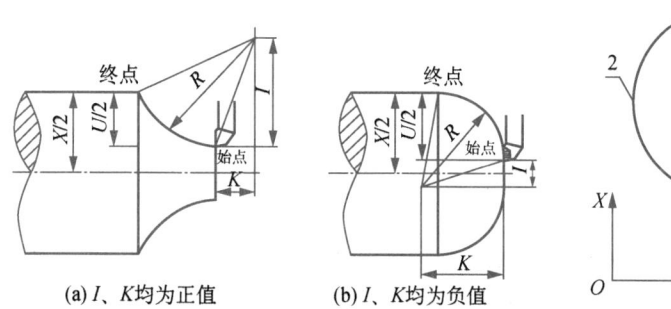

图 1-5-6 指定圆心的圆弧插补

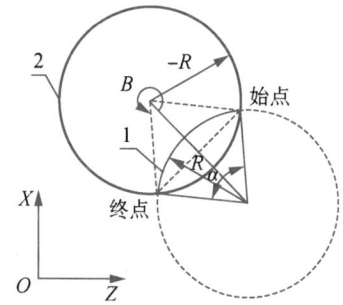

图 1-5-7 指定半径的圆弧插补

二、指定半径的圆弧插补 G20(G03)

1. 指令格式

$$G02(G03)\ X(U)\_\ Z(W)\_\ R\_\ F\_\ ;$$

式中,

X,Z——圆弧的终点绝对坐标值;

U,W——终点相对于起点的增量坐标值;

R——不带符号的圆弧半径,总以半径值表示。

2. 指令说明

当用半径 R 指定圆心位置时,由于在同一半径 R 的情况下,从圆弧的起点到终点有两个圆弧的可能性(图 1-5-7),为区别二者,规定当圆心角 $\alpha \leqslant 180°$ 时,用"+R"表示,如图 1-5-7 中的圆弧 1;当圆心角 $\alpha > 180°$ 时,用"-R"表示,如图 1-5-7 中的圆弧 2。一般情况下不会加工大于 180°的圆弧。

三、固定形状粗车循环 G73

它适用于毛坯轮廓形状与零件轮廓形状基本接近的铸、锻毛坯件。

1. 指令格式

$$G73\ U(\Delta i)\_\ W(\Delta k)\_\ R(d)\_\ ;$$
$$G73\ P(ns)\_\ Q(nf)\_\ U(\Delta u)\_\ W(\Delta w)\_\ F(f)\_\ S(s)\_\ T(t)\_\ ;$$

式中,

Δi——X 轴方向退刀距离(半径指定),模态指定,直到下次指定前均有效,另外,用参数也可指定,当采用程序指令时,参数值改变;

Δk——Z 轴方向退刀距离,模态指定,直到下次指定前均有效,另外,用参数也可指定,当采用程序指令时,参数值改变;

d——切削次数,模态指定,直到下次指定前均有效,另外,用参数也可指定,当采用程序指令时,参数值改变;

ns——精加工形状程序的第一个程序段号;

nf——精加工形状程序的最后一个程序段号;

Δu——X 轴方向精加工预留量的距离及方向(直径/半径);

Δw——Z 轴方向精加工预留量的距离及方向;

f——切削进给速度(mm/min);

s——主轴转速;

t——刀具、刀偏号。

2. 指令说明

① 在 $ns \sim nf$ 间任何一个程序段上的 F,S,T 功能均无效,仅在 G73 中的 F,S,T 功能有效。

② $\Delta i, \Delta k, \Delta u$ 和 Δw 都由地址 U,W 指定,其区别根据有无指定 P 和 Q 决定。

③ G73 中 $ns \sim nf$ 间的程序段不能调用子程序。

④ 用 $ns \sim nf$ 程序段来实现循环加工,编程时请注意 $\Delta i, \Delta k, \Delta u, \Delta w$ 的符号,循环结束后,刀具返回 A 点。

⑤ 当程序中 Δi、Δk 任一个为零时,需在程序中编入 U0 或 W0。

其走刀路线如图 1-5-8 所示。执行 G73 功能时,每一刀的切削路线的轨迹形状是相同的,只是位置不同。每走完一刀,就把切削轨迹向工件移动一个位置,因此对于经锻造、铸造等粗加工后已初步成型的毛坯,可实现高效加工。

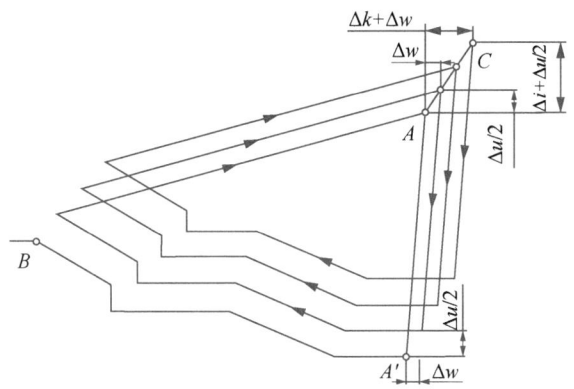

图 1-5-8　G73 复合循环路线

注意:当用 G73 指令车台阶轴时,后面的两个 W 值可以是正值,但车有凹凸形状的零件时一般是 0。

3. 案例分析

如图 1-5-9 所示销轴零件,毛坯为 $\phi 40\ \text{mm} \times 70\ \text{mm}$ 的圆钢,生产类型为单件、小批生产,加工程序见表 1-5-3。

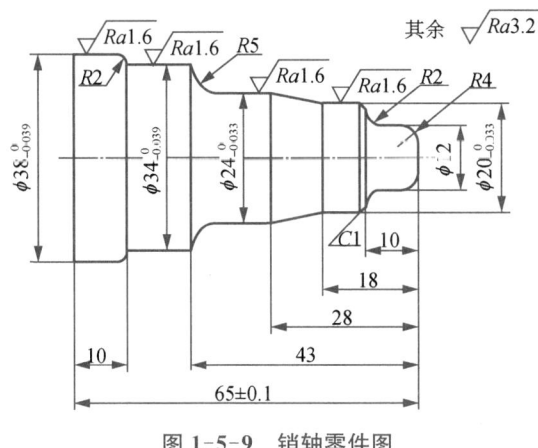

图 1-5-9　销轴零件图

表 1-5-3　用 G71 切削循环指令加工销轴程序

加工程序	程序说明
O0001;	程序名
M03 S800 T0101 F0.15;	主轴正转,转速为 800 r/min,选择 1 号刀及 1 号刀补

(续表)

加工程序	程序说明
G00 X42. Z2.;	刀具快速移动到达循环起点
G94 X-1. Z1. F0.15;	G94 切削循环车削工件左端面
Z0;	
G71 U2. R1.;	设定分层切削的背吃刀量和退刀量
G71 P1 Q 2 U0.5 W0.01;	外轮廓粗加工
N1 G42 G00 X4.0;	精车外轮廓的路线， 主轴正转，精车转速为 1 200 r/min
G01 Z0.0 F0.15;	
G03 X12.0 Z-4. R4.0;	
G01 Z-7.0;	
G02 X18.0 Z-12.0 R3.0;	
G01 X19.98 Z-11.;	
Z-18.;	
X23.98 Z-28.;	
Z-38.0 F0.1;	
G02 X33.98 Z-43.0 R5.0 F0.15;	
G01 Z-55.0;	
G03 X37.98 Z-57. R2.;	
G01 Z-65.;	
N2 G01 G40 X41.0;	
M03　S1200;	
G70 P1 Q2;	外轮廓精加工
G00 X100. Z100.;	车刀远离工件
M30;	程序结束，光标返回程序头

四、单球手柄的计算

车削如图 1-5-1 所示的单球手柄，写出刀尖从工件原点出发，车削凸凹球面的程序段。两圆弧相切于 B 点，在直角三角形 AOC 中，已知 $AO=20$,$OC=16$,直角三角形 $ODB\backsim OCA$,所以 $DB=\frac{1}{4}AC=\frac{1}{4}(27-15)=3$,$OD=\sqrt{5^2-3^2}=4$,因此，$B$ 点坐标为 $(24,-24)$。

五、圆弧加工误差分析

在进行圆弧加工时，经常出现的加工误差可以分为两大类，一类是车刀刀尖圆弧半径对工件产生的误差，另一类是非车刀刀尖圆弧半径影响产生的误差，如因操作问题与圆弧自身问题产生的误差。车刀刀尖圆弧的补偿方法及指令在本项目任务四中已详细介绍，这里只介绍加工圆弧时产生的误差及原因。

1. 产生原因

对于内球面零件的加工，由于车刀刀尖圆弧半径的存在，使得被加工零件轴向尺寸发生变化，且轴向尺寸的变化量随刀尖圆弧半径的增大而增大，随球面夹角的增大而增大，同理亦可得加工外球面时轴向尺寸的变化量及其位移长度，以及加工凹球面、内球面与锥体部分相接时轴向尺寸、径向尺寸的变化量及其位移长度。

2. 非车刀刀尖圆弧半径引起的误差分析

非车刀刀尖圆弧半径影响也是产生工件误差的一个主要原因。数控车床圆弧加工中经常遇到的加工质量问题有多种，其问题现象、产生原因以及预防和消除方法见表 1-5-4。

表 1-5-4 圆弧加工误差分析

问题现象	产生原因	预防和消除
切削过程出现干涉现象	① 刀具参数不正确； ② 刀具安装不正确	① 正确编写程序； ② 正确安装刀具
圆弧凹凸方向不对	程序不正确	正确编制程序
圆弧尺寸不符合要求	① 程序不正确； ② 刀具磨损； ③ 没考虑刀尖圆弧半径补偿	① 正确编制程序； ② 及时更换刀具； ③ 考虑刀尖圆弧半径补偿

考证习题

一、填空题

1. _____ 指令适用于毛坯轮廓形状与零件轮廓形状基本接近的铸、锻毛坯件。
2. 加工圆弧时，圆弧凹凸方向不对的原因是 _____ 。

二、判断题

1. 当用半径 R 指定圆心位置时，圆心角 $\alpha \leqslant 180°$ 则用"R"表示。（   ）
2. 加工圆弧时，圆弧表面出现凹凸现象，是由于刀尖圆弧半径没有补偿。（   ）
3. 圆弧插补指令中，I,J,K 地址的值无方向，用绝对值表示。（   ）
4. 圆弧顺、逆的判断符合直角坐标系的右手定则。（   ）
5. G41 指令不能与圆弧切削指令写在同一程序段内。（   ）

三、选择题（选择一个或多个正确答案）

1. 刀尖圆弧半径增大，使径向力（   ）。
   A. 不变　　　B. 有所增加　　　C. 有所减少　　　D. 为零
2. 圆弧插补用半径编程时，当圆弧对应的圆心角大于 180°时，R 为（   ）。
   A. 负值　　　B. 正值　　　C. 正、负值均可　　　D. 零

四、简答题

1. 判断圆弧的顺逆的方法是什么？

2. 加工圆弧时，切削过程出现干涉现象的原因是什么？

学习活动 2　程序设计，历练技能

请你按照编程原则，完成单球手柄的程序设计。记录下你在编写过程中遇到的主要问题及解决方法。

一、工艺制订

1. 零件的安装

从图 1-5-1 中可以看出该零件结构较复杂，选用三爪自定心卡盘装夹，注意夹紧力要大。

2. 选择刀具

该零件材料为 45 圆钢，选择刀具，填入表 1-5-5。

表 1-5-5　数控加工刀具卡片

产品名称或代号：			零件名称：单球手柄		零件图号：	
序号	刀具号	刀具规格及名称	材质	数量	加工表面	备注
1						
2						
3						
编制：			审核：			

3. 确定加工工艺

以工件的轴线和工件的右端面的交点为工件原点，工件的加工方法很多，实际中可根据毛坯合理选择，参考工艺路线安排如下：

① 粗加工各外圆、圆弧面；

② 精加工各外圆、圆弧面。

编制加工工艺卡片，填入表 1-5-6。

表 1-5-6　数控加工工艺卡片

零件名称	单球手柄	零件图号		工件材质		45 钢
工序号	程序编号	夹具名称		数控系统		车间
1	O0001	三爪自定心卡盘		广数		
工步号	工步内容	刀具号	主轴转速/$(r \cdot min^{-1})$	进给量/$(mm \cdot r^{-1})$	背吃刀量/mm	备注
1						
2						
3						
4						
编制		审核		批准		

二、编写加工程序

编写图 1-5-1 单球手柄的加工程序,填入表 1-5-7。

表 1-5-7　单球手柄加工程序(G73)

加工程序	程序说明

学习活动 3　小组竞赛,强化技能

加工如图 1-5-10 所示印台零件,毛坯尺寸为 ϕ62 mm×65 mm,零件材料为 45 钢,试合理选择加工指令,制订合理的加工工艺,编写加工程序,填写在表 1-5-8 中。

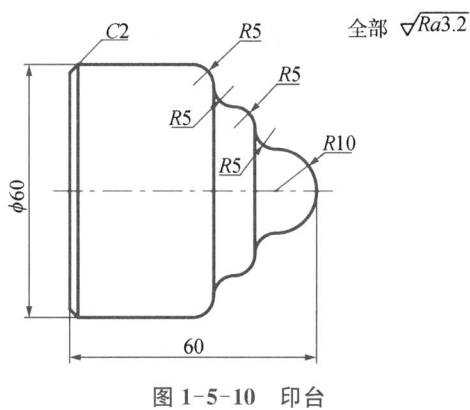

图 1-5-10　印台

表 1-5-8　印台的加工程序

加工程序	程序说明

加工如图 1-5-11 所示腰鼓轴零件,毛坯尺寸为 $\phi40$ mm×85 mm,零件材料为 45 钢,试合理选择加工指令,编写加工程序并填入表 1-5-9,完成腰鼓轴的仿真加工。(拓展题,小组完成)

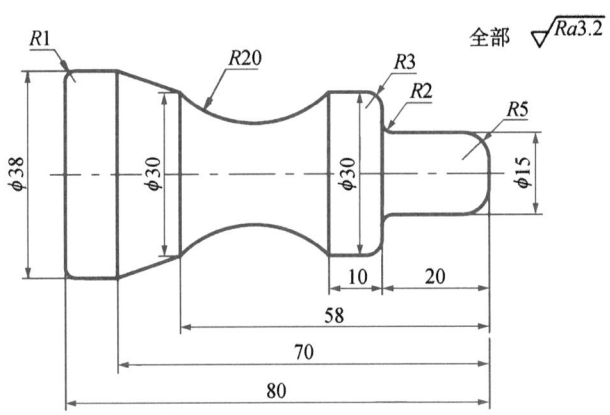

图 1-5-11　腰鼓轴零件图

表 1-5-9　腰鼓轴的加工程序

加工程序	程序说明

学习活动 4　仿真训练，检验程序

请根据编程竞赛中的零件加工程序，小组共同完成腰鼓轴的仿真加工，提交仿真视频，根据仿真情况，填写表 1-5-10 中的检测结果。

表 1-5-10　腰鼓轴的仿真加工评分标准

序号	项目	检测内容		配分		检测结果		得分
		IT	Ra	IT	Ra	IT	Ra	
1	外圆	$\phi 15$	—	5	—	—	—	
2		$\phi 38$	—	2	—	—	—	
3		$\phi 30$	—	2	—	—	—	
4	圆锥	$\phi 30$	—	2	—	—	—	
5	圆弧	$R2$(2 处)	—	2	—	—	—	
		$R5$	—	2	—	—	—	
		$R20$	—	2	—	—	—	
		$R3$	—	2	—	—	—	
6	长度	20、10、58、70	—	4	—	—	—	
7		80	—	1	—	—	—	
8	倒角	C1	—	1	—	—	—	
9	程序	检查程序正误		75				
10	考场纪律	① 小组讨论完成； ② 文明生产，避免产生撞刀、崩刀、换件等				若有违反考场纪律的考生酌情扣 3~10 分		
11	评分细则	① 外径尺寸每超差不得分； ② 长度尺寸每超差不得分； ③ 圆锥尺寸超差不得分； ④ 圆弧超差不得分； ⑤ 倒角不合格酌情扣 1~2 分； ⑥ 程序没完成或指令格式有错误导致程序无法运行扣 20~30 分； ⑦ 程序能运行但存在指令格式错误或编写不规范酌情扣 2~10 分						

学习活动 5　小组汇报，检查评估

请你根据单球手柄的加工程序设计过程中的任务完成情况、表现，给出合理的自评、互评成绩；教师根据每个小组的汇报及小组自评和互评成绩，进行点评，见表 1-5-11。

表 1-5-11 综合评价

项目评分			评分细则	配分	得分		
					自评	小组互评	教师评价
职业素养（30分）	纪律情况（10分）	不迟到,不早退	违反1次不得分	4			
		积极参与活动	根据上课统计情况得1~2分	4			
		笔记本、笔、教材	1种不带扣1分	2			
	职业道德（10分）	与他人合作	不符合要求不得分	5			
		工匠精神、爱国情怀	对工作精益求精且效果明显得3~5分	5			
	职业能力（10分）	工艺制订能力	符合工艺要求	3			
		程序设计能力	正确运用加工指令	4			
		创新能力*（加分项）	工艺优化、加工程序创新,难度大的零件的攻关等,视情况得1~3分	3			
工作任务（70分）	小组分配	组织分配	人员安排合理,分工明确得3分；1项组织不当扣1分	3			
	自主学习	自学能力、解决问题的能力	问题组织能力3分；抽查成绩4分	7			
	程序设计	刀具卡片、工艺卡片程序卡片	刀具卡片3分；工艺卡片5分；程序卡片6分	14			
	小组竞赛	个人赛、小组赛	个人赛6分,计入本人成绩；小组赛10分,计入小组成员成绩	16			
	仿真训练	操作规范、零件加工	操作规范,撞刀、换件扣2~5分；零件仿真加工实际得分占总分10%	10			
	小组汇报	团队合作、语言表达、竞争意识	汇报6分；自评、互评符合真实情况各2分	10			
	企业案例	收集企业案例情况	案例程序设计7分；每收集1例得0.5分,最高得3分	10			
资源平台活动情况	测验	按时提交、成绩	按照资源平台每个模块的赋分权重得分,最后期末成绩占20%	—	—	—	—
	讨论、提问	回答准确率					
	作业	完成程度、成绩					
	考试	成绩					
	课件阅读	完成程度					

(续表)

项目评分		评分细则	配分	得分		
				自评	小组互评	教师评价
		总分				
总分[加权平均分(自评20%,小组评价30%,教师评价50%)]						
组长签字			教师签字			

请你根据小组互评成绩,认真检查自己,查找不足,写出自己的补救方法及下一步的学习计划,完成项目总结报告。

教师指导意见:

学习活动 6 企业案例,拓展应用

如图 1-5-12 所示为数控车床尾座手柄,根据手柄零件的结构、作用设计加工程序,毛坯尺寸为 ϕ32 mm×110 mm,零件材料为 45 钢。请你去企业收集相关成形面类零件的案例,进行程序设计练习,上传到资源平台。

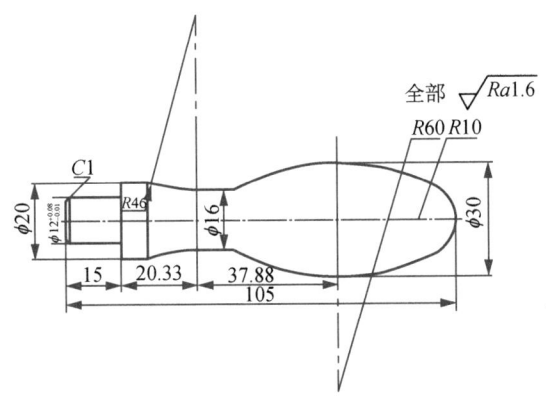

图 1-5-12 手柄零件图

任务六
套类零件的编程与加工

任务描述

套类零件是数控车床上加工的典型零件,通过钻、铰、镗、扩等可以加工出不同精度的工件,其加工方法简单,加工精度也比普通车床要高,因此,孔加工是数控车床上最常见的加工之一。图 1-6-1 所示的轴套零件,毛坯材料为 45 钢,毛坯尺寸为 $\phi 42$ mm×140 mm(4 件为一段),生产类型为小批生产。下面以该零件为例,试正确设定工件坐标系,制订加工工艺方案,选择合理的刀具和切削工艺参数,正确编写数控加工程序并完成零件的仿真加工。

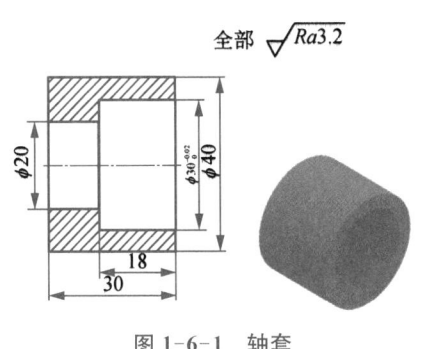

图 1-6-1 轴套

轴套的仿真加工

教学目标

一、素质目标
① 培养学生团结协作、沟通合作的能力;
② 培养学生严谨细致、执着坚韧的工作态度。
二、知识目标
① 掌握孔加工的工艺特点与方法;
② 掌握工件的装夹方法及刀具与切削用量的选择;
③ 巩固 G00,G01,重点掌握 G74 的指令格式及用法;
④ 分析产生加工误差的原因。
三、能力目标
① 能确定孔的走刀路线;会合理选择刀具与切削用量;
② 能根据加工路线编写加工程序。

学习要求

通过该任务的 6 个环节,明确"套类零件的编程与加工"任务中的加工程序设计的内容与步骤,巩固常用加工指令、台阶孔的程序设计。具体工作步骤及要求见表 1-6-1。

表 1-6-1 具体工作步骤及要求

序号	工作步骤	要求	学时安排	备注
1	明确任务 自主学习	能快速明确任务要求并清晰地表达,在教师要求的时间内完成任务;能够在自主学习过程中发现问题,解决问题,完成知识点的测试,掌握常用加工指令、台阶孔的程序设计	0.3学时	
2	程序设计 历练技能	边学边练,掌握简单孔类零件的程序设计	0.5学时	
3	小组竞赛 强化技能	按照竞赛要求,在规定的时间内,完成台阶孔程序设计	0.2学时	
4	仿真训练 程序检验	用仿真软件进行仿真加工,检验设计程序的正确性,修改完善加工程序	0.5学时	
5	小组汇报 检查评估	能够清晰地总结知识,思路清晰,语言描述流畅。完成任务自评与互评、学习报告	0.5学时	
6	企业案例 拓展应用	根据企业产品结构,设计加工程序	课外	教材案例

课前引导

该零件的主要表面为端面、外圆、内孔,$\phi 30$ mm 的孔精度较高,其他尺寸精度不高,全部表面粗糙度值为 $Ra\ 3.2\ \mu m$。该零件可以用 G90 进行编程,可减少程序段。

通过本任务学习轴套的加工工艺、加工特点、加工方法、编程指令以及进行加工误差的分析及操作训练,掌握套类零件的编程、加工、刀具选择及测量等。

学习活动 1 明确任务,归纳知识

根据任务要求,通过观看微课、动画等方式,学习相关知识,完成资源平台中的课前测验。预习并总结在学习过程中遇到的问题以及解决办法,填入表 1-6-2。

表 1-6-2 遇到的问题

序号	遇到的问题	是否解决 (已解决的问题说明解决办法)
1		
2		

教师检查学生自学情况,根据学生提交的问题及表现,在课堂上用如下问题抽查自学

情况(也可在资源平台提问),然后进行集中讲授和个别指导。

1. G74 加工指令主要用于加工什么孔?

_____

_____

2. 常用的孔加工刀具有哪些?请举例说明。

_____

_____

知识点 1　孔加工刀具

孔加工刀具按其用途可分为两大类:一类是麻花钻,它主要用于在实心材料上钻孔(有时也用于扩孔)。根据钻头构造及用途不同,又可分为麻花钻、扁钻、中心钻及深孔钻等。另一类是对已有孔进行再加工的刀具,如扩孔钻、铰刀及镗刀(车孔刀)等。

一、在实心材料上钻孔的刀具

1. 麻花钻

麻花钻是一种形状复杂的孔加工刀具,它的应用较为广泛,常用来钻削精度较低和表面较粗糙的孔。用高速钢钻头加工的孔精度可达 IT13～IT11 级,表面粗糙度值为 Ra 25～6.3 μm;用硬质合金钻头加工时则分别为 IT11～IT10 级和 Ra 12.5～3.2 μm。

2. 中心钻

中心钻用于加工中心孔。中心钻有四种形式:A 型中心钻、B 型中心钻、C 型中心钻和 R 型中心钻。

二、对已有孔进行再加工的刀具

1. 扩孔钻

扩孔钻用于将现有孔扩大,一般加工精度为 IT11～IT10 级,表面粗糙度值为 Ra 12.5～3.2 μm,通常作为孔的半精加工刀具。

扩孔钻的类型主要有两种,即整体锥柄扩孔钻和套式扩孔钻。

2. 锪钻

锪钻用于加工各种埋头螺钉、沉头座、锥孔和凸台面等。

3. 内孔车刀

内孔车刀根据孔的结构分为通孔车刀和盲孔车刀;根据刀的结构分为焊接式、装配式和可转位式,如图 1-6-2 所示。

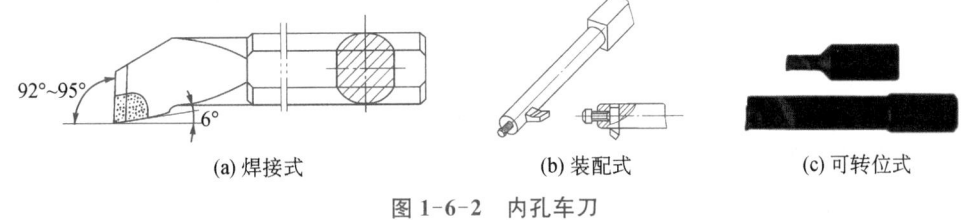

(a) 焊接式　　　(b) 装配式　　　(c) 可转位式

图 1-6-2　内孔车刀

(1) 通孔车刀

通孔车刀的几何形状基本上与外圆车刀相似。其主偏角通常取 $\kappa_r=60°\sim75°$，副偏角 $\kappa_r'=15°\sim30°$，如图 1-6-3(a) 所示。一般磨成两个后角或将后面磨成圆弧状，如图 1-6-3(b) 所示。精车通孔时，采用 $+\lambda_s$ 使切屑排向待加工表面。

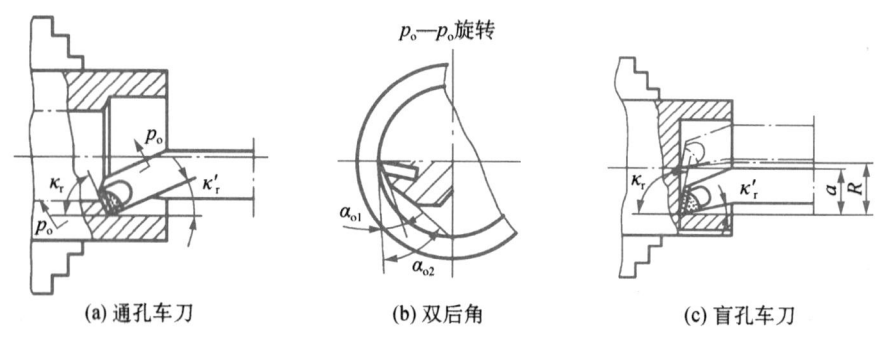

(a) 通孔车刀　　(b) 双后角　　(c) 盲孔车刀

图 1-6-3　内孔车刀车削演示图

(2) 盲孔车刀

盲孔车刀是用来车盲孔或台阶孔的，切削部分的几何形状基本上与偏刀相似。它的主偏角为 $90°\sim93°$，如图 1-6-3(c) 所示。

(3) 内孔车刀刀杆

内孔车刀刀杆的材料一般选择 45 钢，内孔车刀刀杆的截面形状有方形和圆形的。圆形内孔车刀刀杆，如图 1-6-4(a) 所示，其刀杆伸出长度固定，不能适应各种孔深的工件；方形长刀杆，如图 1-6-4(b) 所示，刚性更好些，并且可根据不同的孔深调整刀杆伸出长度，以利发挥刀杆的最大刚性。

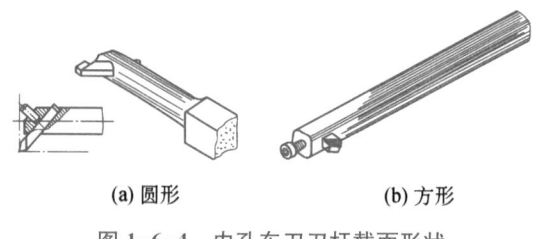

(a) 圆形　　(b) 方形

图 1-6-4　内孔车刀刀杆截面形状

4. 铰刀

铰刀用于中小型孔的半精加工和精加工，也常用于磨孔或研孔的预加工。铰刀的齿数多、导向性好、刚性好、加工余量小、工作平稳，一般加工精度可达 IT8～IT6 级，表面粗糙度值为 $Ra1.6\sim0.4~\mu m$。

三、车孔的关键技术

车孔的关键技术是解决刀杆的刚度问题和排屑问题。

1. 车刀杆的刚度问题解决办法

(1) 选择截面积大的刀杆

通常镗刀刀柄的截面积为孔截面积的 1/4。因此，为增加刀杆的刚性，应根据孔的直径,尽可能选择截面积大的刀杆。

通常情况下,孔径在 $\phi 30$ mm~$\phi 120$ mm 范围内,镗刀杆直径一般为孔径的 0.7~0.8 倍。孔径小于 $\phi 30$ mm 时,镗刀杆直径取孔径的 0.8~0.9 倍。

(2) 尽可能缩短刀杆的伸出长度

刀杆长度短,可以增加刀杆刚性,减小切削过程中的振动。选择刀杆长度时,只需选择刀杆伸出长度略大于孔深的即可。

(3) 选择合适的切削角度

为了减小切削过程中由于受径向切削力作用而产生的振动,镗刀的主偏角一般取得较大。镗铸铁孔或精镗时,一般主偏角为 90°;粗镗钢件孔时,主偏角取 60°~75°,以提高刀具的使用寿命。

2. 排屑问题的解决办法

解决方法主要是控制切屑流出方向。精镗孔时,要求切屑流向待加工表面(前排屑)。为此,采用正刃倾角的镗刀;加工盲孔时,应采用负的刃倾角,使切屑从孔口排出。

考证习题

一、填空题

1. 麻花钻主要用于在_____材料上钻孔。
2. _____用于加工各种埋头螺钉、沉头座、锥孔和凸台面等。
3. 内孔车刀能修正钻孔、扩孔等工序所造成的孔轴线_____等缺陷。
4. 铰刀用于中小型孔的_____,也常用于磨孔或研孔的预加工。一般加工精度可达_____级。

二、判断题

1. 车孔的关键技术是解决刀杆的刚度问题和排屑问题。 ( )
2. 镗铸铁孔或精镗时,一般主偏角为 90°。 ( )
3. 加工盲孔时,应采用负的刃倾角,使切屑从孔口排出。 ( )

三、简答题

通孔车刀与盲孔车刀有哪些不同?

知识点 2 孔加工方法、指令的选择

一、一般孔的加工方法与指令

在车床中,孔的加工方法与孔的精度要求、孔径以及孔的深度有很大的关系。

① 在精度等级为 IT13、IT12 级时,一次钻孔就可以实现。

② 在精度等级为 IT11 级,孔径≤10 mm 时,采用一次钻孔方式;当孔径为 10~30 mm 时,采用钻孔和扩孔方式;当孔径为 30~80 mm 时,采用钻孔→扩孔→铰孔,或者用镗孔刀镗孔的方式。

③ 在精度等级为 IT8、IT7 级,孔径≤10 mm 时,采用钻孔→扩孔→铰孔方式;当孔径

为 10～30 mm 时,采用钻孔→扩孔→铰孔方式或钻孔→扩孔→镗孔方式;当孔径为 30～80 mm 时,采用钻孔→扩孔→铰孔方式或钻孔→扩孔→镗孔方式。

除此之外,孔的加工要求还与孔的位置精度有关。当孔的位置精度要求较高时,可以通过在车床上镗孔实现。在车床上镗孔时,合理安排孔的加工路线比较重要,安排不当就可能把坐标轴的反向间隙带入加工中,从而直接影响孔的位置精度。

编程指令即用 G01 指令或用 G90 固定循环编写加工轴套的程序。指令格式在台阶轴的相关任务中已讲解,加工孔时直接应用即可。

二、深孔的加工指令

1. 深孔加工多重循环指令 G74

一般深径比(孔深与孔径比)在 5～10 mm 范围内的孔为深孔,加工深孔可用深孔钻。深孔钻的结构有多种,常用的主要有外排屑深孔钻、内排屑深孔钻和喷吸钻等。

在数控车床上加工孔,无论是钻孔还是镗孔,都可以采用 G01 指令来直接实现。但对于较深的孔,最好采用深孔钻削循环指令 G74 来进行加工。

(1) 指令格式

G74　R(e)＿;
G74　X(u)＿Z(w)＿P(Δi)＿Q(Δk)＿R(Δd)＿F(f)＿;

式中,

e——每次沿 Z 轴方向切削 Δk 后的退刀量;

X——B 点的 X 轴方向绝对坐标值;

U——从 A 至 B 的增量;

Z——C 点 Z 轴方向的绝对坐标值;

W——从 A 至 C 的增量;

Δi——X 轴方向的每次循环移动量(不带符号),半径值指定,单位:μm;

Δk——Z 轴方向的每次循环移动量(不带符号),单位:μm;

Δd——在切削到终点时 X 方向的退刀量(半径值)。省略 X(u)及 Δi 时,则视为 0;

F——切削进给速度;

f——进给量,单位 mm/r。

(2) 指令说明

① G74 指令的运动轨迹如图 1-6-5 所示,刀具从循环起点 A 开始,按照指令指定的参数加工,加工完成后快速退回到循环起点,结束粗车循环所有动作。

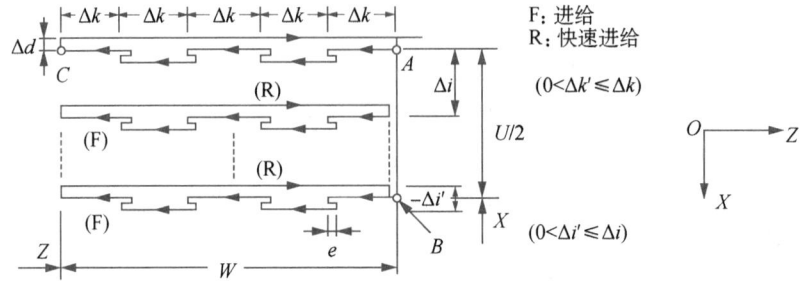

图 1-6-5　G74 指令运动轨迹图

② 该循环可处理断削,如果省略 X(u)、P(Δi),就只在 Z 轴操作,用于钻孔。
③ e 和 Δd 都用地址 R 指定,它们的区别在于有无指定 X(u),如果 X(u) 被指定了,则为 Δd,否则为 e。

2. 程序编写

如图 1-6-6 所示,对于较深的孔,如果采用一次钻削将会缩短刀具的寿命,降低工件的加工精度。因此,我们在编程时选用深孔钻削循环功能(G74)加工程序,见表 1-6-3。

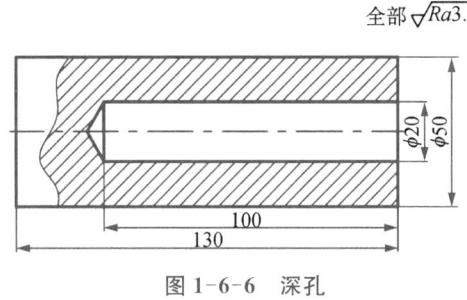

图 1-6-6 深孔

表 1-6-3 深孔的加工程序

加工程序	程序说明
O0005;	程序号
G50 X200.0 Z100.0;	设定工件坐标系
M03 T0101 S500;	换 1 号刀(端面车刀),主轴正转,转速为 500 r/min
G00 X0.0 Z1.0;	快速到达起刀点
G74 R1.0;	
G74 Z-100.0 Q20000 F0.1;	钻孔,深 100 mm,每次钻 20 mm,进给量 0.1 mm/r
G00 X200.0 Z100.0;	退回换刀点,取消 1 号刀补
M30;	程序结束并返回

三、孔加工误差分析

孔加工中,同一工件如果具有不同的孔径时,尺寸偏差的不同往往会造成某个直径的超差。普通车床加工通常采用试切法降低加工误差,所以不用分析。而数控车床一般是使用同一把刀连续地加工整个内径,各个直径上的偏差理论上虽然相同,但实际加工出来的往往不同,造成某个尺寸上的超差,从而无法通过修改刀补使所有尺寸都合格,产生加工废品,这是数控加工中的一种主要误差因素。造成这种误差的原因比较复杂,从重要的方面分析,可以概括为工艺因素、切削热因素、操作因素、刀具因素和编程因素。

1. 工艺因素

孔径的各段直径不同,造成刀具在切削不同孔径时受力不同,从而各直径的偏差不同。

车削外圆时,工艺系统在垂直方向切削力作用下引起的变形对工件加工精度影响不大,而在径向切削力作用下的变形对工件加工精度的影响最大,所以可以忽略垂直方向切削力,只考虑径向切削力作用下的变形。

2. 切削热因素

当加工余量过大时,刀具的高速、连续切削使得工件散热速度减慢,虽然各段直径的偏差相同,但温度降低到常温后,不同直径段的收缩率不同,导致产生不同的偏差,这方面的误差因素可以通过切削液来消除。同时编程时要适当地提高切削速度和进刀量,还要充分考虑数控车床连续加工的特点,确定合理的车削余量,一般精车余量控制在 1 mm 以下。

3. 操作因素

当刀具安装不当时,即刀尖与主轴回转中心不在同一高度上,偏上或偏下一个 e 值,也会产生误差。这方面的误差一般出现在阶梯内孔或直径较小的孔零件的加工过程中。如果是这方面的原因造成直径偏差不同,且零件直径较大,精度要求不高,可以重新调刀,使刀具刀尖的位置尽量和主轴中心线保持一致。

4. 刀具因素

刀具磨损也是造成加工误差的一个重要因素,这种现象一般出现在刀具初期磨损阶段和剧烈磨损阶段,只要加工人员在安装刀具前认真用油石修磨刀具,并及时更换不能修复的刀具,是可以避免的。

5. 编程因素

程序编写得不当也是造成加工误差的一个原因,例如,在加工精度较高的不同阶梯内孔的工件时,应该充分考虑到此时很难调整好刀尖高度,所以可以采用一把刀用几组刀补的方法来进行编程。除此之外,还应该考虑反向间隙补偿值是否正确等因素。

另外,在加工孔径较小的孔零件时,由于镗刀杆较细,受力后容易变形,在径向和垂直方向变形都较大。实验表明,如果径向余量相同,径向力就基本相同,刀杆变形也基本相同,不会对工件带来太大的影响;垂直方向虽然比较敏感,但实际加工中也没必要计算和试验。因此,在编程时,一般首先考虑采用一把刀具几组刀补的方法来减小误差。另外要尽量选用较短的内孔镗刀,以提高刀杆的刚性。

孔加工误差分析,见表 1-6-4。

表 1-6-4 孔加工误差分析

问题现象	产生原因	预防和消除
切削过程出现干涉现象	① 刀具参数不正确; ② 刀具安装不正确	① 正确设置刀具参数; ② 正确安装刀具
内孔有锥度	① 刀具磨损; ② 刀柄刚性差,产生让刀现象; ③ 刀柄与孔壁相碰; ④ 床身导轨磨损。由于磨损不均匀,使走刀痕迹与工件轴线不平行	① 提高刀具寿命,合理选择车刀; ② 尽量采用大尺寸的刀柄,减小切削用量; ③ 正确装夹车刀; ④ 大修车床
内孔不圆	① 孔壁薄,装夹时产生变形; ② 工件加工余量和材料组织不均匀	① 选择合理的装夹方法; ② 增加半精车,把不均匀的余量车去,使精车余量尽量减小和均匀。对工件毛坯进行回火处理

(续表)

问题现象	产生原因	预防和消除
内孔表面粗糙度差	① 车刀磨损； ② 车刀刃磨不良，表面粗糙度大； ③ 车刀几何角度不合理，装刀低于中心； ④ 切削用量选择不当； ⑤ 刀柄细长，产生振动	① 重新刃磨车刀； ② 保证刀刃锋利，研磨车刀前后面； ③ 合理选择刀具角度，精车装刀时可略高于工件中心； ④ 适当降低切削速度，减小进给量； ⑤ 加粗刀柄和降低切削速度

考证习题

一、填空题
1. 一般深径比(孔深与孔径比)在_____mm 范围内的孔为深孔。
2. 对于较深的孔，最好采用深孔钻削循环指令_____来进行加工。

二、判断题
1. 在精度等级为 IT8～IT7 级，孔径小于 10 mm 时，采用钻孔→扩孔→铰孔方式。（ ）
2. 加工薄壁套筒类零件的关键是装夹问题。（ ）
3. 加工孔时出现干涉现象的原因是刀具参数不正确或刀具安装不正确。（ ）
4. 用 G74 指令加工深孔，可以提高刀具使用寿命和工件的加工精度。（ ）

三、选择题（选择一个或多个正确答案）
1. 加工薄壁零件，可以通过(　　)指令来完成。
A. G01　　　　　B. G74　　　　　C. G90　　　　　D. G92
2. 采用固定循环编程，可以(　　)。
A. 加快切削速度，提高加工质量
B. 缩短程序的长度，减少程序所占的内存
C. 减少换刀次数，提高切削速度
D. 减少吃刀深度，保证加工质量
3. 在数控车床上加工深 70 mm 的孔，每次钻 10 mm，进给速度为 0.1 mm/r，下列程序中正确的是(　　)。
A. G74 R1.0;G74 Z-70.0 Q10 000 F0.1;
B. G74 R10.0;G74 Z-70.0 Q10.0 F0.1;
C. G74 R0.1;G74 Z-70.0 Q10.0 F0.1;
D. G74 R1.0;G74 Z-70.0 Q0.1 F10.1;

四、简答题
1. 影响孔加工质量的因素有哪些，如何预防和消除？
2. 什么叫深孔，深孔钻削循环加工指令的格式是什么？
3. 如何选择孔的加工方法？

学习活动 2　程序设计,历练技能

请你按照编程原则,完成轴套的程序设计。记录下你在编写过程中遇到的主要问题及解决方法。

轴套的程序设计

一、工艺制订

1. 零件的安装

从图 1-6-1 中可以看出加工内容较为简单,主要为内、外柱面,选用三爪自定心卡盘装夹。

2. 选择刀具

该零件材料为 45 圆钢,选择刀具,填入表 1-6-5。

表 1-6-5　数控加工刀具卡片

产品名称或代号:			零件名称:轴套		零件图号:	
序号	刀具号	刀具规格及名称	材质	数量	加工表面	备注
1						
2						
3						
4						
编制:			审核:			

3. 确定加工工艺

以工件的轴线和工件的右端面的交点为工件原点,工件的加工方法很多,实际中可根据毛坯合理选择,参考工艺路线安排如下:

① 齐端面,手动钻孔;

② 粗、精加工各外圆;

③ 粗、精加工各内孔尺寸;

④ 切断。

编制加工工艺卡片,填入表 1-6-6。

表 1-6-6　数控加工工艺卡片

零件名称	轴套	零件图号		工件材质		45钢	
工序号	程序编号	夹具名称		数控系统		车间	
1	O0001	三爪自定心卡盘		广数			
工步号	工步内容	刀具号	主轴转速/ $(r \cdot min^{-1})$	进给量/ $(mm \cdot r^{-1})$	背吃刀量/ mm	备注	
1							
2							
3							

(续表)

工步号	工步内容	刀具号	主轴转速/(r·min^{-1})	进给量/(mm·r^{-1})	背吃刀量/mm	备注
4						
5						
编制		审核		批准		

二、编写加工程序

将轴套的加工程序填入表1-6-7中。

表1-6-7 轴套的加工程序

加工程序	程序说明

学习活动3 小组竞赛,强化技能

加工如图1-6-7所示台阶孔零件,毛坯尺寸为ϕ42 mm×50 mm,零件材料为45钢,试合理选择加工指令,试制订合理的加工工艺,编写加工程序,填入表1-6-8。

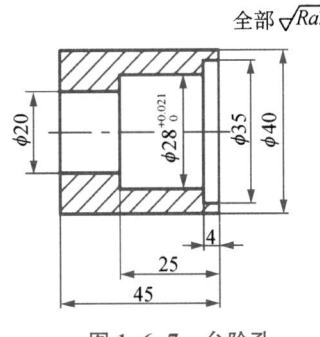

图1-6-7 台阶孔

表1-6-8 台阶孔的加工程序

加工程序	程序说明

加工如图1-6-8所示锥套零件,毛坯尺寸为$\phi 40$ mm×60 mm,零件材料为45钢,试制订合理加工工艺,编写加工程序并填入表1-6-9,完成锥套的仿真加工。(拓展题,小组完成)

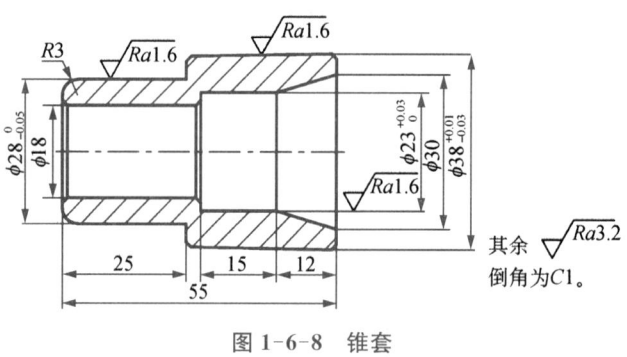

图1-6-8 锥套

表1-6-9 锥套的加工程序

加工程序	程序说明

(续表)

加工程序	程序说明

学习活动 4　仿真训练,检验程序

请根据编程竞赛中的零件加工程序,小组共同完成锥套的仿真加工,提交仿真视频,根据仿真情况,填写表 1-6-10 中的检测结果。

表 1-6-10　锥套的仿真加工评分标准

序号	项目	检测内容		配分		检测结果		得分
		IT	Ra	IT	Ra	IT	Ra	
1	外圆	$\phi 28$	—	5	—	—	—	
2		$\phi 38$	—	5	—	—	—	
3	内孔	$\phi 23$	—	6	—	—	—	
4		$\phi 30$		1				
5		$\phi 18$		1				
6	长度	25		1				
7		15	—	1				
8		12		1				
9		55		1				
10	倒角	C1(2 处)		1				
11		R3		2				
12	程序	检查程序正误		75				
13	考场纪律	① 小组讨论完成; ② 文明生产,避免产生撞刀、崩刀、换件等				若有违反考场纪律的考生酌情扣 3~10 分		
14	评分细则	① 外径尺寸每超差不得分,长度尺寸每超差不得分; ② 倒角不合格酌情扣 1~2 分; ③ 程序没完成或指令格式有错误导致程序无法运行扣 20~30 分; ④ 程序能运行但存在指令格式错误或编写不规范酌情扣 2~10 分						

学习活动 5　小组汇报，检查评估

请你根据轴套的加工程序设计过程中的任务完成情况、表现，给出合理的自评、互评成绩；教师根据每个小组的汇报及小组自评和互评成绩，进行点评，见表 1-6-11。

表 1-6-11　综合评价

项目评分			评分细则	配分	得分		
					自评	小组互评	教师评价
职业素养（30分）	纪律情况（10分）	不迟到，不早退	违反1次不得分	4			
		积极参与活动	根据上课统计情况得1～2分	4			
		笔记本、笔、教材	1种不带扣1分	2			
	职业道德（10分）	与他人合作	不符合要求不得分	5			
		工匠精神、爱国情怀	对工作精益求精且效果明显得3～5分	5			
	职业能力（10分）	工艺制订能力	符合工艺要求	3			
		程序设计能力	正确运用加工指令	4			
		创新能力*（加分项）	工艺优化、加工程序创新，难度大的零件的攻关等，视情况得1～3分	3			
工作任务（70分）	小组分配	组织分配	人员安排合理，分工明确得3分；1项组织不当扣1分	3			
	自主学习	自学能力、解决问题的能力	问题组织能力3分；抽查成绩4分	7			
	程序设计	工艺卡片、程序卡片	工艺卡片6分；程序卡片8分	14			
	小组竞赛	个人赛、小组赛	个人赛6分，计入本人成绩；小组赛10分，计入小组成员成绩	16			
	仿真训练	操作规范、零件加工	操作规范、撞刀、换件扣2～5分；零件仿真加工实际得分占总分10%	10			
	小组汇报	团队合作、语言表达、竞争意识	汇报6分；自评、互评符合真实情况各2分	10			
	企业案例	收集企业案例情况	案例程序设计7分；每收集1例得0.5分，最高得3分	10			

(续表)

项目评分			评分细则	配分	得分		
					自评	小组互评	教师评价
资源平台活动情况	测验	按时提交、成绩	按照资源平台每个模块的赋分权重得分,最后期末成绩占20%	—	—	—	—
	讨论、提问	回答准确率					
	作业、考试	完成程度、成绩					
	课件阅读	完成程度					
总分							
总分[加权平均分(自评20%,小组评价30%,教师评价50%)]							
组长签字			教师签字				

请你根据小组互评成绩,认真检查自己,查找不足,写出自己的补救方法及下一步的学习计划,完成项目总结报告。

教师指导意见:

学习活动 6　企业案例,拓展应用

如图 1-6-9 所示,企业产品为垫圈零件,根据产品图纸,编写加工程序。请你去企业收集相关套类零件的案例,进行程序设计练习,上传到资源平台。

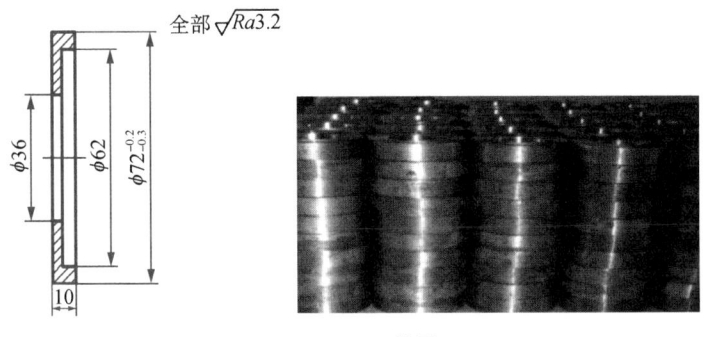

图 1-6-9　垫圈

任务七
槽类零件的编程与加工

任务描述

螺纹槽是槽类零件中最简单的,槽的种类很多,考虑其加工特点,可分为单槽、多槽、宽槽、深槽及异型槽,但加工时可能会遇到几种形式的叠加,如单槽同时也是深槽或宽槽,窄槽同时也是多槽等。如图 1-7-1 所示的槽轴零件,毛坯材料为 45 钢,毛坯尺寸为 ϕ40 mm×95 mm 的棒料,生产类型为单件、小批生产,无热处理工艺要求。本任务以该零件为例,正确设定工件坐标系,制订加工工艺方案,选择合理的刀具和切削工艺参数,正确编写数控加工程序并完成零件的仿真加工。

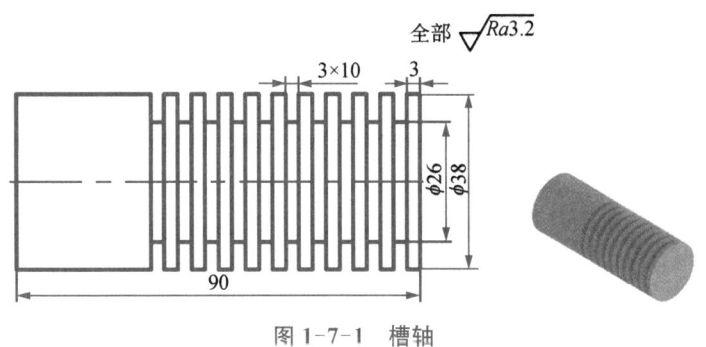

图 1-7-1 槽轴

槽轴的仿真加工

教学目标

一、素质目标
① 培养学生团结协作、沟通合作的能力;
② 培养学生一丝不苟、严谨细致的工作态度。
二、知识目标
① 了解槽加工的工艺特点与方法;
② 了解工件的装夹方法及刀具与切削用量的选择;
③ 掌握 G00,G01,G75 的指令格式及用法;
④ 掌握 M98,M99 的应用;
⑤ 会分析产生加工误差的原因。

三、能力目标

① 能确定走刀路线；
② 会合理选择刀具与切削用量；
③ 能根据加工路线编写加工程序。

学习要求

通过该任务的 6 个环节，明确"槽类零件的编程与加工"任务中的加工程序设计的内容与步骤，掌握子程序、G75 加工指令、槽类零件的程序设计。具体工作步骤及要求见表 1-7-1。

表 1-7-1　具体工作步骤及要求

序号	工作步骤	要求	学时安排	备注
1	明确任务 自主学习	能快速明确任务要求并清晰地表达，在教师要求的时间内完成任务；能够在自主学习过程中发现问题，解决问题，完成知识点的测试，掌握 G75 加工指令、子程序	0.2 学时	
2	程序设计 历练技能	边学边练，掌握槽轴的程序设计	0.5 学时	
3	小组竞赛 强化技能	按照竞赛要求，在规定的时间内，完成槽类零件程序设计	0.5 学时	
4	仿真训练 程序检验	用仿真软件进行仿真加工，检验设计程序的正确性，修改完善加工程序	1 学时	课外
5	小组汇报 检查评估	能够清晰地总结知识，思路清晰，语言描述流畅。完成任务自评与互评、学习报告	0.5 学时	
6	企业案例 拓展应用	根据企业产品结构，设计加工程序	0.3 学时	教材案例
		收集企业案例，了解零件的加工流程	课外	收集案例

课前引导

该零件的主要表面为端面、外圆表面、10 个宽度相等的槽，尺寸精度不高，形位公差没有要求，表面粗糙度值全部为 $Ra\ 3.2\ \mu m$，槽属于窄槽。槽的加工有两种方案：一是单槽逐一加工；二是采用子程序加工。

通过本任务学习各种槽的加工工艺、加工特点、加工方法、编程指令以及加工误差的分析及操作，掌握常用槽的编程、加工、刀具选择及测量等。

学习活动 1　明确任务，自主学习

根据任务要求，通过观看微课、动画等方式，学习相关知识，完成资源平台中的课前测验。预习并总结在学习过程中遇到的问题以及解决办法，填入表 1-7-2。

表 1-7-2　遇到的问题

序号	遇到的问题	是否解决 （已解决的问题说明解决办法）
1		
2		

教师检查学生自学情况，根据学生提交的问题及表现，在课堂上用如下问题抽查自学情况（也可在资源平台提问），然后进行集中讲授和个别指导。

1. 如何根据槽的结构选择加工指令？请举例说明。

2. 子程序是由哪几部分组成的？

知识点 1　车槽的工艺确定

一、槽的加工方法

槽的结构不同，零件的装夹方法与槽的加工方法也不同。

1. 零件的装夹

槽类零件加工常采用的是直接成型法，即槽的宽度就是切槽刀刃的宽度，也就等于背吃刀量 a_p。用这种方法切削时会产生较大的切削力。另外，大多数槽是位于零件的外表面，切槽时主切削力的方向与工件轴线垂直，会影响到工件的装夹稳定性。因此，在数控车床上进行槽加工一般可采用下面两种装夹方式：

① 利用软卡爪，并适当增加夹持面的长度，以保证定位准确、装夹稳固；

② 采用一夹一顶方式装夹，最大限度地保证零件装夹稳定。

2. 槽的加工方法

（1）直进法

加工窄、浅且精度要求不高的槽时，可采用与槽等宽的刀具直接切入一次成型的方法加工,如图 1-7-2 所示。刀具切入到槽底后可利用延时指令使刀具短暂停留,以修整槽底圆度,退出过程中可采用工进速度。

(2) 多次直进法

加工窄、深槽时,为了避免切槽过程中由于排屑不畅,使刀具前部压力过大出现扎刀和折断刀具的现象,应采用分次进刀的方式,刀具在切入工件一定深度后,停止进刀并回退一段距离,达到断屑和排屑的目的,如图 1-7-3 所示。同时注意尽量选择强度较高的刀具。

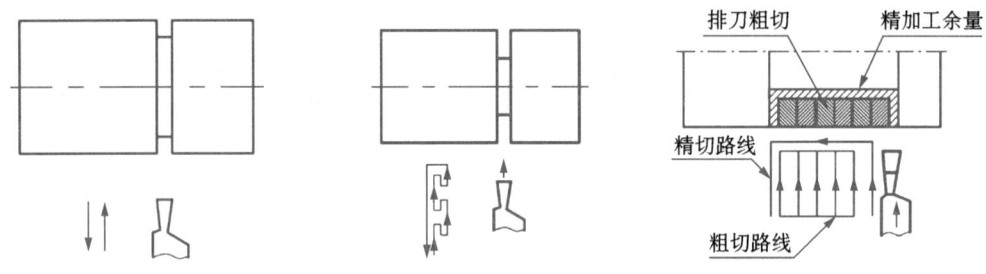

图 1-7-2　窄、浅槽的加工方式　　图 1-7-3　窄、深槽的加工方式　　图 1-7-4　宽槽切削方式

(3) 分层进刀法

大于一个切刀宽度的槽通常被称为宽槽,宽槽的宽度、深度等精度要求及表面质量要求相对较高。在切削宽槽时常采用排刀的方式进行粗车,然后用精车槽刀沿槽的一侧切至槽底,精加工槽底至槽的另一侧,再沿侧面退出,切削方式如图 1-7-4 所示。

(4) 先直槽后轮廓法

对于异型槽的加工,大多采用先切直槽然后修整轮廓的方法进行。

二、切断刀尺寸与对刀点的确定

1. 切断刀切削刃宽度及刀头长度的确定

切断(或切槽)时,主切削刃既不能太宽也不能太窄,太宽会因为切削力过大而引起振动,也会浪费工件材料;主切削刃太窄,又会削弱刀头强度,使刀头容易折断。切断钢件或铸铁材料时,主切削刃宽度可用下面的经验公式计算:

$$a \approx (0.5 \sim 0.6)\sqrt{d} \tag{1-7-1}$$

式中,

a——主切削刃宽度(mm);

d——工件待加工表面直径(mm)。

若切断刀刀头长度太短,则不能安全到达主轴旋转中心;若刀头过长则强度降低,则在切削过程中易引起振动甚至折断。刀头长度 L 可用下式计算:

$$L = H + (2 \sim 3) \tag{1-7-2}$$

式中,

L——刀头长度(mm);

H——切入深度(mm)。

2. 对刀点的确定

切槽刀对刀时有两个刀位点,即两个刀尖,如图 1-7-5 所示。切槽刀对刀时(Z 轴方向),刀位点应与程序中的刀位点一致。

切槽刀因有两个刀位点,所以在对刀时刀补值(Z 轴方向)的输入显得非常关键,否则纵然程序编制非常正确,刀补值输入不当,同样会加工出不合格的零件。在编写切槽程序时,既可以采用左刀尖编程,也可以采用右刀尖编程,这应根据不同的零件形状或个人的编程习惯而定。下面就以刀宽 4 mm 的切槽刀为例,说明切槽刀的对刀方法。

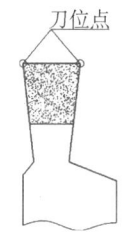

图 1-7-5　切槽刀刀位点

① 使用左刀尖编程(即程序中左刀尖作为刀位点)时,其对刀方法如图 1-7-6 和图 1-7-7 所示。此时在刀补的"101"界面 Z 轴方向刀补值应键入 Z0,然后按 输入/IN 键即可。编程时切槽起点坐标为(X52.,Z-12.),即 Z 轴方向坐标值为 8+4=12。

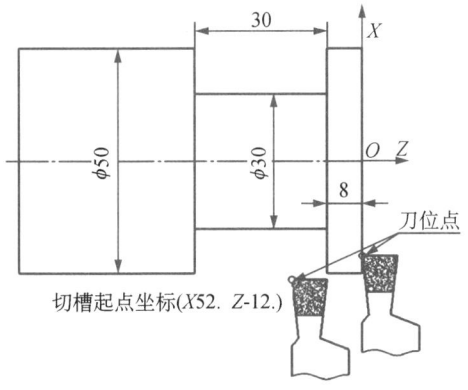

图 1-7-6　刀位点为左刀尖时的情景

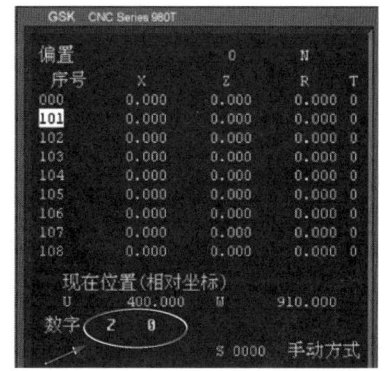

图 1-7-7　左刀尖编程时的 Z 轴方向刀补值

② 使用右刀尖编程(即程序中右刀尖作为刀位点)时,其对刀方法如图 1-7-8 和图 1-7-9 所示。此时 Z 轴方向刀补值应键入 Z4.,然后按 输入/IN 键即可。编程时切槽起点坐标为(X52.,Z-8.),即 Z 轴方向坐标值为 8。

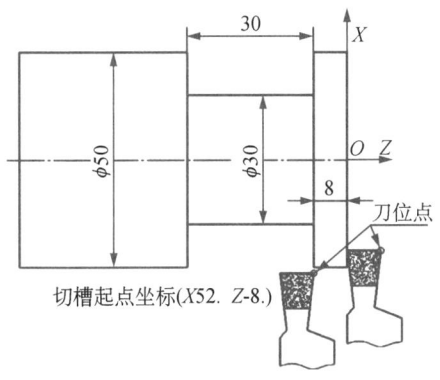

图 1-7-8　刀位点为右刀尖时的情景

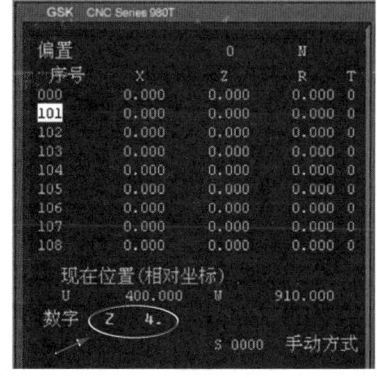

图 1-7-9　右刀尖编程时的 Z 轴方向刀补值

三、切削用量与切削液的选择

1. 切削用量的选择

由于切断刀的刀体强度较差,在选择切削用量时,应适当减小其数值。总的来说,硬质合金切断刀比高速钢切断刀选用的切削用量要大,切断钢件材料时的切削速度比切断铸铁材料时的切削速度要高,而进给量要略小一些。背吃刀量、进给量和切削速度是切削用量三要素,在切槽过程中,背吃刀量受到切刀宽度的影响,其大小的调节范围较小。要增加切削稳定性,提高切削效率,还要选择合适的切削速度和进给速度。

(1) 背吃刀量(a_p)

切断、车槽均为横向进给切削,背吃刀量 a_p 是垂直于已加工表面方向所量得的切削层宽度的数值,所以切断时的背吃刀量等于切断刀刀体的宽度。

(2) 进给量(f)

一般用高速钢车刀切断钢件时,$f=0.05\sim0.1$ mm/r;切断铸铁料时,$f=0.1\sim0.2$ mm/r;用硬质合金切断刀切断钢料时,$f=0.1\sim0.2$ mm/r;切断铸铁料时,$f=0.15\sim0.25$ mm/r。

(3) 切削速度(v_c)

用高速钢车刀在钢料上切槽或切断时,$v_c=30\sim40$ m/min;切断铸铁料时,$v_c=15\sim25$ m/min;用硬质合金车刀在钢料上切槽或切断时,$v_c=80\sim120$ m/min;切断铸铁料时 $v_c=60\sim100$ m/min。

2. 切削液的选择

切槽过程中,为了解决切槽刀刀头面积小、散热条件差、易产生高温而降低刀片切削性能等问题,可以选择冷却性能较好的乳化类切削液进行喷注,使刀具充分冷却。

考证习题

一、填空题

1. 槽类零件加工常采用的是直接成型法,即槽的宽度就是切槽刀刃的宽度,也就等于_____。
2. 在切槽中容易产生振动现象,这往往是由于进给速度_____,或者是由于线速度与进给速度搭配不当造成的,需及时调整,以保证切削稳定。
3. 常用的卷屑槽形状有_____、_____和_____三种。

二、判断题

1. 切槽加工程序中不需要说明切槽刀具的刀位点。　　　　　　　　　　(　　)
2. 切断钢件材料时的切削速度比切断铸铁材料时的切削速度要高,而进给量要略小一些。　　　　　　　　　　　　　　　　　　　　　　　　　　　　(　　)
3. 切槽刀对刀时(Z 轴方向),刀位点应与程序中的刀位点一致。　　　(　　)

三、选择题(选择一个或多个正确答案)

1. 切槽刀通常有(　　)个刀位点,编程时可根据基准标注情况进行选择。
　　A. 一　　　　　　B. 二　　　　　　C. 三　　　　　　D. 四

2. 由于切断刀的刀体强度较差,在选择切削用量时,应适当(　　)其数值。

A. 减小　　　　　　　　　　　　B. 增大

C. 不变　　　　　　　　　　　　D. 增大或减小

四、简答题

如何选择槽的刀具和进刀方式?

知识点 2　槽加工指令的选择

一、槽的加工指令

1. 暂停指令 G04

G04 指令是非模态指令,只在该程序段有效。加工槽时,为了使槽底圆柱面圆整,尺寸一致,需使用该指令。

(1) 指令格式

G04 X__;或 G04 P__;或 G04 U__;

(2) 指令说明

G04 为非模态 G 指令;G04 延时时间由指令字 X__、P__ 或 U__ 指定;地址 X,P 和 U 对应指令值的时间单位,见表 1-7-3。

表 1-7-3　G04 指令值的时间单位

地址	P	X	U
单位	0.001 s	s	s

2. 单窄槽加工指令 G01

如图 1-7-10 所示螺纹轴零件图,需加工其退刀槽。一般退刀槽的表面质量、尺寸精度、圆度和表面粗糙度的要求都不高。因此,选用与槽等宽的 4 mm 切槽刀,采取直接切入槽底后暂停修整槽底圆度,然后慢速退刀修正侧面的方式进行加工。工件坐标系原点选在工件右端面中心,采用切槽刀左刀尖为刀位点对刀,用 G01 编程,见表 1-7-4。

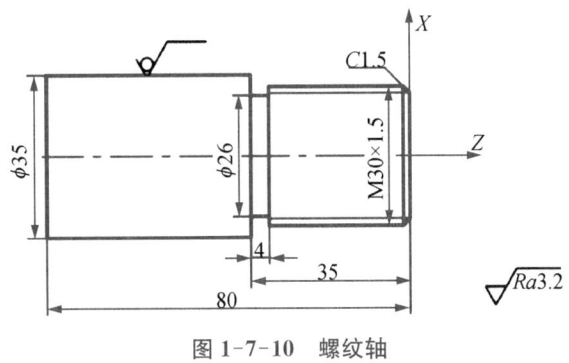

图 1-7-10　螺纹轴

表 1-7-4 退刀槽加工程序

加工程序	程序说明
O0001；	程序号
G99 G97 M03 T0101 S600 F0.2；	主轴正转启动,转速为 600 r/min,1 号刀及 1 号刀补
G00 X37.0 Z2.0；	刀具快速移动到定刀点
G94 X-1.0 Z0.0 F0.2；	车端面
G90 X33.0 Z-35.0 F0.15；	车外圆
X30.5；	
G01 X27.Z0.0；	刀具慢速移动到起点
X30.0 Z-1.5；	倒角
Z-35.0；	车外圆
X37.0；	车端面
G00 X100.0 Z100.0；	回换刀点
T0202；	换 2 号刀
G00 X37.0 Z-35.0；	快速移到槽的位置
G01 X26.0；	车槽
G04 X2.0；	停 2 s
G01 X37.0；	退刀
G00 X100.0 Z100.0；	回换刀点
M30；	程序结束并返回

由上面的程序可以看出,这种单槽类零件的加工和编程还是比较简单的。下面探讨宽而深的槽类零件的加工。

3. 宽、深槽的加工指令 G75

如图 1-7-11 所示的离合器零件需加工一个宽槽且有一定的深度,这样的槽用宽刃刀直接切出是不现实的。因此,选用 4 mm 切槽刀,应用复合切削指令 G75 进行加工。

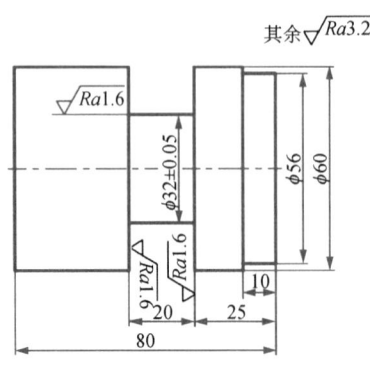

图 1-7-11 离合器零件图

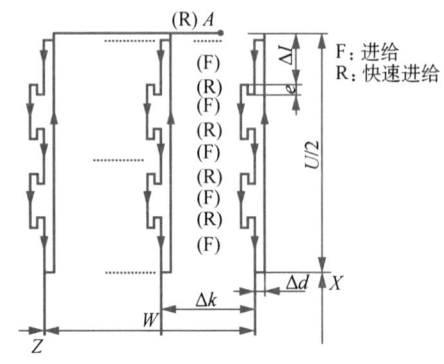

图 1-7-12 G75 循环指令切削轨迹图

(1) 指令格式

$\qquad$ G75　R(e)＿；

$\qquad$ G75　X(U)＿Z(W)＿P(Δi)＿Q(Δk)＿R(Δd)＿F＿；

式中：

e——切槽过程中，每次径向(X)进刀后的径向退刀量，为半径值(mm)；

X,Z——最大切深点的 X、Z 轴绝对坐标值；

U,W——最大切深点的 X、Z 轴增量坐标值；

Δi——切槽过程中径向(X)进刀时的径向进刀量，为半径值(μm)；

Δk——沿径向切完一个刀宽后退出，在 Z 轴方向的移动量(μm)，其值小于刀宽；

Δd——刀具切到槽底后，在槽底沿 Z 轴方向的退刀量(μm)，最好取 0；

G75 外径切槽(钻孔)多重复合循环指令切削轨迹，如图 1-7-12 所示。

(2) 注意事项

① 零件加工过程中，槽的定位是非常重要的，编程时要引起重视。

② 切槽刀通常有两个刀位点，编程时可根据基准标注情况进行选择。

③ 切宽槽时应注意计算刀宽与槽宽的关系。

(3) 程序编写

用 G75 指令编写图 1-7-11 中宽槽的加工程序，见表 1-7-5。

在切槽过程中，刀具从槽的一侧开始切削，切入过程有回退断屑动作，且切到槽底后退至切入起始点，然后位移一个小于刀宽的距离，再次开始切槽。完成整个槽宽度的切削后，对槽的两个侧面和槽底进行精加工。

表 1-7-5　槽加工程序

加工程序	程序说明
O0002；	程序号
G99 G97 M03 T0101 S600 F0.2；	主轴正转启动，转速为 500 r/min，1 号刀及 1 号刀补
G00　X70.0　Z-25.2　M08；	刀具快速移动到定刀点，侧面留余量 0.2 mm，切削液开
G75　R2.0；	用 G75 循环加工宽 20 mm 的槽
G75　X32.2　Z-40.8　P5000 Q3900 F0.1；	
G01　X70.0　Z-25.0 F0.3；	
X32.0 F0.1；	右侧精加工
Z-41.0；	精车槽底
X70.0；	左侧精加工
G00 X100.0 Z100.0 M09；	回换刀点
M30；	程序结束并返回

4. 多槽加工指令

在加工圆周刀具、轧辊等零件时经常会遇到与图 1-7-1 所示零件相似的多槽加工。这种零件槽多且尺寸相同,在编写其加工程序时会出现内容重复现象,增加了编程的工作量。为此在利用 G01 或 G75 的同时还应采用子程序调用指令 M98 和从子程序返回指令 M99 来编制该零件的加工程序,减少编程工作量,缩短加工程序的长度。

子程序调用指令 M98

(1) 指令格式

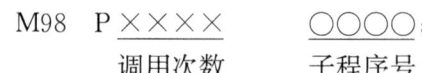

其中,M98 为子程序调用功能字;××××为调用次数;○○○○为被调用的子程序号。

(2) 指令说明

① 子程序号与主程序号相似,不同的是子程序用 M99 结束。

② 子程序执行完请求的次数以后返回到主程序 M98 的下一句继续执行。如果子程序后没有 M99,将不能返回主程序。

③ 省略循环次数时,默认循环次数为 1 次。

④ 子程序可以由主程序调用,已被调用的子程序也可以调用其他的子程序。从主程序调用的子程序称为一重子程序,总共可调用四重,如图 1-7-13 所示。(GSK980T 系统可调用两重,系统不同,规定不一定相同)

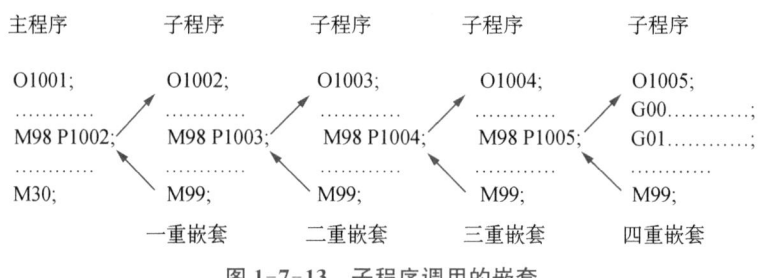

图 1-7-13 子程序调用的嵌套

从子程序返回指令 M99

(1) 指令格式

M99 P□□□□;

其中,M99 为子程序结束并返回主程序功能字;P□□□□为返回主程序时将被执行的程序段号(0000～9999),前导 0 可省略,如图 1-7-14 所示。

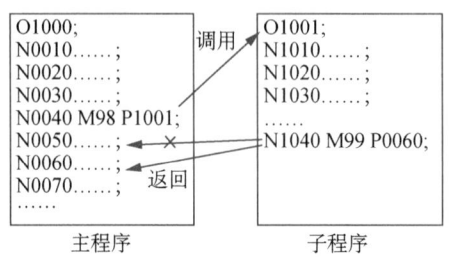

图 1-7-14 M99 中有 P 指令

(2) 指令说明

① （子程序中）当前程序段的其他指令执行完成后，返回主程序中由 P 指定的程序段继续执行。

② （子程序中）M99 后未输入 P 时，返回主程序中，调用当前子程序 M98 指令的后一程序段继续执行。

(3) 注意事项

① 编程时应注意子程序与主程序之间的衔接问题。

② 在试切阶段，如果遇到应用子程序指令的加工程序，就应特别注意车床的安全问题。

③ 子程序多是以增量方式编制，应注意程序是否闭合。

(4) 程序编写

应用子程序指令编写如图 1-7-15 所示多槽零件的加工程序，见表 1-7-6。

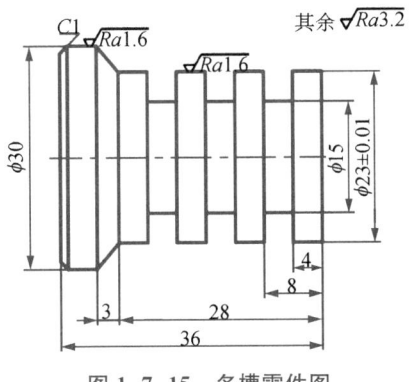

图 1-7-15　多槽零件图

表 1-7-6　多槽的加工程序

加工程序	程序说明
O0001;	程序号
G99 G97 M03 T0101 S600 F0.2;	主轴正转启动，转速为 600 r/min，1 号刀及 1 号刀补
G00 X25. Z0.;	刀具快速移动到定刀点
M98 P30002;	调子程序 2~3 次
G00 X100. Z100.;	回换刀点
M30;	程序结束并返回
O0002;	子程序
G00 W−8.;	左移到槽的位置
G01 X15.;	车槽
G04 X2.0;	停 2 s
G01 X25.;	退刀
M99;	子程序结束并返回主程序

由上面的编程实例可以看出,应用子程序命令进行程序编写可以大大地减少程序段的数量,提高编程工作的效率,非常适合于手工编程。在手工程序编制中与子程序调用指令非常相似的简化编程指令还有循环指令。

二、槽加工误差分析

在数控车床上进行槽加工时,经常遇到的加工误差有多种,其问题现象、产生的原因、预防和消除的措施,见表 1-7-7。

表 1-7-7 槽加工误差分析

问题现象	产生原因	预防和消除
槽的一侧或两个侧面出现小台阶	刀具数据不准确或程序错误	① 调整或重新设定刀具数据; ② 检查、修改加工程序
槽底出现倾斜	刀具安装不正确	正确安装刀具
槽的侧面呈现凹凸面	① 刀具刃磨角度不对称; ② 刀具安装角度不对称; ③ 刀具两刀尖磨损不对称	① 更换刀片; ② 重新刃磨刀具; ③ 正确安装刀具
槽的两个侧面倾斜	刀具磨损	重新刃磨刀具或更换刀片
槽底出现振动现象,留有振纹	① 工件装夹不正确; ② 刀具安装不正确; ③ 切削参数不正确; ④ 程序延时时间太长	① 检查工件安装,增加安装刚性; ② 调整刀具安装位置; ③ 提高或降低切削速度; ④ 缩短程序延时时间
切槽过程中出现扎刀现象,造成刀具断裂	① 进给量过大; ② 切屑阻塞	① 降低进给速度; ② 采用断、退屑方式切入
切槽过程中出现较强的振动,表现为工件刀具出现谐振现象,严重者车床也会一同产生谐振,切削不能继续	① 工件装夹不正确; ② 刀具安装不正确; ③ 进给速度过低	① 检查工件安装,增加安装刚性; ② 调整刀具安装位置; ③ 提高进给速度

考证习题

一、填空题

1. 宽、深槽一般选择_____加工指令。
2. 子程序号与主程序号相似,不同的是子程序用_____结束。

二、判断题

1. 切槽过程中出现振动现象是因为主轴转速过低。(   )
2. 切削外圆凹槽时快速退回换刀点,用程序"N200 G00 X80.0 N210 Z50.0;"退刀。
(   )
3. 切槽过程中刀具断裂是因为进给量过大或切屑阻塞。(   )

三、选择题(选择一个或多个正确答案)

1. 槽底出现倾斜的原因是(   )。

A. 刀具安装不正确　　　　　　　B. 刀具磨损
C. 进给量大　　　　　　　　　　D. 指令选择不合理

2. 可用(　　)调用子程序。

A. M 指令　　　B. T 指令　　　C. C 指令　　　D. G 指令

3. 子程序调用指令 M98 P50002 的含义是(　　)。

A. 调用 500 号子程序 12 次　　　B. 调用 0002 号子程序 5 次
C. 调用 500 号子程序 2 次　　　　D. 调用 002 号子程序 50 次

四、简答题

1. 槽侧面呈现凹凸面的原因有哪些?
2. 子程序指令的主要功能是什么?说明子程序指令应用的格式。
3. 如何根据槽的种类选择指令?

学习活动 2　程序设计,历练技能

请你按照编程原则,完成图 1-7-1 槽轴的程序设计。记录下你在编写过程中遇到的主要问题及解决方法。

一、工艺制订

1. 零件的安装

从图 1-7-1 中可以看出加工内容较为简单,主要为槽,选用一夹一顶装夹,注意夹紧力。

槽轴的程序设计

2. 选择刀具

该零件材料为 45 圆钢,选择刀具,填入表 1-7-8。

表 1-7-8　数控加工刀具卡片

产品名称或代号:			零件名称:槽轴		零件图号:	
序号	刀具号	刀具规格及名称	材质	数量	加工表面	备注
编制:			审核:			

3. 确定加工工艺

以工件的轴线和工件的右端面的交点为工件原点,工件的加工方法很多,实际中可根据毛坯合理选择,参考工艺路线安排如下:

① 齐端面,打中心孔;
② 粗、精加工外圆;
③ 切槽。

编制加工工艺卡片,填入表 1-7-9。

表 1-7-9 数控加工工艺卡片

零件名称	槽轴	零件图号		工件材质		45 钢	
工序号	程序编号	夹具名称		数控系统		车间	
1	O0001	三爪自定心卡盘、顶尖		广数			
工步号	工步内容	刀具号	主轴转速/ $(r \cdot min^{-1})$	进给量/ $(mm \cdot r^{-1})$	背吃刀量/ mm	备注	
编制		审核		批准			

二、编写加工程序

编写图 1-7-1 槽轴的加工程序。该零件槽的深度不大,采用与槽等宽的切槽刀直接切入。切入时应用子程序编程,加工程序填入表 1-7-10 中。

表 1-7-10 槽轴的加工程序

加工程序	程序说明

学习活动 3 小组竞赛,强化技能

加工如图 1-7-16 所示槽零件,毛坯尺寸为 $\phi 40\ mm \times 80\ mm$,零件材料为 45 钢,试设计合理的加工工艺,编写加工程序,填入表 1-7-11 中。

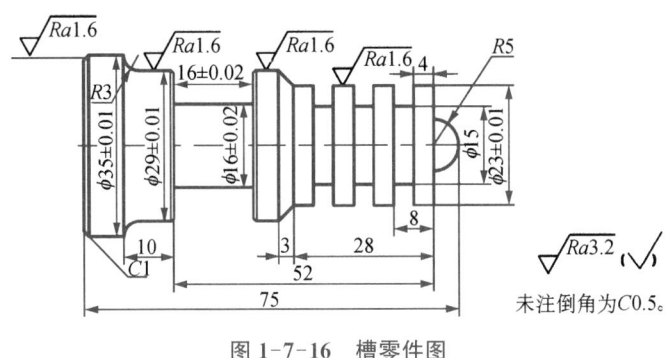

图 1-7-16 槽零件图

表 1-7-11 槽类零件的加工程序

加工程序	程序说明

加工如图 1-7-17 所示槽轮零件,毛坯尺寸为 $\phi 40$ mm×50 mm,零件材料为灰铸铁,试制订合理的加工工艺,编写加工程序并填入表 1-7-12,完成槽轮的仿真加工。(拓展题,小组完成)

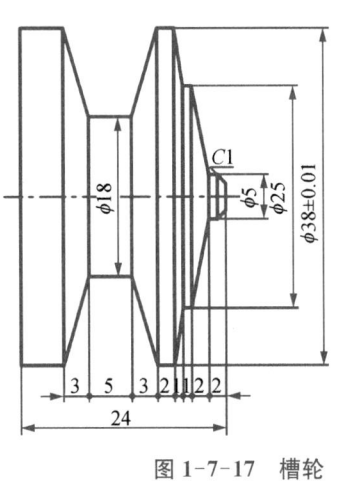

图 1-7-17 槽轮

表 1-7-12 槽轮的加工程序

加工程序	程序说明

学习活动 4　小组汇报,检查评估

请你根据槽轴的加工程序设计过程中的任务完成情况、表现,给出合理的自评、互评成绩;教师根据每个小组的汇报及小组自评和互评成绩,进行点评,见表 1-7-13。

表 1-7-13　综合评价

项目评分			评分细则	配分	得分		
					自评	小组互评	教师评价
职业素养(30分)	纪律情况(10分)	不迟到,不早退	违反1次不得分	4			
		积极参与活动	根据上课统计情况得1~2分	4			
		笔记本、笔、教材	1种不带扣1分	2			
	职业道德(10分)	与他人合作	不符合要求不得分	5			
		工匠精神、爱国情怀	对工作精益求精且效果明显得3~5分	5			
	职业能力(10分)	工艺制订能力	符合工艺要求	3			
		程序设计能力	正确运用加工指令	4			
		创新能力*(加分项)	工艺优化、加工程序创新,难度大的零件的攻关等,视情况得1~3分	3			
工作任务(70分)	小组分配	组织分配	人员安排合理,分工明确得3分;1项组织不当扣1分	3			
	自主学习	自学能力、解决问题的能力	问题组织能力3分;抽查成绩4分	7			
	程序设计	刀具卡片、工艺卡片、程序卡片	刀具卡片3分;工艺卡片5分;程序卡片6分	14			

(续表)

<table>
<tr><th colspan="3" rowspan="2">项目评分</th><th rowspan="2">评分细则</th><th rowspan="2">配分</th><th colspan="3">得分</th></tr>
<tr><th>自评</th><th>小组互评</th><th>教师评价</th></tr>
<tr><td rowspan="4">工作任务
(70分)</td><td>小组竞赛</td><td>个人赛、小组赛</td><td>个人赛6分,计入本人成绩;
小组赛10分,计入小组成员成绩</td><td>16</td><td></td><td></td><td></td></tr>
<tr><td>仿真训练</td><td>操作规范、零件加工</td><td>操作规范,撞刀、换件扣2~5分;
零件仿真加工实际得分占总分10%</td><td>10</td><td></td><td></td><td></td></tr>
<tr><td>小组汇报</td><td>团队合作、语言表达、竞争意识</td><td>汇报6分;
自评、互评符合真实情况各2分</td><td>10</td><td></td><td></td><td></td></tr>
<tr><td>企业案例</td><td>收集企业案例情况</td><td>案例程序设计7分;
每收集1例得0.5分,最高得3分</td><td>10</td><td></td><td></td><td></td></tr>
<tr><td rowspan="5">资源平台活动情况</td><td>测验</td><td>按时提交、成绩</td><td rowspan="5">按照资源平台每个模块的赋分权重得分,最后期末成绩占20%</td><td rowspan="5">—</td><td rowspan="5"></td><td rowspan="5"></td><td rowspan="5"></td></tr>
<tr><td>讨论、提问</td><td>回答准确率</td></tr>
<tr><td>作业</td><td>完成程度、成绩</td></tr>
<tr><td>考试</td><td>成绩</td></tr>
<tr><td>课件阅读</td><td>完成程度</td></tr>
<tr><td colspan="4">总分</td><td></td><td></td><td></td><td></td></tr>
<tr><td colspan="8">总分[加权平均分(自评20%,小组评价30%,教师评价50%)]</td></tr>
<tr><td colspan="2">组长签字</td><td colspan="3"></td><td colspan="3">教师签字</td></tr>
</table>

请你根据小组互评成绩,认真检查自己,查找不足,写出自己的补救方法及下一步的学习计划,完成项目总结报告。

_____
_____

教师指导意见:_____
_____
_____

学习活动5 仿真训练,检验程序

请你扫码观看槽轴的仿真加工视频,小组共同完成槽轮的仿真加工,提交仿真视频。根据仿真情况,填写表1-7-14中的检测结果。

表 1-7-14 槽轮的仿真加工评分标准

序号	项目	检测内容		配分		检测结果		得分
		IT	Ra	IT	Ra	IT	Ra	
1	外圆	φ38	—	8	—		—	
2		φ18	—	2	—		—	
3		φ5	—	1	—		—	
4		φ25	—	2	—		—	
5	长度	24	—	2	—		—	
6		3(2处)	—	3	—		—	
7		5	—	1	—		—	
8		2(3处)	—	3	—		—	
10		1(2处)	—	2	—		—	
11	倒角	C1	—	1	—		—	
12	程序	检查程序正误		75				
13	考场纪律	① 小组讨论完成； ② 文明生产，避免产生撞刀、崩刀、换件等				若有违反考场纪律的考生酌情扣3～10分		
14	评分细则	① 外径尺寸每超差不得分，长度尺寸每超差不得分； ② 倒角不合格酌情扣1～2分； ③ 程序没完成或指令格式有错误导致程序无法运行扣20～30分； ④ 程序能运行但存在指令格式错误或编写不规范酌情扣2～10分						

学习活动 6 企业案例，拓展应用

企业产品的中间套零件，如图 1-7-18 所示，根据产品图纸，毛坯尺寸为 φ60 mm×100 mm，零件材料为 45 钢，编写零件的加工程序。请你去企业收集相关槽类零件的案例，进行程序设计练习，上传到资源平台。

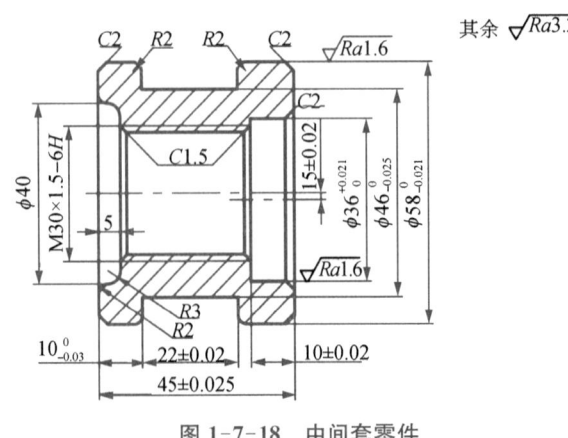

图 1-7-18 中间套零件

任务八
螺纹类零件的编程与加工

任务描述

复杂轴类零件是数控车床中、高级加工必须掌握的典型零件之一,加工的部位主要是外轮廓。如图 1-8-1 所示为一复杂螺纹轴类零件,毛坯为 $\phi40\ \mathrm{mm}\times85\ \mathrm{mm}$ 的圆钢,材料为 45 钢,生产类型为单件、小批生产,无热处理工艺要求。本任务以该零件为例,正确设定工件坐标系,制订加工工艺方案,选择合理的刀具和切削工艺参数,正确编写数控加工程序并完成零件的仿真加工。

螺纹轴的仿真加工

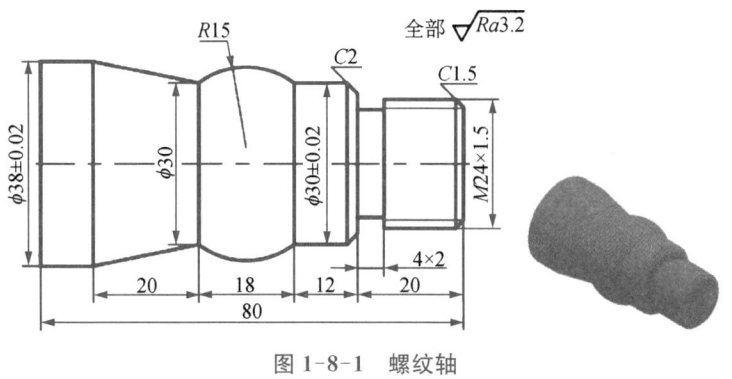

图 1-8-1 螺纹轴

教学目标

一、素质目标
① 培养学生团结协作、沟通合作的能力;
② 培养学生一丝不苟、严谨细致、精益求精的工匠精神。
二、知识目标
① 掌握螺纹加工的工艺特点与方法;
② 掌握工件的装夹方法及刀具与切削用量的选择;
③ 掌握 G32,G92,G76 的指令格式及用法,巩固 G00,G01,G73 等加工指令。
三、能力目标
① 能确定走刀路线;
② 会合理选择刀具与切削用量;
③ 能根据加工路线编写加工程序;

④ 会分析产生加工误差的原因。

学习要求

通过该任务的 6 个环节,明确"螺纹类零件的编程与加工"任务中的加工程序设计的内容与步骤,掌握常用加工指令(G32,G92,G76)、螺纹轴的程序设计。具体工作步骤及要求,见表 1-8-1。

表 1-8-1 具体工作步骤及要求

序号	工作步骤	要求	学时安排	备注
1	明确任务 自主学习	能快速明确任务要求并清晰地表达,在教师要求的时间内完成任务;能够在自主学习过程中发现问题,解决问题,完成知识点的测试,掌握常用加工指令(G32,G92,G76)、螺纹轴的程序设计	0.5 学时	
2	程序设计 历练技能	边学边练,掌握螺纹类零件的程序设计。用 G32,G92,G76 螺纹指令编写螺纹程序	1 学时	
3	小组竞赛 强化技能	按照竞赛要求,在规定的时间内,完成螺纹轴程序设计	1 学时	
4	仿真训练 程序检验	用仿真软件进行仿真加工,检验设计程序的正确性,修改完善加工程序	1 学时	
5	小组汇报 检查评估	能够清晰地总结知识,思路清晰,语言描述流畅。完成任务自评与互评、学习报告	0.5 学时	
6	企业案例 拓展应用	根据企业产品结构,设计加工程序	课外	教材案例

课前引导

如图 1-8-1 所示的零件是数控车床高级加工的典型零件,该零件表面由外圆、锥面、圆弧、槽及螺纹等组成,尺寸标注完整,轮廓描述清楚,$\phi 38$ mm 和 $\phi 30$ mm 尺寸精度要求较高。已知工件材料为 45 钢。本任务需要运用所学指令编写加工程序并进行零件加工。

学习活动 1　明确任务,自主学习

根据任务要求,通过观看微课、动画等方式,学习相关知识,完成资源平台中的课前测验。预习并总结在学习过程中遇到的问题以及解决办法,填入表 1-8-2。

表 1-8-2　遇到的问题

序号	遇到的问题	是否解决 (已解决的问题说明解决办法)
1		
2		

教师检查学生自学情况,根据学生提交的问题及表现,在课堂上用如下问题抽查自学情况(也可在资源平台提问),然后进行集中讲授和个别指导。

1. 螺纹的进刀方式有几种？数控车床一般选择什么进刀方式？

_____

_____

2. G32,G92 螺纹指令有什么不同？

_____

_____

知识点 1　车螺纹的工艺

利用数控车床加工螺纹时,由数控系统控制螺距的大小和精度,从而简化了工艺流程,不用手动更换挂轮,并且螺距精度高不会出现乱扣现象;螺纹切削回程期间车刀快速移动,切削效率大幅提高;专用数控螺纹切削刀具、较高的切削速度的选用,又进一步提高了螺纹的形状和表面质量。

一、零件的装夹

在螺纹切削过程中,无论采用何种进刀方式,螺纹切削刀具经常是由两个或两个以上的切削刃同时参与切削,与前面所讨论的槽加工相似,同样会产生较大的径向切削力,容易使工件产生松动现象和变形。因此,可以根据零件结构选择两种装夹方法。

① 当零件较短时,用三爪卡盘夹持。

② 当工件较长时,采用一夹一顶的装夹方式;如果螺距较大,可以利用工件的台阶当限位,避免工件轴向移动,以保证在螺纹切削过程中不会出现因工件松动导致螺纹乱牙,从而使工件报废的现象。

二、刀具的选择

1. 刀具种类

通常螺纹刀具切削部分的材料分为硬质合金和高速钢两类。按照刀具结构分,有整体式、焊接式和机夹可转位式三种螺纹车刀,如图 1-8-2 所示;按螺纹的类型分,有三角螺纹车刀、梯形螺纹车刀、方牙螺纹车刀、锯齿螺纹车刀;按照螺纹的结构分外螺纹车刀、内螺纹车刀。

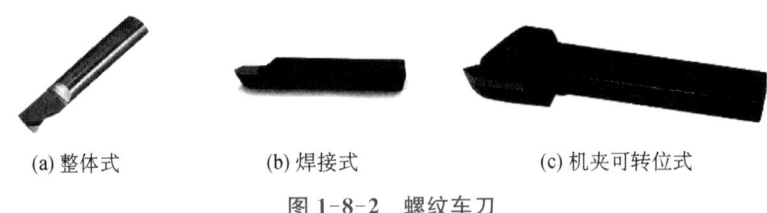

(a) 整体式　　　　　(b) 焊接式　　　　　(c) 机夹可转位式

图 1-8-2　螺纹车刀

2. 刀具选择

对于其他牙型的螺纹刀具,可根据需要到刀具生产厂家定做或自制,刀具材料和几何角度应满足粗、精加工,工件材料,切削环境等方面的要求。对于工件材料加工性能一般、牙型截面尺寸较大的螺纹粗加工,可采用硬质合金刀具;在工件加工性能良好、螺纹精加工及断续切削条件下可采用高速钢刀具。刀具的几何形状与角度要考虑牙型和螺旋升角的影响。

在数控车床上车削普通三角螺纹一般选用精密级机夹可转位式螺纹车刀,使用时要根据螺纹的螺距选择刀片的型号,每种规格的刀片只能加工一个固定的螺距。

三、切削用量的选择

1. 背吃刀量

在螺纹加工中,背吃刀量等于螺纹车刀切入工件表面的深度,如果其他刀刃同时参与切削,应为各刀刃切入深度之和。由此可以看出随着螺纹车刀的每次切入,背吃刀量在逐步地增加。受螺纹牙型截面大小和深度的影响,螺纹切削的背吃刀量可能是非常大的。而这一点不是操作者和编程人员能够轻易改变的。要使螺纹加工切削用量的选择比较合理,必须合理地选择切削速度和进给量。

2. 进给量

螺纹切削的进给量相当于加工中的每次切深,要考虑工件材料、工件刚性、刀具材料和刀具强度等诸多因素,并依靠经验,通过试切来确定。每次切深过小会增加走刀次数,影响切削效率,同时加剧刀具磨损;过大又容易出现扎刀、崩尖及螺纹掉牙现象。为避免上述现象发生,螺纹加工的每次切深一般都是选择递减方式,即随着螺纹深度的加深,要相应地减小进给量。在螺纹切削复合循环指令当中,同样也是经常采用递减方式,如第一刀的切深为1,那么第二刀的切深则为$1/\sqrt{2}$,第三刀的切深为$1/\sqrt{3}$,……,第 n 刀为$1/\sqrt{n}$。这一点可以在螺纹加工程序编写中灵活运用。

3. 主轴转速

在螺纹车削过程中,主轴转速的选择受到下面三方面因素的影响:

① 螺纹加工程序段中指令的螺距值,相当于以 f(mm/r)进给量表示的进给速度 F,如果主轴转速选择得过高,其换算后的进给速度(mm/min)必定大大超过正常值。

② 刀具在位移过程的起点和终点,都受到伺服系统升降速和数控装置插补运算速度的约束,由于升、降频特性满足不了加工需要等原因,则可能引起进给运动产生"超前"和"滞后"现象,从而导致加工出的螺距不符合要求。

③ 螺纹车削必须通过主轴的同步功能实现,需要用到主轴脉冲发生器(编码器)。当主轴速度选择过高,通过编码器发出的定位脉冲将可能因"过冲"而导致工件螺纹产生乱牙现象。

根据上述现象,螺纹加工时主轴转速的确定应遵循以下四条原则:

① 在保证生产效率和正常切削的情况下,选择较低的主轴转速。

② 当螺纹加工程序段中的升速进刀段(δ_1)和降速退刀段(δ_2)的长度值较大时,可选择适当高一些的主轴转速。

③ 当编码器所规定的允许工作转速超过车床所规定的主轴最大转速时,可选择较高一些的主轴转速。

④ 通常情况下,螺纹车削的主轴转速($n_{螺}$)可按车床或数控系统说明书中规定的计算公式确定,其计算公式为:

$$n_{螺} \leqslant n_{允}/P \qquad (1-8-1)$$

式中,

$n_{允}$——编码器允许的最高工件转速(r/min);

P——加工螺纹的螺距或导程(mm)。

4. 升速段 δ_1 和降速段 δ_2 的确定

一般切削螺纹时,从粗车到精车,是按照同样的螺距进行的。当安装在主轴上的位置编码器检测出第一转信号后,便开始切削,因此,即使多次切削,工件圆周上的切削起点仍保持不变。但是从粗车到精车,主轴的转速必须是不变的,当主轴速度变化时,螺纹切削会出现乱牙现象。

一般由于伺服系统的滞后,在螺纹切削的开始及结束部分,螺纹导程会出现不规则现象。为了考虑这部分的螺纹精度,在数控车床上切削螺纹时必须设置升速进刀段 δ_1 和降速退刀段 δ_2,如图 1-8-3 所示。因此,加工螺纹的实际长度除了螺纹的有效长度 L 外,还应包括升速段 δ_1 和降速段 δ_2 的距离(即 $L+\delta_1+\delta_2$),其数值与工件的螺距和转速有关,由各系统设定,一般大于一个导程。

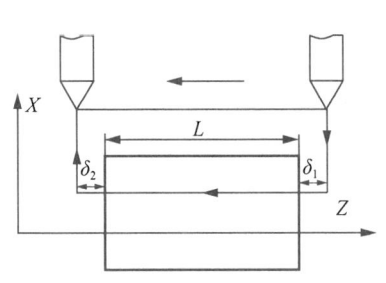

图 1-8-3 螺纹切削升、降速段

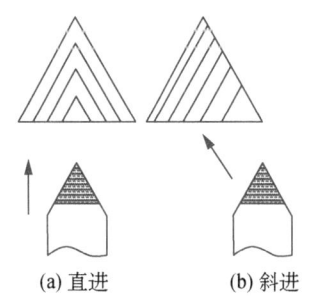

(a) 直进　　(b) 斜进

图 1-8-4 进刀方式

四、螺纹加工的进刀方式

螺纹加工的进刀方式主要有直进[图 1-8-4(a)]、斜进[图 1-8-4(b)]和分层切削三种,但在数控车床中三角螺纹通常采用直进法。其选用的主要依据:在切削过程中避免因螺纹牙型截面尺寸较大,导致在螺纹切削深度比较大的情况下多个刀刃同时参加切削而出现扎刀现象。当螺纹牙型深度较深、螺距较大时,可分数次进给。进刀的分配方式有常量式和递减式,如图 1-8-5 所示。

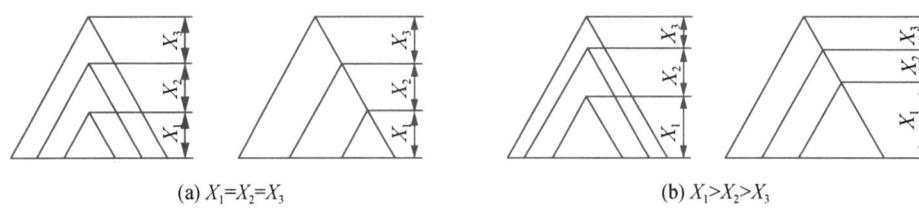

图 1-8-5 螺纹进刀的分配方式

每次的切削深度应适当,切深过小会增加切削次数,影响加工效率,同时加剧刀具磨损;切深过大会使切削力增大,容易出现扎刀、崩尖及螺纹掉牙现象。因此,螺纹切削时的每次切深应为递减方式,即随着螺纹深度的增加,要相应地减小切削深度。

五、螺纹大径尺寸和螺纹总切削深度的计算

1. 螺纹大径尺寸的计算

为保证车削的螺纹牙顶有 $0.125P$ 的宽度,螺纹车削前大径尺寸一般比公称直径略小,其计算公式为:$d \approx 0.13P$,其中 P 为螺纹螺距。

2. 螺纹总切削深度的计算

螺纹总切削深度 $t \approx 0.65P$,其中 P 为螺纹螺距。

六、切削液的选用

螺纹加工多为粗、精加工同时完成,精度要求较高,因此,选用合适的切削液能够进一步提高加工质量,对于一些特殊材料的加工尤为如此。这里只给出根据不同的工件材料,选用切削液的方法,见表 1-8-3。

表 1-8-3 切削液的选用

	工件材料					
	碳钢	合金钢	不锈钢及耐热钢	铸铁与黄铜	青铜	铝及铝合金
切削液的选用	① 硫化乳化液; ② 氧化煤油; ③ 煤油75%,油酸或植物油25%; ④ 压器油70%,氧化石蜡30%		① 氧化煤油; ② 硫化切削油; ③ 煤油60%,松节油20%,油酸20%; ④ 硫化油60%,煤油25%,油酸15%; ⑤ 四氧化碳90%,猪油等	① 一般不用; ② 煤油(用于铸铁)或菜油(用于黄铜)	① 一般不用; ② 菜油	① 硫化油30%,煤油15%,2号或3号锭子油55%; ② 硫化油30%,煤油15%,硫酸30%,2号或3号锭子油25%

考证习题

一、填空题

1. 在数控车床上车削普通三角螺纹一般选用 _____。

2. 螺纹加工的进刀方式主要有直进、斜进和分层切削三种,但在数控车床中加工三角螺纹通常采用_____。

3. 螺纹加工的每次切深一般都是选择_____方式。

二、判断题

1. 为了提高加工效率,螺纹加工时主轴转速应该越高越好。　　　　　　(　　)
2. 车床主轴编码器的作用是防止切削螺纹时乱扣。　　　　　　　　　　(　　)

三、选择题(选择一个或多个正确答案)

1. 能进行螺纹加工的数控车床,一定安装了(　　)。
   A. 测速发电机　　　B. 主轴脉冲编码器　　C. 温度控制器　　D. 旋转变压器
2. 为保证车削的螺纹牙顶有 0.125P 的宽度,螺纹车削前大径尺寸一般比公称直径(　　)。
   A. 略大　　　　　　B. 略小　　　　　　　C. 相等　　　　　　D. 以上答案都对

四、简答题

1. 常见车螺纹的进刀方式、进刀的分配方式是什么?
2. 为什么车螺纹要设置升、降速段?

知识点 2　螺纹加工指令的选择

一、等螺距螺纹切削指令 G32

等螺距螺纹切削指令(G32)主要用于加工直螺纹、锥螺纹。

1. 指令格式

$$G32\ X(U)\_\_Z(W)\_\_F\_\_;$$

式中,

X,Z——螺纹终点的绝对坐标值;

U,W——螺纹终点相对于起点的增量坐标值;

F——长轴方向的导程。

2. 指令说明

① X,U 省略时为圆柱螺纹切削,Z,W 省略时为端面螺纹切削。

② 用 G32 指令可以切削直螺纹、锥螺纹和端面螺纹。

3. 指令应用

如图 1-8-6 所示,已知毛坯材料为 45 钢,毛坯为半成品,用 G32 指令编写螺纹的加工程序,该三角螺纹轴的加工程序见表 1-8-4。

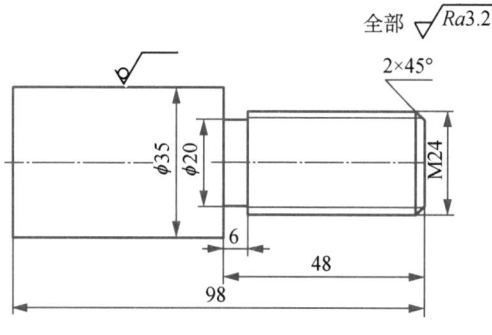

图 1-8-6　螺纹轴

表 1-8-4 三角螺纹轴的加工程序

加工程序	程序说明
O0002；	程序号
G99 G97 M03 T0101 S300 F0.2；	主轴正转启动,转速为 600 r/min,1 号刀及 1 号刀补
G00 X23.0 Z6.0；	刀具快速移动到定刀点
G32 X23.0 Z-45.0 F3.0；	9 次进给车削螺纹
G00 X25.0；	
Z6.0；	
X22.5；	
G32 Z-45.0 F3.0；	
G00 X25.0；	
Z6.0；	
X22.0；	
G32 Z-45.0 F3.0；	
G00 X25.0；	
Z6.0；	
X21.5；	
G32 Z-45.0 F3.0；	
G00 X25.0；	
Z6.0；	
X21.0；	
G32 Z-45.0 F3.0；	
G00 X25.0；	
Z6.0；	
X20.7；	
G32 Z-45.0 F3.0；	
G00 X25.0；	
Z6.0；	
X20.5；	
G32 Z-45.0 F3.0；	
G00 X25.0；	
Z6.0；	
X20.3	

加工程序	程序说明
G32 Z-45.0 F3.0;	
G00 X25.0;	
Z6.0;	
X20.1;	
G32 Z-45.0 F3.0;	
G00 X25.0;	
Z6.0;	
G00 X100.0 Z100.0 M09;	回换刀点
M30;	程序结束并返回

二、螺纹切削固定循环 G92

螺纹切削循环指令（G92）用于对圆锥或圆柱螺纹的切削循环。为了简化编程，图1-8-1所示的螺纹加工也可以采用螺纹切削固定循环指令编程。

1. 指令格式

$$G92\ X(U)\_\_Z(W)\_\_R\_\_F\_\_;$$

式中，

X，Z——螺纹终点的绝对坐标值；

U，W——螺纹终点相对于起点的增量坐标值；

R——考虑空刀导入与导出量时，切削螺纹起点和终点的半径差；

F——导程（单线螺纹的螺距等于导程）。

2. 指令说明

① 切削圆柱螺纹时，R为0，可省略；切削锥螺纹时，R为圆锥螺纹起点和终点的半径差，R的正负号取决于螺纹切削的始点和终点坐标。当始点坐标值小于终点坐标值时，R取负值；反之取正值。

② 直螺纹G92加工编程走刀路径，如图1-8-7所示。

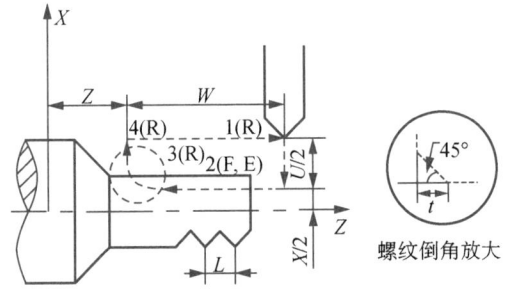

图1-8-7 G92加工编程走刀路径

螺纹倒角能在此螺纹切削中实现。从车床的信号启动倒角开始,倒角距离在 0.1L 至 12.7L 之间指定,指定单位为 0.1L,由参数号 5130 决定。

在单程序段工作方式下,1、2、3、4 的切削过程必须一次次地按下循环启动按钮。

3. 指令应用

如图 1-8-6 所示,已知毛坯材料为 45 钢,毛坯为半成品,用 G92 指令编写的螺纹加工程序见表 1-8-5。

表 1-8-5 三角螺纹轴的加工程序

加工程序	程序说明
O0002;	程序号
G99 G97 M03 T0101 S600 F0.2;	主轴正转启动,转速为 600 r/min,1 号刀及 1 号刀补
G00 X25.0 Z6.0;	刀具快速移动到定刀点
G92 X23.0 Z-45.0 F3.0;	9 次进给车削螺纹
X22.5;	
X22.0;	
X21.5;	
X21.0;	
X20.7;	
X20.5;	
X20.3;	
X20.1;	
G00 X100.0 Z100.0 M09;	回换刀点
M30;	程序结束并返回

在 G32 和 G92 的加工程序实例中可以看出,G92 的程序段少,编程方便,不易出错。

三、螺纹切削复合循环指令 G76

梯形螺纹的装夹、刀具选择、切削用量的选择基本同三角螺纹。但由于梯形螺纹的截面尺寸较大,进刀方式采用直进法切削很容易出现扎刀现象,应使用斜进法和分层切削法。在螺纹加工指令中使用斜进法和分层切削法进刀,是避免扎刀现象的有效手段。螺纹切削复合循环指令(G76)可以很好地实现这一功能。图 1-8-8 所示为该指令的循环和进刀方式示意图。

螺纹切削复合循环(G76)主要用于加工梯形、大螺距三角等螺纹。

1. 指令格式

G76　P(m)(r)(α)Q($\Delta d_{\min}$)＿R(d)＿;
G76　X(u)＿Z(w)＿R(i)＿P(k)＿Q(Δd)＿F(p)(l)＿;

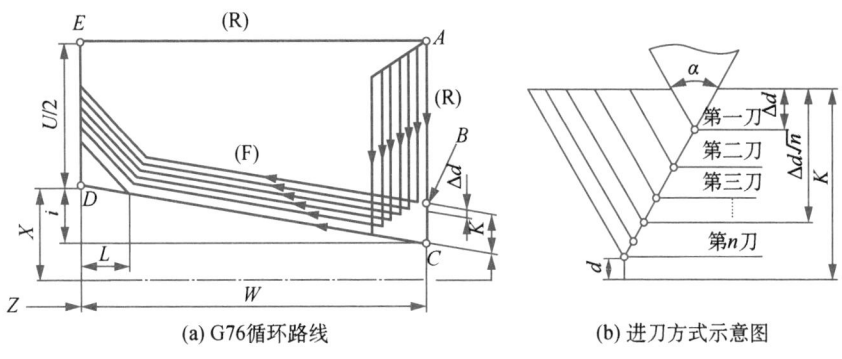

(a) G76循环路线　　　　(b) 进刀方式示意图

图 1-8-8　G76 指令的循环和进刀方式

2. 指令说明

m：精加工重复次数，可以是 1～99。

R：倒角量（斜向退刀）。即螺纹切削退尾处的 Z 轴方向退刀距离。当螺距由 P 表示时，可以从 $0.01P$ 到 $9.9P$ 设定，单位为 $0.01P$（两位数 00～99）。

α：螺纹刀尖角度（螺纹牙形角）。可以选择 80°、60°、55°、30°、29°和 0°六种中的一种，由 2 位数规定。

举例，当 $m=2$，$r=1.2P$，$\alpha=60°$时，指令如下（P 是导程）：

G76 P02 12 60

d_{min}——最小加削深度（半径值指定），单位为 μm。

d——精加工余量，半径值，单位为 mm。

i——螺纹切削起点与终点的半径差，如果 $i=0$，可作一般直线螺纹切削。

k——螺纹的牙深，X 轴方向用半径值指定，单位为 μm。

Δd——第一刀的切削深度，半径值，单位为 μm。

p——螺纹导程。

l——每英寸的牙数（用于加工英制螺纹）。

3. 注意事项

① 斜进法进刀方式适用于具有中小型螺距的三角或梯形螺纹的加工，不适合加工截面尺寸过大的螺纹。

② 加工时要选择与螺纹截面形状相同、角度一致的螺纹刀具。

③ 由于该指令较为复杂，不易记忆，应用时需参阅编程说明书。因此，简单螺纹的加工可采用其他螺纹循环指令。

4. 指令应用

如图 1-8-9 所示，已知毛坯材料为 45 钢，毛坯尺寸为 $\phi 45$ mm×85 mm 的棒料。用 G76 指令加工梯形螺纹的程序，见表 1-8-6。其中：精加工次数为 2，斜向退刀量取 10 mm，实际退刀量为一个导程，刀尖角 30°最小切深取 0.02 mm，即 20 μm，精加工余量 0.1 mm，螺纹半径差为 0，牙型高度计算为 3.5 mm，即 3 500 μm，第一次的切深为 0.7 mm，即 700 μm，导程（即螺距）为 6 mm，螺纹小径为 35.0 mm，螺纹终点坐标为（35.0，−50.0）。

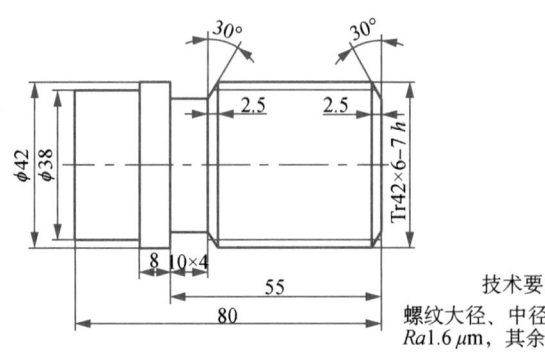

图 1-8-9 梯形螺纹轴

表 1-8-6 梯形螺纹轴的加工程序

加工程序	程序说明
O0002；	程序号
G99 G97 M03 T0101 S600 F0.2；	主轴正转启动，转速为 600 r/min，1 号刀及 1 号刀补
G00 X47.0 Z2.0；	刀具快速移动到定刀点
G94 X-1.0 Z0.0 F0.15；	用 G94 车端面
G00 X42.0 Z2.0；	
G01 Z-55.0；	精车外圆
G00 X45.0；	
X100.0 Z100.0；	回换刀点，换刀
M03 T0202 S300；	
G00 X45.0 Z-45.2；	车槽
G75 R2.0；	
G75 X36.2 Z-50.5 P4000 Q3800 F0.15；	
G01 X45.0 Z-45.0 F0.2；	
X36.0 F0.1；	
Z-51.0；	
X45.0；	
G00 X100.0 Z100.0；	回换刀点，换螺纹刀
M03 T0303 S100；	
G00 X60.0 Z12.0 M08；	车螺纹
G76 P021030 Q20 R0.1；	
G76 X35.0 Z-50.0 P3500 Q700 F6.0；	
G00 X100.0 Z100.0 M09；	回换刀点
M30；	程序结束并返回

四、螺纹加工误差分析

螺纹加工误差分析,见表 1-8-7。

表 1-8-7 螺纹加工误差分析

问题现象	产生原因	预防和消除
切削过程出现振动	① 工件装夹不正确; ② 刀具安装不正确; ③ 切削参数不正确	① 检查工件安装,增加安装刚性; ② 调整刀具安装位置; ③ 提高或降低切削速度
螺纹牙顶呈刀口状	① 刀具角度选择错误; ② 螺纹外径尺寸过大; ③ 螺纹切削过深	① 选择正确的刀具; ② 检查并选择合适的工件外径尺寸; ③ 减小螺纹切削深度
螺纹牙型过平	① 刀具中心错误; ② 螺纹切削深度不够; ③ 刀具牙型角度过小; ④ 螺纹外径尺寸过小	① 选择合适的刀具并调整刀具中心的高度; ② 计算并增加切削深度; ③ 适当增大刀具牙型角; ④ 检查并选择合适的工件外径尺寸
螺纹牙型底部圆弧过大	① 刀具选择错误; ② 刀具磨损严重	① 选择正确的刀具; ② 重新刃磨或更换刀片
螺纹牙型底部过宽	① 刀具选择错误; ② 刀具磨损严重; ③ 螺纹有乱牙现象	① 选择正确的刀具; ② 重新刃磨或更换刀片; ③ 检查加工程序中有无导致乱牙的原因; 检查主轴脉冲编码器是否松动、损坏; 检查 Z 轴丝杠是否有窜动现象
螺纹牙型半角不正确	刀具安装角度不正确	调整刀具安装角度
螺纹表面质量差	① 切削速度过低; ② 刀具中心过高; ③ 切削控制较差; ④ 刀尖产生积屑瘤; ⑤ 切削液选用不合理	① 调高主轴转速; ② 调整刀具中心高度; ③ 选择合理的进刀方式及切深; ④ 选择合适的切削液并充分喷注
螺距误差	① 伺服系统滞后效应; ② 加工程序不正确	① 增加螺纹切削升、降速段的长度; ② 检查、修改加工程序

考证习题

一、填空题

1. 当主轴速度选择过高,通过编码器发出的定位脉冲将可能因"过冲"而导致工件螺纹产生_____现象。

2. "G32 X(U)__Z(W)__F__;"中,F 表示:_____。

二、判断题

1. 螺纹切削指令中的地址字 F 是指螺纹的螺距。   (   )

2. 刃磨车削右旋丝杠的螺纹车刀时,左侧工作后角应大于右侧工作后角。   (   )

3. 用 G32 指令可以切削直螺纹、锥螺纹和端面螺纹。（　　）

三、选择题(选择一个或多个正确答案)

1. 螺纹切削循环可用(　　)指令。
A. G90　　　　　B. G91　　　　　C. G92　　　　　D. G94

2. 螺纹牙顶呈刀口状的原因是(　　)。
A. 刀具角度选择错误　　　　　B. 螺纹外径尺寸过大
C. 螺纹切削过深　　　　　　　D. 以上都是

3. 下列哪个螺纹切削固定循环指令除应用于普通圆柱螺纹、锥螺纹的加工之外，如果采用轴向分头的方式，还可用于多线螺纹的加工。(　　)
A. G90　　　　　B. G92　　　　　C. G32　　　　　D. G33

4. "G76 P$(m)(r)(\alpha)$Q$(\Delta d_{\min})$__R(d)__；G76 X(u)__Z(w)__R(i)__P(k)__Q(Δd)__F$(p)(l)$__"指令中，Δd 指(　　)。
A. 螺纹的半径差　　　　　　　B. 螺纹的牙深
C. 第一刀的切削深度　　　　　D. 螺纹导程

四、简答题

1. 说明 G32 指令的含义与功能。
2. 说明螺纹切削复合循环指令(G92)的格式。
3. 在数控车床加工螺纹时，螺距会出现误差吗？原因有哪些？

学习活动 2　程序设计，历练技能

请你按照编程原则，完成螺纹轴的程序设计。记录下你在编写过程中遇到的主要问题及解决方法。

一、工艺制订

1. 零件的装夹

确定坯料轴线和左端大端面(设计基准)为定位基准。
左端采用三爪自定心卡盘定心夹紧ϕ35 mm×5 mm，右端采用活动顶尖支承的装夹方式。

2. 零件图工艺分析

该零件表面由圆柱、圆锥、逆圆弧、退刀槽及螺纹等组成，其中两个直径尺寸有较高的尺寸精度和表面粗糙度要求。尺寸标注完整，轮廓描述清楚。零件材料为 45 钢，无热处理和硬度要求。通过上述分析，可采用以下三点工艺措施：

① 对图样上给定的两个精度要求较高的尺寸，因其公差数值较小，故编程时不必取平均值，而全部取其基本尺寸即可。

② 在加工圆弧和锥时，为保证轮廓曲线的准确性，可以在加工时进行刀尖圆弧半径补偿。

③ 为便于装夹，坯件左端应预先车出夹持部分(ϕ35 mm×5 mm)，右端面也应先粗

螺纹轴的程序设计

车出并钻好中心孔。毛坯选 $\phi 40$ mm×85 mm 棒料。

3. 选择刀具

① 选用中心钻钻削中心孔。

② 粗车端面选用 90°硬质合金右偏刀,为防止副后刀面与工件轮廓干涉(可用作图法检验),副偏角不宜太小,选 $k'_\gamma = 35°$ 或选菱形刀片。

③ 精车选用 90°硬质合金右偏刀,车螺纹选用硬质合金 60°外螺纹车刀,刀尖圆弧半径应小于轮廓最小圆角半径,取 $r_\varepsilon = 0.15 \sim 0.2$ mm。

将所选定的刀具参数填入数控加工刀具卡片(表 1-8-8),以便编程和操作管理。

表 1-8-8 数控加工刀具卡片

产品名称或代号:			零件名称:螺纹轴		零件图号:	
序号	刀具号	刀具规格及名称	材质	数量	加工表面	备注
编制:			审核:			

4. 确定加工工艺

以工件的轴线和工件的右端面的交点为工件原点,工件的加工方法很多,实际中可根据毛坯合理选择,参考工艺路线安排如下:

① 粗加工各外圆;

② 精加工各外圆。

也可以先粗、精加工好一外圆,再加工另一外圆。

编制加工工艺卡片,填入表 1-8-9。

表 1-8-9 数控加工工艺卡片

零件名称	螺纹轴	零件图号		工件材质	铝合金	
工序号	程序编号	夹具名称		数控系统	车间	
1	O0001	三爪自定心卡盘		广数		
工步号	工步内容	刀具号	主轴转速/ $(r \cdot min^{-1})$	进给量/ $(mm \cdot r^{-1})$	背吃刀量/ mm	备注
编制		审核		批准		

二、编写加工程序

根据工艺分析,编写该零件的加工程序,填入表 1-8-10。

表 1-8-10　螺纹轴的加工程序

加工程序	程序说明

学习活动 3　小组竞赛,强化技能

加工如图 1-8-10 所示零件,毛坯尺寸为 ϕ32 mm×65 mm,零件材料为 45 钢,试制订合理的加工工艺,编写加工程序,填入表 1-8-11。

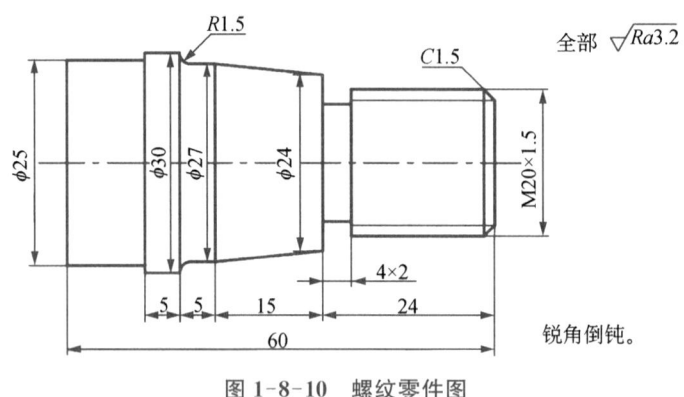

图 1-8-10　螺纹零件图

表 1-8-11　螺纹轴的加工程序

加工程序	程序说明

(续表)

加工程序	程序说明

加工如图 1-8-11 所示零件,毛坯尺寸为 φ45 mm×72 mm,零件材料为 45 钢,试设计合理的加工工艺,编写加工程序并填入表 1-8-12,完成球头螺纹轴的仿真加工。(拓展题,小组完成)

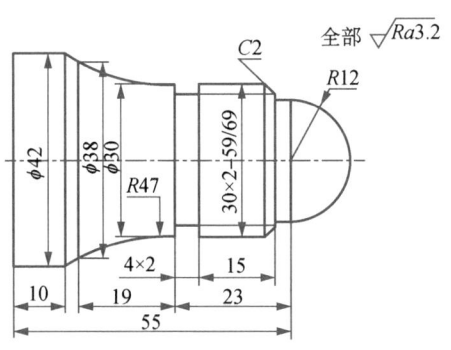

图 1-8-11 球头螺纹轴零件图

表 1-8-12 球头螺纹轴的加工程序

加工程序	程序说明

学习活动 4　仿真训练，检验程序

请根据螺纹轴的仿真加工指导书，小组共同完成图 1-8-11 球头螺纹轴的仿真加工，提交仿真视频。根据仿真情况，填写表 1-8-13 中的检测结果。

表 1-8-13　球头螺纹轴的仿真加工评分标准

序号	项目	检测内容		配分		检测结果		得分
		IT	Ra	IT	Ra	IT	Ra	
1	外圆	$\phi 42$	—	5	—		—	
2		$\phi 38$	—	1	—		—	
3		$\phi 30$	—	1	—		—	
4		$\phi 24$	—	1	—		—	
5	螺纹	$\phi 30$		1				
6		M30×2	—	3	—		—	
7	球圆弧	$SR12\pm 0.03$	—	3	—		—	
8		R47	—	3	—		—	
9	长度	18.974、55		2				
10		23、15、10		3				
11	槽	5×2	—	1	—		—	
13	倒角	C2		1				
14	程序	检查程序正误		75				
15	考场纪律	① 小组讨论完成； ② 文明生产，避免产生撞刀、崩刀、换件等				若有违反考场纪律的考生酌情扣 3~10 分		
16	评分细则	① 外径尺寸每超差不得分，长度尺寸每超差不得分； ② 倒角不合格酌情扣 1~2 分； ③ 程序没完成或指令格式有错误导致程序无法运行扣 20~30 分； ④ 程序能运行但存在指令格式错误或编写不规范酌情扣 2~10 分						

学习活动 5　小组汇报，检查评估

请你根据螺纹轴的加工程序设计过程中的任务完成情况、表现，给出合理的自评、互评成绩；教师根据每个小组的汇报及小组自评和互评成绩，进行点评，见表 1-8-14。

项目一　数控车床典型零件编程与加工

表 1-8-14　综合评价

项目评分			评分细则	配分	得分		
					自评	小组互评	教师评价
职业素养（30分）	纪律情况（10分）	不迟到,不早退	违反1次不得分	4			
		积极参与活动	根据上课统计情况得1~2分	4			
		笔记本、笔、教材	1种不带扣1分	2			
	职业道德（10分）	与他人合作	不符合要求不得分	5			
		工匠精神、爱国情怀	对工作精益求精且效果明显得3~5分	5			
	职业能力（10分）	工艺制订能力	符合工艺要求	3			
		程序设计能力	正确运用加工指令	4			
		创新能力*（加分项）	工艺优化、加工程序创新,难度大的零件的攻关等,视情况得1~3分	3			
工作任务（70分）	小组分配	组织分配	人员安排合理,分工明确得3分；1项组织不当扣1分	3			
	自主学习	自学能力、解决问题的能力	问题组织能力3分；抽查成绩4分	7			
	程序设计	刀具卡片、工艺卡片、程序卡片	刀具卡片3分；工艺卡片5分；程序卡片6分	14			
	小组竞赛	个人赛、小组赛	个人赛6分,计入本人成绩；小组赛10分,计入小组成员成绩	16			
	仿真训练	操作规范、零件加工	操作规范,撞刀、换件扣2~5分；零件仿真加工实际得分占总分10%	10			
	小组汇报	团队合作、语言表达、竞争意识	汇报6分；自评、互评符合真实情况各2分	10			
	企业案例	收集企业案例情况	案例程序设计7分；每收集1例得0.5分,最高得3分	10			
资源平台活动情况	测验	按时提交、成绩	按照资源平台每个模块的赋分权重得分,最后期末成绩占20%	—	—	—	—
	讨论、提问	回答准确率					
	作业、考试	完成程度、成绩					
	课件阅读	完成程度					
总分							
总分[加权平均分（自评20%,小组评价30%,教师评价50%）]							
组长签字			教师签字				

请你根据小组互评成绩,认真检查自己,查找不足,写出自己的补救方法及下一步的学习计划,完成项目总结报告。

教师指导意见:

学习活动6 企业案例,拓展应用

企业产品为螺纹轴,如图1-8-12所示,毛坯尺寸为φ32 mm×135 mm,零件材料为45钢,设计零件的加工程序。请你去企业收集相关螺纹类零件的案例,了解螺纹零件的结构、作用及生产流程,进行程序设计练习,上传到资源平台。

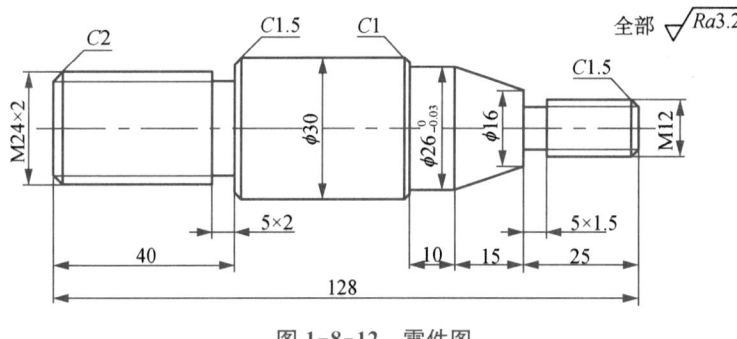

图1-8-12 零件图

任务九
曲面类零件的编程与加工

任务描述

如图 1-9-1 所示为椭圆轴零件图,毛坯为 $\phi 48\,mm \times 105\,mm$ 的圆钢,材料为 45 钢,生产类型为单件、小批生产,无热处理工艺要求。椭圆轴结构复杂,主要包括内外圆柱面、圆锥面、椭圆面、圆弧、内外槽、内螺纹等组成部分,本任务以该零件为例,正确设定工件坐标系,制订加工工艺方案,选择合理的刀具和切削工艺参数,正确编写数控加工程序并完成零件的仿真加工。

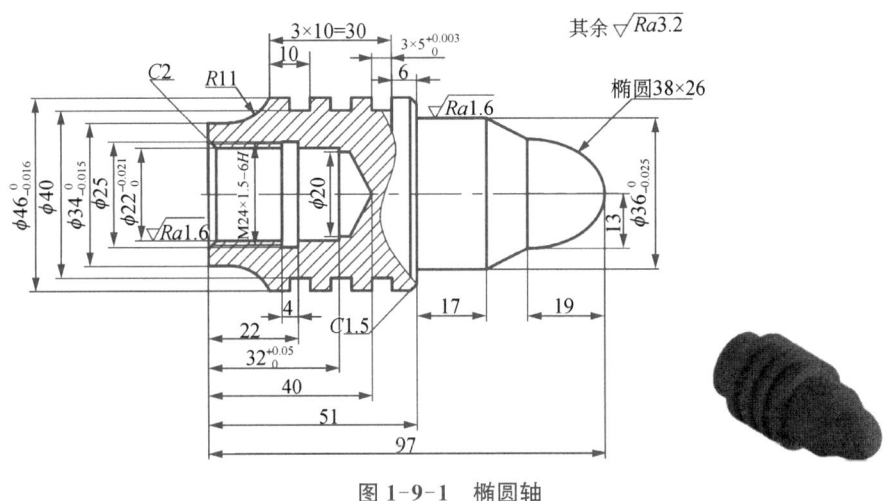

图 1-9-1 椭圆轴

教学目标

一、素质目标
① 培养学生团结协作、沟通合作的能力;
② 培养学生精益求精、创新创造的工匠精神。

二、知识目标
① 掌握宏程序的概念;
② 了解用户宏的最大特点;
③ 掌握 G65,Hm 宏功能指令格式及用法。

三、能力目标
① 能利用宏程序进行程序编写;

② 会根据椭圆合理选择刀具与切削用量。

学习要求

通过该任务的6个环节,明确"曲面类零件的编程与加工"任务中的加工程序设计的内容与步骤,掌握宏程序加工指令、曲面的程序设计。具体工作步骤及要求见表1-9-1。

表1-9-1 具体工作步骤及要求

序号	工作步骤	要求	学时安排	备注
1	明确任务 自主学习	能快速明确任务要求并清晰地表达,在教师要求的时间内完成任务;能够在自主学习过程中发现问题,解决问题,完成知识点的测试,掌握宏程序加工指令、曲面的程序设计	0.5学时	
2	程序设计 历练技能	边学边练,掌握宏程序加工指令、曲面的程序设计	1.5学时	
3	小组竞赛 强化技能	按照竞赛要求,在规定的时间内,完成曲面类零件程序设计	0.5学时	
4	仿真训练 程序检验	用仿真软件进行仿真加工,检验设计程序的正确性,修改完善加工程序	1学时	
5	小组汇报 检查评估	能够清晰地总结知识,思路清晰,语言描述流畅。完成任务自评与互评、学习报告	0.5学时	
6	企业案例 拓展应用	根据企业产品结构,设计加工程序	课外	教材案例

课前引导

如图1-9-1所示的零件是数控车高级工的典型零件,该零件表面由孔、外圆、锥面、椭圆以及内外槽等组成,尺寸标注完整,轮廓描述清楚,尺寸精度和表面粗糙度要求较高。本任务用宏程序编写椭圆部分的程序。

宏程序有A,B两种,由于A类宏程序编程比较繁琐,所以很少用;B类宏程序编程简洁,容易理解,主要掌握B类宏程序编程就可以了。

学习活动1 明确任务,自主学习

根据任务要求,通过观看微课、动画等方式,学习相关知识,完成资源平台中的课前测验。预习并总结在学习过程中遇到的问题以及解决办法,填入表1-9-2。

表 1-9-2 遇到的问题

序号	遇到的问题	是否解决 （已解决的问题说明解决办法）
1		
2		

教师检查学生自学情况，根据学生提交的问题及表现，在课堂上用如下问题抽查自学情况（也可在资源平台提问），然后进行集中讲授和个别指导。

1. 什么叫宏程序？用户宏的最大特点是什么？

2. "IF 语句""WHILE 语句"有什么不同？

3. 举例说明"GOTO 语句"的用法。

知识点 1 用户宏程序

加工非圆曲线时，如果用前面的指令进行编程，计算非常复杂。根据数控车床所用系统的不同，其编程方法也有所不同，GSK980T 和 FANUC 系统用的是宏程序编程，SINUMERIK 系统用的是 R 参数编程，FAGOR 系统用的是计算机高级语言编程。这里主要介绍常用的宏程序编程的方法。

一、宏程序的概念

将一组命令所构成的功能，像子程序一样事先存入存储器中，用一个命令作为代表，执行时只需写出这个代表命令，就可以执行其功能。这一组命令称为用户宏主（本）体（或用户宏程序），简称为用户宏（Custom Macro）指令，这个代表命令称为用户宏命令，也称为宏调用命令。

在编程时，编程员只要记住宏指令而不必记住宏程序。相同加工操作可编为通用程序，如型腔加工宏程序和固定加工循环宏程序。宏程序既可以由机床生产厂提供，也可以由机床用户自己编制。使用时，先将用户宏主体像子程序一样存入到内存里，然后用一条简单指令调出用户宏程序，和调用子程序完全一样。

二、用户宏的特点

1. 用户宏的特点

① 可以在用户宏主（本）体中使用变量。

② 可以进行变量之间的运算。
③ 用户宏命令可以对变量进行赋值。

使用用户宏时的方便之处在于可以用变量代替具体数值,因而在加工同一类的零件时,只需将实际的值赋予变量即可,而不需要对每一个零件都编一个程序。

2. 用户宏程序与普通程序的区别

在用户宏程序本体中,能使用变量,可以给变量赋值,变量间可以运算,程序可以跳转;而普通程序中,只能指定常量,常量之间不能运算,程序只能顺序执行,不能跳转,因此功能是固定的,不能变化。用户宏功能是用户提高数控机床性能的一种特殊功能,在相类似工件的加工中巧用宏程序将起到事半功倍的效果。

三、宏程序的种类

宏一般分为 A 类宏和 B 类宏。A 类宏是以 G65HxxP♯xxQ♯xxR♯xx 的格式输入的,而 B 类宏程序则是以直接的公式和语言输入的,和 C 语言很相似,在 FANUC 0i 系统中应用比较广。在一些老系统中,比如法兰克 OTD 系统中由于它的 MDI 键盘上没有公式符号,连最简单的等于号都没有,因此如果应用 B 类宏程序的话就只能在计算机上编好再通过 RSN-232 接口传输到数控系统中。如果没有 PC 机和 RSN-32 电缆,那么只有通过 A 类宏程序来进行宏程序编写了,在实际编程时,要根据机床功能选用程序。

考证习题

一、填空题

1. 在 FANUC 系统中,B 类宏程序是以直接的_____输入的,和 C 语言很相似,在 FANUC 0i 系统中应用比较广。

2. 将一组命令所构成的功能,像子程序一样事先存入存储器中,用一个命令作为代表,执行时只需写出这个代表命令,就可以执行其功能。这一组命令称为用户宏主(本)体(或用户宏程序),简称为_____。

二、判断题

1. 公共变量是在主程序以及调用的子程序中通用的变量。　　　　　　　(　　)
2. 宏程序的特点是可以使用变量,变量之间不能进行运算。　　　　　　(　　)

三、简答题

1. 用户宏的最大特点有哪些?
2. 用户宏程序与普通程序有什么区别?

知识点 2　宏程序的指令

一、宏程序的基本指令

1. 宏程序的编写格式

宏程序编写格式与正常程序相同,当被作为宏调用时与子程序相同,其格式为:
O～(0001～8999 为宏程序号);　　程序名

......;
......;   指令
M99;   宏程序结束

2. 宏指令 G65

宏指令 G65 可以实现丰富的宏功能,包括算术运算、逻辑运算等。宏指令的一般形式为:

$$G65\ Hm\ P\sharp i\ Q\sharp j\ R\sharp k;$$

式中,

m——宏程序功能,数值范围 01~99;

♯i——运算结果存放处的变量名;

♯j——被操作的第一个变量,也可以是一个常数;

♯k——被操作的第二个变量,也可以是一个常数。

例如,当程序功能为加法运算时:

P♯100Q♯101 R♯102   ♯100=♯101+♯102
P♯100Q-♯101 R♯102   ♯100=-♯101+♯102
P♯100Q♯101R15   ♯100=♯101+15

3. Hm 宏功能指令

Hm 宏功能指令的定义及格式见表 1-9-3。

表 1-9-3 Hm 宏功能指令

H 码	功能	定义	格式
H01	定义置换	$\sharp i = \sharp j$	G65 H01 P♯iQ♯j;
H02	加算	$\sharp i = \sharp j + \sharp k$	G65 H02 P♯iQ♯j♯k;
H03	减算	$\sharp i = \sharp j - \sharp k$	G65 H03 P♯iQ♯j♯k;
H04	乘算	$\sharp i = \sharp j \times \sharp k$	G65 H04 P♯iQ♯j♯k;
H05	除算	$\sharp i = \sharp j \div \sharp k$	G65 H05 P♯iQ♯j♯k;
H11	逻辑"或"	$\sharp i = \sharp j .OR. \sharp k$	G65 H11 P♯iQ♯j♯k;
H12	逻辑"与"	$\sharp i = \sharp j .AND. \sharp k$	G65 H12 P♯iQ♯j♯k;
H13	异或	$\sharp i = \sharp j .XOB. \sharp k$	G65 H13 P♯iQ♯j;
H21	开平方	$\sharp i = \sqrt{\sharp j}$	G65 H21 P♯iQ♯j;
H22	绝对值	$\sharp i = \vert \sharp j \vert$	G65 H22 P♯iQ♯j;
H23	求余	$\sharp i = \sharp j - \mathrm{trunc}(\sharp i / \sharp j) \times \sharp k$ (trunc:小数部分舍去)	G65 H23 P♯iQ♯j♯k;

(续表)

H码	功能	定义	格式
H24	BCD—二进值	$\#i=\text{BIN}(\#j)$	G65 H24 P$\#i$Q$\#j$;
H25	二进值—BCD	$\#i=\text{BCD}(\#j)$	G65 H25 P$\#i$Q$\#j$;
H26	复合乘/除运算	$\#i=(\#j\times\#k)\div\#k$	G65 H26 P$\#i$Q$\#j$R$\#k$;
H27	复合平方根1	$\#i=\sqrt{\#j^2+\#k^2}$	G65 H27 P$\#i$Q$\#j$R$\#k$;
H28	复合平方根2	$\#i=\sqrt{\#j^2-\#k^2}$	G65 H28P$\#i$Q$\#j$R$\#k$;
H31	正弦	$\#i=\#j\text{SIN}\times(\#k)$	G65 H31 P$\#i$Q$\#j$R$\#k$;
H32	余弦	$\#i=\#j\text{COS}\times(\#k)$	G65 H32 P$\#i$Q$\#j$R$\#k$;
H33	正切	$\#i=\#j\text{TAN}\times(\#k)$	G65 H33 P$\#i$Q$\#j$R$\#k$;
H34	反正切	$\#i=\text{ATAN}\times(\#j/\#k)$	G65 H34 P$\#i$Q$\#j$R$\#k$; $0°\leqslant\#i\leqslant360°$
H80	无条件转移	GOTOn	G65 H80 Pn;(n 循序号)
H81	条件转移1	IF$\#i=\#k$ GOTOn	G65 H81 Pn Q$\#j$R$\#k$;(n 循序号)
H82	条件转移2	IF$\#i\neq\#k$ GOTOn	G65 H82 Pn Q$\#j$R$\#k$;(n 循序号)
H83	条件转移3	IF$\#i>\#k$ GOTOn	G65 H83 Pn Q$\#j$R$\#k$;(n 循序号)
H84	条件转移4	IF$\#i<\#k$ GOTOn	G65 H84 Pn Q$\#j$R$\#k$;(n 循序号)
H85	条件转移5	IF$\#i\geqslant\#k$ GOTOn	G65 H85Pn Q$\#j$R$\#k$;(n 循序号)
H86	条件转移6	IF$\#i\leqslant\#k$ GOTOn	G65 H86 Pn Q$\#j$R$\#k$;(n 循序号)
H99	P/S报警	报警号为 500+n	G65 H99 Pn 报警号为 500+n

注:① 角度单位为度,最小设定单位 0.001°。
② 若不赋值给各运算必需的 Q 或 R,则该值以"0"计算。
③ 在各运算结果中,小数部分全部舍去。因此在连续运算时,要先乘后除,以提高计算精度。
④ H99 中,当转移地址的顺序号指定为正值时,开始是顺序方向,然后是逆序方向检索;指定为负值时,则相反。
⑤ 也可以用变量指定顺序号。例如,G65 H81 P$\#100$ Q$\#101$R$\#102$;$\#100=\#102$ 时,转到$\#100$ 指定的顺序号的程序段。

二、变量的种类

按变量号码可将变量分为局部变量、公共变量和系统变量,其用途和性质都是不同的。

1. 局部变量

所谓局部变量就是在用户宏中局部使用的变量。换句话说,在某一时刻调用的用户宏中所使用的局部变量$\#i$ 和另一时刻调用的用户宏(不管与前一个用户宏相同还是不同)中所使用的$\#i$ 是不同的。因此,在多重调用时,当在用户宏 A 中调用用户宏 B 中的变量时,并不会将 A 中的变量破坏。

例如,用 G 代码(如 G65)调用宏时,局部变量级会随着调用多重度的增加而增加,即存在如图 1-9-2 所示的关系。

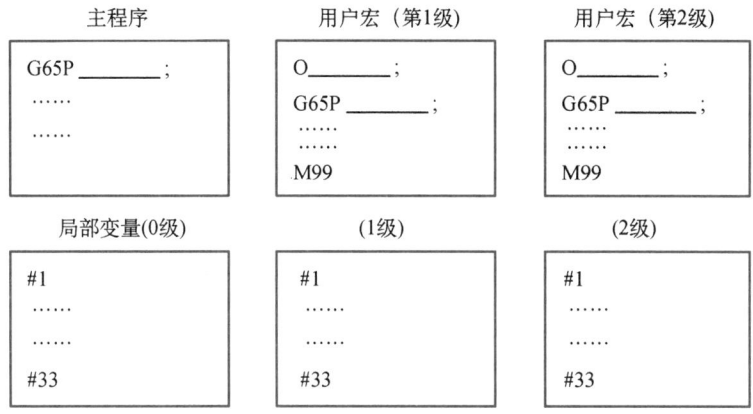

图 1-9-2　局部变量应用时的关系

上述关系说明了以下四点:

① 主程序中具有♯1～♯33 的局部变量(0 级)。

② 用 G65 调用用户宏(第 1 级)时,主程序的局部变量(0 级)被保存起来,重新为用户宏(第 1 级)准备了另一套局部变量♯1～♯33(1 级),可以再向它赋值。

③ 下一用户宏(第 2 级)被调用时,其上一级的局部变量(1 级)被保存,再准备出新的局部变量♯1～♯33(2 级),如此类推。

④ 当用 M99 指令从各用户宏回到前一程序时,所保存的局部变量(0、1、2 级)以被保存的状态出现。

对于没有赋值的局部变量,其初期状态为"空",用户可以自由使用。

2. 公共变量

公共变量是在主程序以及调用的子程序中通用的变量。在前面编写的程序中,用到了保持型变量♯500～♯531 与操作型变量♯1～♯149,其中操作型变量断电后就被清零,保持型变量断电后仍被保存,它们都是公共变量。因此,在某个用户宏中运算得到的公共变量的结果,也可以用到别的用户宏中。

3. 系统变量

系统变量是根据用途不同而被固定的变量。主要变量的功能,见表 1-9-4。

表 1-9-4　变量的功能

变量类型	变量号	功能
空变量	♯0	该变量总是空,没有值能赋给该变量
局部变量	♯1～♯33	局部变量只能用在宏程序中存储数据,例如运算结果。当断电时,局部变量被初始化为空,调用宏程序时,自变量对局部变量赋值

(续表)

变量类型	变量号	功能
公共变量	♯100～♯199 ♯500～♯999	公共变量在不同的宏程序中的意义相同,当断电时变量♯100～♯199,初始化为空,变量♯500～♯999 的数据已保存,即使断电也不丢失
系统变量	♯1000～	系统变量用于读和写 CNC 运行时的各种数据,例如刀具的当前位置和补偿值

4. 变量的引用

① 为在程序中使用变量值,指定后跟变量号的地址,当用表达式指定变量时,要把表达式放在括号中。

例如:G01X[♯1＋♯2]F♯3

② 被引用变量的值根据地址的最小设定单位自动地舍入。

例如当 G00X♯1 以 1/1 000 mm 的单位执行时,CNC 把 12.345 6 赋值给变量♯1,实际指令值为 G00X12.346。

③ 改变引用的变量值的符号,要把负号"－"放在♯的前面。

例如:G00X-♯1

④ 当引用未定义的变量时,变量及地址值都被忽略。

例如当变量♯1 的值是 0,并且变量♯2 的值是空时 G00X♯1 Y♯2 的执行结果为 G00X0。

⑤ 当变量值未定义时,这样的变量成为空变量,变量♯0 总是空变量,它不能写只能读。

⑥ 程序号、顺序号和任选程序段跳转号不能使用变量。

例如,在以下方式中不可使用变量:

O♯1

/♯2G00X100.0

N♯3Z200.0

5. 变量的赋值

表 1-9-5 中列出的运算可以在变量中执行,运算符右边的表达式可包含常量和(或)由函数或运算符组成的变量,表达式中的变量♯j 和♯k 可以用常数赋值,左边的变量也可以用表达式赋值。

表 1-9-5 算术和逻辑运算

功能	格式	备注
定义	♯i＝♯j;	
加法	♯i＝♯j＋♯k;	
减法	♯i＝♯j－♯k;	
乘法	♯i＝♯j＊♯k;	
除法	♯i＝♯j♯k;	

(续表)

功能	格式	备注
正弦	#i=SIN[#j];	角度以度指定,90°30′表示为 90.5 度
反正弦	#i=ASIN[#j];	
余弦	#i=COS[#j];	
反余弦	#i=ACOS[#j];	
正切	#i=TAN[#j];	
反正切	#i=ATAN[#j];/[#k];	
平方根	#i=SQRT[#j];	
绝对值	#i=ABS[#j];	
舍入	#i=ROUN[#j];	
上取整	#i=FIX[#j];	
下取整	#i=FUP[#j];	
自然对数	#i=LN[#j];	
指数函数	#i=EXP[#j];	
或	#i=#jOR#k;	逻辑运算一位一位地按二进制数执行
异或	#i=#jXOR#k;	
与	#i=#jAND#k;	
从 BCD 转为 BIN	#i=BIN[#j];	用于与 PMC 的信号交换
从 BIN 转为 BCD	#i=BCD[#j];	

注:① 函数 SIN、COS、ASIN、ACOS、TAN 和 ATAN 的角度单位是度,如 90°30′,表示为 90.5 度。
② ROUND 舍入函数:当算术运算或逻辑运算指令 IF 或 WHILE 中包含 ROUND 函数时,则 ROUND 函数在第 1 个小数位置四舍五入。当在 NC 语句地址中使用 ROUND 函数时,ROUND 函数根据地址的最小设定单位将指定值四舍五入。
③ 程序中指令函数的函数名的前两个字符可以用于指定该函数。例如,ROUND—RO,FIX—FI 等。
④ 可以混合运算,其优先级分别是函数→乘和除运算(* AND/)→加和减运算(+、-、OR、XOR),括号用于改变运算次序,括号可以使用 5 级,包括函数内部使用的括号。当超过 5 级时,出现 P/S 报警 No.118。

三、控制指令

在程序中,使用 GOTO 语句和 IF 语句可以改变控制的流向,有三种转移和循环操作可供使用,分别是 GOTO 语句(无条件转移)、IF 语句(条件转移 IF THEN)和 WHILE 语句(当……时循环)。

1. 无条件转移(GOTO 语句)

(1) 指令格式

GOTO n;

式中,

n——顺序号(1～99 999)。

(2) 指令说明

无条件地跳转到顺序号为 n 的程序段中。顺序号必须位于程序段的最前面。顺序号 n 也可用变量或[＜表达式＞]来代替。

例:GOTO 1

GOTO♯10

2. 条件转移(IF 语句)[＜条件表达式＞]

(1) 指令格式

IF[＜条件表达式＞] GOTO n；

如果指定的条件表达式满足时,转移到标有顺序号 n 的程序段；如果指定的条件表达式不满足,执行下个程序段。

IF[＜条件表达式＞] THEN；

如果条件表达式满足,执行预先决定的宏程序语句,只执行一个宏程序语句。

例:IF♯1EQ♯2 THEN♯3＝0

如果♯1 和♯2 的值相同,0 赋给♯3。

条件表达式必须包括算符,算符插在两个变量中间或变量和常数中间并且用括号[ ]封闭,表达式可以替代变量。

运算符由 2 个字母组成,用于两个值的比较,以决定它们是相等还是一个值小于或大于另一个值。注意不能使用不等符号。

(2) ＜条件表达式＞形式

♯i EQ ♯k	♯i 等于♯k	(♯i＝♯k)
♯i NE ♯k	♯i 不等于♯k	(♯i≠♯k)
♯i GT ♯k	♯i 大于♯k	(♯i＞♯k)
♯i GE ♯k	♯i 大于或等于♯k	(♯i≥♯k)
♯i LT ♯k	♯i 小于♯k	(♯i＜♯k)
♯i LE ♯k	♯i 小于等于♯k	(♯i≤♯k)

例:利用下面的程序计算数值 1～10 的总和。

%O9500

♯1＝0　　　　　　　　　　　存储和数变量的初值

♯2＝1.0　　　　　　　　　　被加数变量的初值

N1 IF ♯2 GT 10 GOTO2　　　当被加数大于 10 时转移到 N2

♯1＝♯1＋♯2　　　　　　　　计算和数

♯2＝♯2＋♯1　　　　　　　　下一个被加数

GOTO1　　　　　　　　　　 转到 N1

N2 M30　　　　　　　　　　程序结束

%

3. 循环（WHILE 语句）

（1）指令格式

WHILE［＜条件表达式＞］Dom（m＝1、2、3）；

……；

……；

End m（m 同 Do 后面的 m）；

（2）指令说明

当指定的条件满足时，执行 WHILE 从 DO 到 END 之间的程序，否则转而执行 END 之后的程序段。这种指令格式适用于 IF 语句 DO 后的标号和 END 后的标号，是指定程序执行范围的标号，标号值（m）为 1、2、3。若用 1、2、3 以外的值会产生 P/S 报警。

4. IF 和 WHILE 的区别

IF 语句是先执行循环体，然后作出判断；WHILE 语句是先执行条件判断，然后再执行循环体。

它们的不同之处如图 1-9-3 所示。

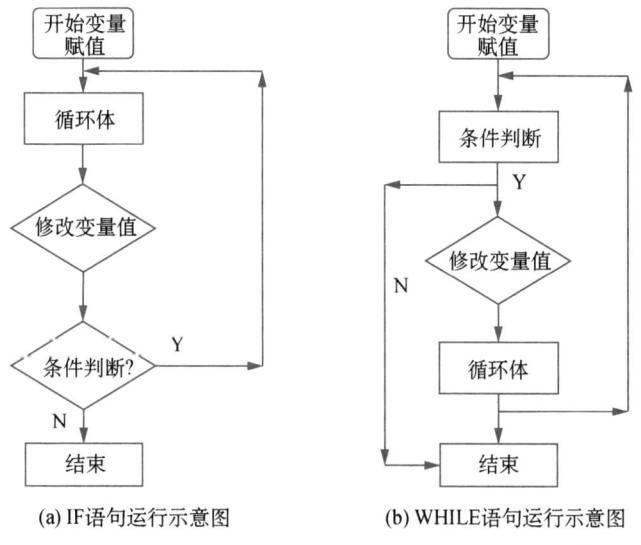

(a) IF 语句运行示意图　　(b) WHILE 语句运行示意图

图 1-9-3　IF 和 WHILE 语句运行示意图

四、非圆曲线零件加工误差分析

非圆曲线零件加工误差分析，见表 1-9-6。

表 1-9-6　非圆曲线零件加工误差分析

问题现象	产生原因	解决方法
尺寸超差	① 刀具数据不准确； ② 尺寸计算错误； ③ 程序错误	① 调整或重新设定刀具数据； ② 正确进行尺寸计算； ③ 检查、修改加工程序

(续表)

问题现象	产生原因	解决方法
非圆曲线轮廓超差	① 宏程序编写时,等间距值取值过大; ② 宏程序编写错误; ③ 工件尺寸计算错误	① 适当减少等间距值; ② 检查、修改加工程序; ③ 正确进行尺寸计算
表面粗糙度差	① 宏程序编写时,等间距值取值过大; ② 切削速度过低; ③ 刀具中心过高; ④ 切屑控制较差; ⑤ 刀尖产生积屑瘤; ⑥ 切削液选用不合理	① 适当减少等间距值; ② 调高主轴转速; ③ 调整刀具中心高度; ④ 选择合理的切削用量; ⑤ 选择合适的切速范围; ⑥ 正确选择切削液并充分喷注
加工效率低	① 宏程序编写时,等间距值取值过小; ② 切削用量过小	① 适当增大等间距值; ② 适当增大切削用量

考证习题

一、填空题

1. 按变量号码可将变量分为＿＿＿＿、＿＿＿＿和系统变量,其用途和性质都是不同的。

2. 宏指令 G65 可以实现丰富的宏功能,包括＿＿＿＿＿、＿＿＿＿＿等。

3. 在程序中,使用 GOTO 语句和 IF 语句可以改变控制的＿＿＿＿,有三种转移和循环操作可供使用。

二、判断题

1. 公共变量是在主程序以及调用的子程序通用的变量。（   ）
2. 加工椭圆时,逼近法比四心法加工精度高。（   ）
3. 局部变量就是在用户宏中局部使用的变量。（   ）
4. 局部变量在数控车床断电后可保持不变。（   ）

三、选择题(选择一个或多个正确答案)

1. 下列属于在数控车床上加工椭圆方法的是(   )。
   A. 近似法　　　　B. 等间距法　　　　C. 四心法与逼近法　　D. 误差分析法
2. 在数控车床上,加工非圆曲线常用的指令是(   )。
   A. G73　　　　　B. G90　　　　　　C. G60　　　　　　　D. G65
3. 下列叙述正确的是(   )。
   A. 宏指令 G65 可以实现算术运算和逻辑运算
   B. 用户宏命令不可以对变量进行赋值
   C. 用户宏主体中不可以使用变量
   D. 使用用户宏命令,必须记忆用户宏主体
4. 在 GSK980T 系统中,可以独立使用并保存计算结果的变量为(   )。

A. 空变量   B. 系统变量   C. 公共变量   D. 局部变量

四、简答题

宏程序中有哪几种变量?

学习活动 2   程序设计,历练技能

请你按照编程原则,完成椭圆轴的程序设计。记录下你在编写过程中遇到的主要问题及解决方法。

一、工艺制订

1. 零件的安装

从图 1-9-1 中可以看出加工内容较为复杂,选用三爪自定心卡盘装夹,两端加工。

2. 选择刀具

该零件材料为 45 圆钢,选择刀具,填入表 1-9-7。

表 1-9-7   数控加工刀具卡片

产品名称或代号:			零件名称:椭圆轴		零件图号:	
序号	刀具号	刀具规格及名称	材质	数量	加工表面	备注
编制:			审核:			

3. 确定加工工艺

以工件的轴线和工件的左右端面的交点为工件原点,参考工艺路线安排如下:

① 粗加工右端外圆;

② 调头夹持 $\phi 37$ mm 外圆,粗、精加工左端各部尺寸;

③ 调头夹持 $\phi 46$ mm 外圆,精加工右端各部尺寸;

编制加工工艺卡片,填入表 1-9-8。

表 1-9-8   数控加工工艺卡片

零件名称	椭圆轴	零件图号		工件材质	45 钢
工序号	程序编号	夹具名称		数控系统	车间
1	O0001、O0002	三爪自定心卡盘		广数	
工步号	工步内容	刀具号	主轴转速/ (r·min^{-1})	进给量/ (mm·r^{-1})	背吃刀量/ mm	备注

(续表)

工步号	工步内容	刀具号	主轴转速/ (r·min^{-1})	进给量/ (mm·r^{-1})	背吃刀量/ mm	备注
编制		审核		批准		

二、编写加工程序

椭圆轴结构复杂,试着编写程序,填入表 1-9-9。

表 1-9-9 椭圆轴的加工程序

加工程序	程序说明

学习活动 3 小组竞赛,强化技能

加工如图 1-9-4 所示零件,毛坯尺寸为 ϕ30 mm×75 mm,零件材料为 45 钢,试设计合理的加工工艺,编写加工程序,填入表 1-9-10。

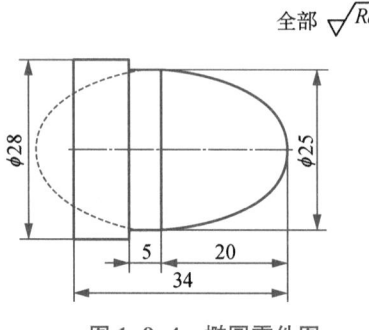

图 1-9-4 椭圆零件图

表 1-9-10 曲面类零件的加工程序

加工程序	程序说明

加工如图 1-9-5 所示零件,毛坯尺寸为 $\phi60$ mm×115 mm,零件材料为 45 钢,试设计合理的加工工艺,编写加工程序并填入表 1-9-11,完成正弦曲线轴的仿真加工。(拓展题,小组完成)

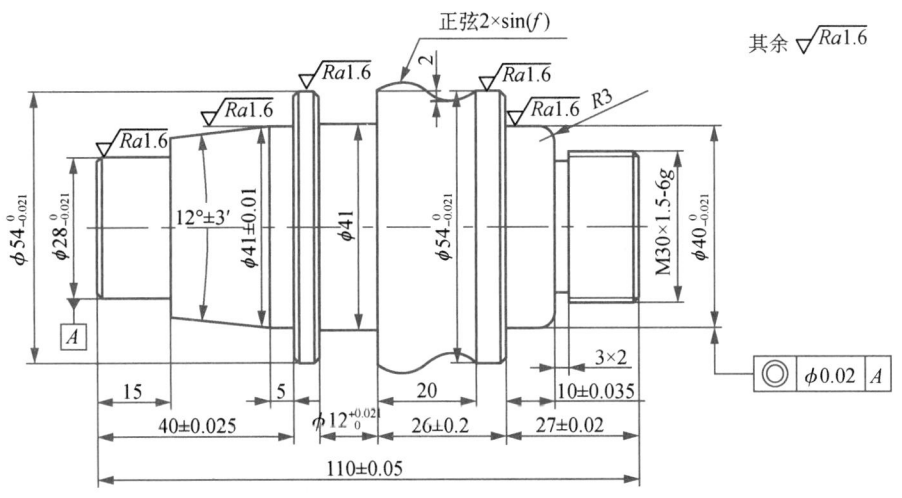

图 1-9-5 正弦曲线轴零件图

表 1-9-11 正弦曲线轴的加工程序

加工程序	程序说明

学习活动 4　仿真训练，检验程序

请根据编程竞赛中零件图 1-9-4 的加工程序，小组共同完成椭圆轴的仿真加工，提交仿真视频，根据仿真情况，填写表 1-9-12 中的检测结果。

表 1-9-12　椭圆轴的仿真加工评分标准

序号	项目	检测内容		配分		检测结果		得分
		IT	Ra	IT	Ra	IT	Ra	
1	外圆	φ28	—	12	—	—	—	
2		φ25	—	12	—	—	—	
5	长度	34	—	6	—	—	—	
6		20	—	3	—	—	—	
7		5	—	2	—	—	—	
11	椭圆	椭圆 20×12.5	—	40	—			
12	程序	检查程序正误		25				
13	考场纪律	① 小组讨论完成； ② 文明生产，避免产生撞刀、崩刀、换件等				若有违反考场纪律的考生酌情扣3～10分		
14	评分细则	① 外径尺寸每超差不得分，长度尺寸每超差不得分； ② 倒角不合格酌情扣1～2分； ③ 程序没完成或指令格式有错误导致程序无法运行扣 20～30 分； ④ 程序能运行但存在指令格式错误或编写不规范酌情扣2～10分						

学习活动 5　小组汇报，检查评估

请你根据椭圆轴的加工程序设计过程中的任务完成情况、表现，给出合理的自评、互评成绩；教师根据每个小组的汇报及小组自评和互评成绩，进行点评，见表 1-9-13。

表 1-9-13 综合评价

项目评分			评分细则	配分	得分		
					自评	小组互评	教师评价
职业素养(30分)	纪律情况(10分)	不迟到,不早退	违反1次不得分	4			
		积极参与活动	根据上课统计情况得1~2分	4			
		笔记本、笔、教材	1种不带扣1分	2			
	职业道德(10分)	与他人合作	不符合要求不得分	5			
		工匠精神、爱国情怀	对工作精益求精且效果明显得3~5分	5			
职业素养(30分)	职业能力(10分)	工艺制订能力	符合工艺要求	3			
		程序设计能力	正确运用加工指令	4			
		创新能力*(加分项)	工艺优化、加工程序创新,难度大的零件的攻关等,视情况得1~3分	3			
工作任务(70分)	小组分配	组织分配	人员安排合理,分工明确得3分;组织不适一项扣1分	3			
	自主学习	自学能力、解决问题的能力	问题组织能力3分;抽查成绩4分	7			
	程序设计	刀具卡片、工艺卡片、程序卡片	刀具卡片3分;工艺卡片5分;程序卡片6分	14			
	小组竞赛	个人赛、小组赛	个人赛6分,计入本人成绩;小组赛10分,计入小组成员成绩	16			
	仿真训练	操作规范、零件加工	操作规范,撞刀、换件扣2~5分;零件仿真加工实际得分占总分10%	10			
	小组汇报	团队合作、语言表达、竞争意识	汇报6分;自评、互评符合真实情况各2分	10			
	企业案例	收集企业案例情况	案例程序设计7分;每收集1例得0.5分,最高得3分	10			
资源平台活动情况	测验	按时提交、成绩	按照资源平台每个模块的赋分权重得分,最后期末成绩占20%	—	—	—	—
	讨论、提问	回答准确率					
	作业	完成程度、成绩					
	考试	成绩					
	课件阅读	完成程度					
总分							
总分[加权平均分(自评20%,小组评价30%,教师评价50%)]							
组长签字			教师签字				

请你根据小组互评成绩,认真检查自己,查找不足,写出自己的补救方法及下一步的学习计划,完成项目总结报告。

___

___

___

教师指导意见:___

___

___

___

学习活动 6　企业案例,拓展应用

曲面哑铃,如图 1-9-6 所示,毛坯尺寸为 φ55 mm×130 mm 和 φ55 mm×80 mm,零件材料为 45 钢,编写零件的加工程序。请你根据自己的需要设计哑铃结构,并进行程序设计练习,上传到资源平台。

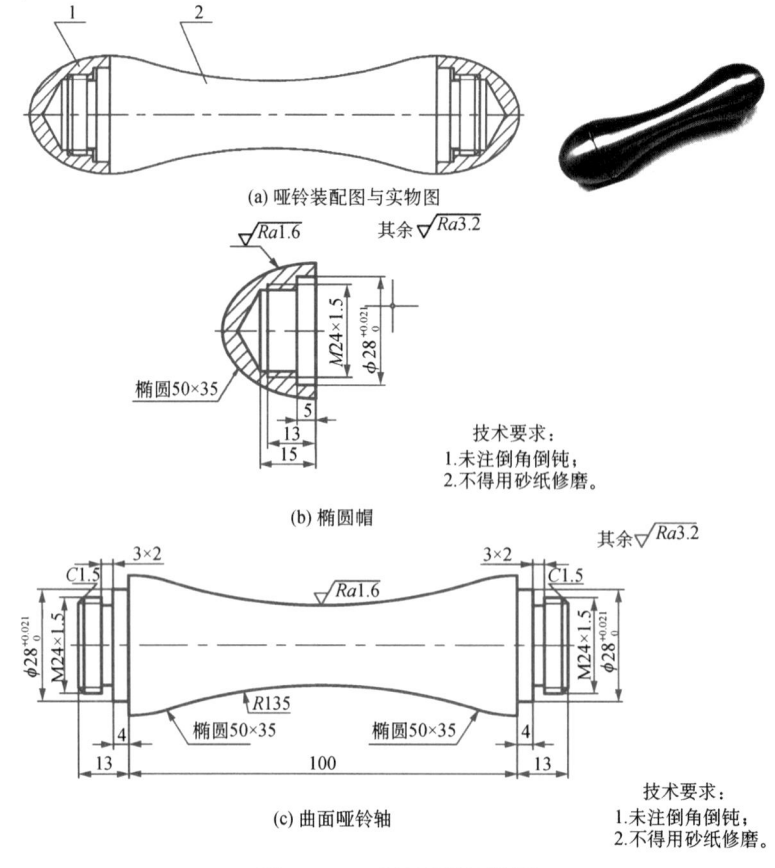

图 1-9-6　曲面哑铃零件图

项目二

数控铣床典型零件编程与加工

  项目概述

数控铣床是机床设备中应用非常广泛的加工机床,它可以进行平面铣削、平面型腔铣削、外形轮廓铣削和三维及三维以上复杂型面铣削,还可进行钻削、镗削、螺纹切削等孔加工。不同的数控铣床,有不同的数控系统,其编程原理基本上是相同的,但所用指令有不同之处。本项目主要以 FUNAC 0i 系统为例来学习数控铣削编程。

知识树

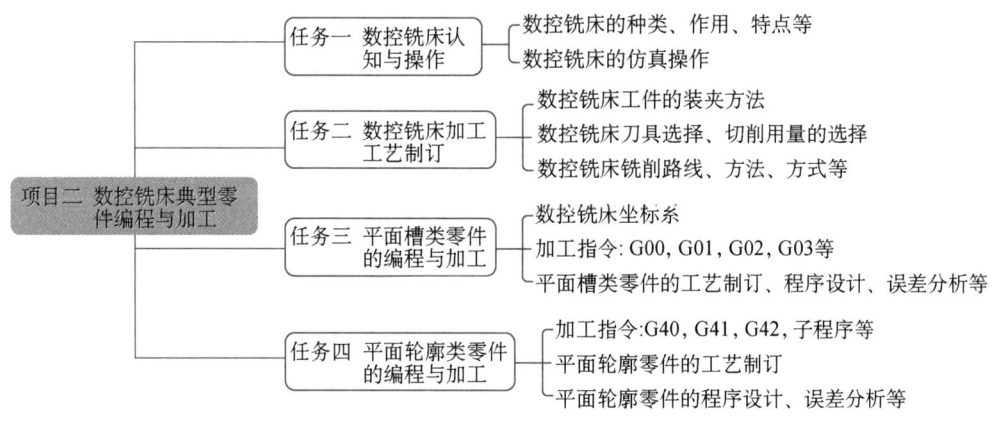

图 2-1 项目二知识树

任务分组

按照企业岗位进行班级中的学生分组,5 人一组。5 人轮流担任组长、工艺员、编程员、检查员、操作员角色,实施工作过程。每个人都有锻炼组织协调、任务管理、工艺制订、程序设计、任务检查、仿真操作的机会。通过小组协作,培养学生团队合作、互帮互助的精神和协同攻关的能力。

小组命名,每个小组根据自己的努力目标,选取工匠精神的元素作为组名,并形成组训,营造小组凝聚力和文化氛围,并确定任务分工,组长完成任务分组表(表2)的填写。

表 2　任务分组表

组名			组训	
团队成员	学号	角色指派	职责	
		组长（技术员）	安排任务计划、进度,组织课前自主学习,对疑难问题进行讨论,汇总解决不了的问题;课后收集企业案例,解决疑难问题。进行本任务知识总结,制作汇报PPT	
		工艺员	负责竞赛零件的工艺制订,进行小组讨论,优化加工工艺,解决工艺方面的问题	
		编程员	负责竞赛零件的加工程序设计,进行小组讨论,优化加工程序,解决加工程序方面的问题	
		检查员	对任务完成情况进行自评与互评,对小组成员提出不同意见	
		操作员	仿真操作(数控铣床仿真操作、程序编写、零件仿真加工)	

任务一
数控铣床认知与操作

任务描述

数控铣床是数控机床中用途十分广泛的机床之一。本任务主要认识数控铣床,学习数控铣床的种类、加工对象及相关的安全文明生产等方面的知识。熟悉 FANUC 0i 数控系统面板上各按键的功能和作用,并能熟练掌握其操作方法。

教学目标

一、素质目标
① 正确执行安全操作规程,树立安全意识;
② 培养学生爱岗敬业的精神。
二、知识目标
① 了解数控铣床的分类;
② 掌握数控铣床的主要功能及加工对象。
三、能力目标
① 能够分清哪些类型零件适合在数控铣床上加工;
② 明白数控铣床与加工中心的区别。

学习要求

明确"数控铣床认知与操作"任务中的操作步骤与安全操作规程要求,通过 5 个环节的活动训练,掌握数控铣床的基本操作。具体工作步骤及要求见表 2-1-1。

表 2-1-1 具体工作步骤及要求

序号	工作步骤	要求	学时安排	备注
1	明确任务自主学习	能快速明确任务要求并清晰地表达,在教师要求的时间内完成任务;能够在自主学习过程中发现问题,解决问题,完成知识点的测试,掌握数控铣床的组成、种类、特点	0.5 学时	

（续表）

序号	工作步骤	要求	学时安排	备注
2	仿真演练 历练技能	边学边练，掌握数控铣床的基本操作与加工程序编写	1.5学时	
3	小组竞赛 强化技能	按照竞赛要求，在规定的时间内，完成程序编写、对刀等操作过程	1学时	
4	小组汇报 检查评估	能够清晰地总结知识，思路清晰，语言描述流畅。完成任务自评与互评、学习报告	0.5学时	
5	企业案例 拓展应用	了解企业文化，数控机床的产生与发展方向	0.5学时	

课前引导

数控铣床具有丰富的加工功能和较宽的加工范围。根据工件的结构与技术要求不同，选择不同的数控铣床。本任务重点学习数控铣床的种类及加工对象。通过学习数控铣床操作面板及操作练习，学生熟练操作数控铣床。

学习活动1 明确任务，自主学习

根据任务要求，通过观看微课、动画等方式，学习相关知识，完成资源平台中的课前测验。预习并总结在学习过程中遇到的问题以及解决办法，填入表2-1-2。

表2-1-2 遇到的问题

序号	遇到的问题	是否解决 （已解决的问题说明解决办法）
1		
2		

教师检查学生自学情况，根据学生提交的问题及表现，在课堂上用如下问题抽查自学情况（也可在资源平台提问），然后进行集中讲授和个别指导。

1. 数控铣床分哪几种？

2. 如何开关数控铣床？如何对刀？

知识点 1　数控铣床分类和加工对象

一、数控铣床的分类

数控铣床是机床设备中应用非常广泛的加工机床,可以进行平面铣削、平面型腔铣削、外形轮廓铣削和三维及三维以上复杂型面铣削加工,还可进行钻削、镗削、螺纹切削等孔加工。加工中心、柔性制造单元等都是在数控铣床的基础上产生和发展起来的。

数控铣床通常分为立式数控铣床、卧式数控铣床和复合式数控铣床三类。

1. 立式数控铣床

(1) 工作台升降式数控铣床

工作台升降式数控铣床(图 2-1-1),适用于棒形、圆片、角度、成形和端面铣刀进行平面、斜面、角度、沟槽和边缘的加工,在本机床上安装分度头等附件后,还能铣削齿轮、刀具、螺旋槽、凸轮和鼓轮等工件。这类数控铣床采用工作台移动、升降,而主轴不动的方式。小型数控铣床一般采用此方式。

(2) 主轴头升降式数控铣床

主轴头升降式数控铣床采用工作台纵向和横向移动,且主轴沿垂向溜板上下运动。主轴头升降式数控铣床在保持精度、承载质量、系统构成等方面具有很多优点,已成为数控铣床的主流。

图 2-1-1　升降式数控铣床

(3) 龙门式数控铣床

龙门式数控铣床主轴可以在龙门架的横向与垂向溜板上运动,而龙门架则沿床身做纵向运动,如图 2-1-2 所示。大型数控铣床因要考虑到扩大行程、缩小占地面积及刚性等技术上的问题,往往采用龙门架移动式结构。

2. 卧式数控铣床

卧式数控铣床的主轴平行于水平面,如图 2-1-3 所示。为扩大加工范围和扩充功能,它的工作台大多是回转式的,工件一次装夹后,通过回转工作台改变工位,可实现除安装面和顶面以外其余四个面的加工。它特别适宜于箱体类零件的加工。

与立式数控铣床相比,卧式数控铣床的结构复杂,占地面积大,价格也较高,且试切时不易观察,生产时不易监视,装夹及测量不方便,加工深孔时切削液不易到位(若没有内冷却钻孔装置);但加工时排屑容易,对加工有利。

3. 复合式数控铣床

这类数控铣床的主轴方向可任意转换,能做到在一台铣床上既可以进行立式加工,又可以进行卧式加工,由于同时具备了上述两种铣床的功能,其使用范围更广、功能更强。若采用数控回转工作台,还能对工件进行除定位面外的五面加工,如图 2-1-4 所示。

图 2-1-2　龙门式数控铣床　　　图 2-1-3　卧式数控铣床　　　图 2-1-4　复合式数控铣床

二、数控铣床的主要功能及加工对象

1. 数控铣床的主要功能

各种类型数控铣床所配置的数控系统虽然各有不同,但除一些特殊功能不尽相同外,各种数控系统的主要功能基本相同。

① 点位控制功能。可以实现对相互位置精度要求很高的孔系加工。

② 连续轮廓控制功能。可以实现直线、圆弧的插补功能及非圆曲线的加工。

③ 刀具半径补偿功能。可以根据零件图样的标注尺寸来编程,而不必考虑所用刀具的实际半径尺寸,从而减少编程时的复杂数值计算。

④ 刀具长度补偿功能。可以自动补偿刀具的长短,以适应加工中对刀具长度尺寸调整的要求。

⑤ 比例及镜像加工功能。可将编好的加工程序按指定比例改变坐标值来执行。镜像加工又称轴对称加工,如果一个零件的形状关于坐标轴对称,那么只要编出一个或两个象限的程序,而其余象限的轮廓就可以通过镜像加工来实现。

⑥ 旋转功能。可将编好的加工程序在加工平面内旋转任意角度来执行。

⑦ 子程序调用功能。有些零件需要在不同的位置上重复加工同样的轮廓形状,将这一轮廓形状的加工程序作为子程序,在需要的位置上重复调用,就可以完成对该零件的加工。

⑧ 宏程序功能。可用一个总指令代表实现某一功能的一系列指令,并能对变量进行运算,使程序更具灵活性和方便性。

2. 数控铣削的主要加工对象

铣削加工是机械加工中最常用的加工方法之一,它主要包括平面铣削和轮廓铣削,也可以对零件进行钻、扩、铰、镗、锪及螺纹加工等。数控铣削的主要加工对象有如下六类。

(1) 平面类零件

平面类零件是指加工面平行或垂直于水平面,以及加工面与水平面的夹角为一定值的零件,这类加工面可展开为平面。如图 2-1-5 所示的三个零件均为平面类零件。其中,曲线轮廓面 M 垂直于水平面,可采用圆柱立铣刀加工。对于斜面 P,当工件尺寸不大时,可用斜板垫平后加工;当工件尺寸很大,斜面坡度又较小时,也常用行切加工法加工,这时会在加工面上留下进刀时的刀锋残留痕迹,要用钳修方法加以清除。凸台侧面 N 与水平面成一定角度,这类加工面可以采用专用的角度成型铣刀来加工。

(2) 变斜角类零件

变斜角类零件是指加工面和水平面的夹角呈连续变化的零件。如图 2-1-6 所示零件

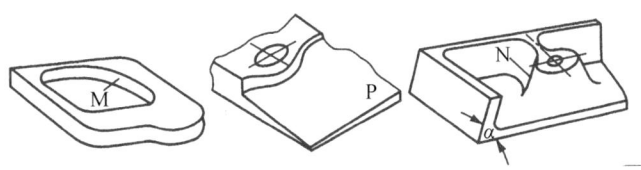

图 2-1-5 平面类零件

的加工面就是一种变斜角类零件。变斜角类零件的加工面不能展开为平面,最好采用四坐标或五坐标数控铣床加工变斜角类零件,加工时,加工面与铣刀圆周接触的瞬间为一条直线。这类零件也可在三坐标数控铣床上采用行切加工法实现近似加工。

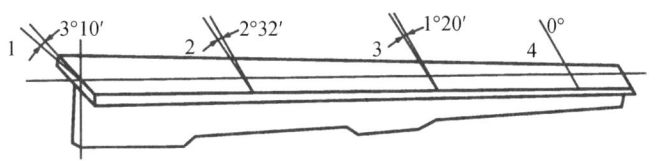

图 2-1-6 变斜角梁缘条

（3）曲面类零件

加工面为空间曲面的零件称为曲面类零件。这类零件的加工面不能展成平面,一般使用球头铣刀切削,加工面与铣刀始终为点接触,若采用其他刀具加工,易于产生干涉而铣伤邻近表面。加工曲面类零件一般使用三坐标数控铣床。当曲面较复杂、通道较狭窄、会伤及相邻表面或需要刀具摆动时,要采用四坐标或五坐标数控铣床加工。

（4）复杂零件

形状复杂、尺寸繁多、划线与检测均较困难,在普通铣床上加工时难以观察和控制的零件,可以用数控铣削加工完成。

（5）高精度零件

尺寸精度、形位精度和表面粗糙度要求较高的零件,如发动机缸体上的多组高精度孔或成形面,可以利用数控铣削加工完成。

（6）一致性要求好的零件

在批量生产中,由于数控铣床本身的定位精度和重复定位精度都较高,能够避免在普通铣床加工中,因人为因素而造成的多种误差。因此,数控铣床容易保证成批零件的一致性,使其加工精度得到提高,质量更加稳定。同时,因数控铣床加工的自动化程度高,还可大大减轻操作者的体力劳动强度,显著提高其生产效率。

考证习题

一、填空题

1. 小型数控铣床一般采用_____数控铣床。
2. 卧式数控铣床特别适宜于_____类零件的加工。

3. 平面类零件是指加工面平行或垂直于水平面,以及加工面与水平面的夹角为一定值的零件,这类加工面可展开为_____。

4. _____零件是指加工面和水平面的夹角呈连续变化的零件。

二、判断题

1. 与立式数控铣床相比,卧式数控铣床的结构复杂,占地面积大,价格也较高,且试切时不易观察,但生产时容易监视,装夹及测量也很方便。（ ）

2. 曲面类零件一般使用立式铣刀切削,加工面与铣刀始终为面接触,若采用其他刀具加工,易于产生干涉而铣伤邻近表面。（ ）

三、选择题(选择一个或多个正确答案)

1. 数控铣床通常分为(　　)三类。
A. 立式数控铣床　　　　　　B. 卧式数控铣床
C. 龙门式数控铣床　　　　　D. 复合式数控铣床

2. 数控铣削的主要加工对象为(　　)。
A. 轴类零件　　B. 变斜角类零件　　C. 平面类零件　　D. 曲面类零件

3. 下列哪类数控铣床采用工作台移动、升降,而主轴不动的方式?(　　)
A. 复合式　　B. 主轴头升降式　　C. 龙门式　　D. 工作台升降式

4. 复杂零件为(　　),在普通铣床上加工时难以观察和控制的零件。
A. 形状复杂　　B. 尺寸繁多　　C. 划线较困难　　D. 检测较困难

四、简答题

1. 数控铣床的主要功能有哪些?
2. 数控铣床的主要加工对象有哪些?

知识点 2　数控铣床的操作面板

一、数控系统操作面板

CRT/MDI 操作面板与系统有关,不同的系统其面板也不同,由系统制造厂家确定。现以 FANUC 0i 系统为例,认识数控系统操作面板,它由 CRT 显示器与编辑键盘两部分组成,如图 2-1-7 所示。

图 2-1-7　FANUC 0i 数控系统操作面板

数控铣床与数控车床、加工中心因机床系统相同,数控系统操作面板按钮基本相同。铣床操作面板按钮位置是由铣床制造厂家确定的,与数控车床、加工中心有所不同,但按钮功能相同,各按钮的功能见表 2-1-3。

表 2-1-3　控制键及功能

类别	图标	按钮名称	用途
功能	POS	位置显示按钮	位置显示页面,显示刀具的坐标位置,有三种方式
	PROG	程序显示按钮	程序的显示、编辑页面。在编辑方式下,编辑和显示内存中的程序;在 MDI 方式下,输入和显示 MDI 数据;在自动执行方式下,显示程序指令值
	OFFSET SETTING	参数输入页面按钮	参数输入页面。点击第一次进入坐标系设置页面,点击第二次进入刀具补偿参数页面,进入不同的页面以后,用 PAGE 键切换
	SYSTEM	系统参数页面按钮	用于参数的设定、显示及自诊断功能数据的显示
	MESSAGE	信息页面按钮	信息页面,如"报警"
	CUSTOM GRAPH	图形显示按钮	图形参数设置页面
	HELP	帮助按钮	系统帮助页面
复位	RESET	复位按钮	使所有操作停止,如解除报警、CNC 复位等
编辑	ALTER	替代按钮	用输入的数据替代光标所在处的数据
	DELETE	删除按钮	删除光标所在处的数据;也可删除一个数控程序或全部数控程序
	INSERT	插入按钮	把输入域之中的数据插入到当前光标之后的位置
	CAN	消除按钮	消除输入域内的数据
	EOB	回车换行按钮	程序段结束符号";"的输入
	SHIFT	上档按钮	上档字母、数字的输入
翻页	↑PAGE	翻页按钮	向前翻页
	↓PAGE		向后翻页
光标移动	←↑↓→	光标移动按钮	向上、下、左、右移动光标
输入	INPUT	输入按钮	把输入域内的数据输入参数页面或者输入一个外部的数控程序
数字/字母		数字/字母按钮	数字/字母键用于输入数据到输入区域,系统自动判别取字母还是取数字

二、数控铣床操作面板

铣床操作面板是由铣床制造厂家确定的,铣床的类型不同,其开关的位置、按钮的功能及排列顺序有一定的差异。国产的铣床多用中文名字标示,进口铣床多用英文名字标示,还有的用标准图标标示。数控铣床的操作面板如图 2-1-8 所示,各键的名称及功能见表 2-1-4。

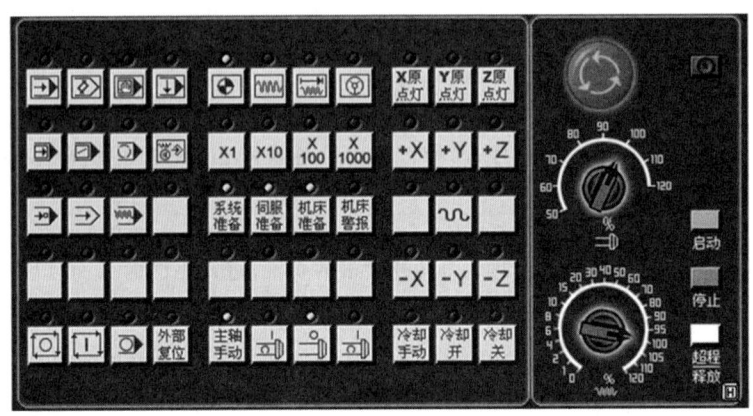

图 2-1-8　数控铣床操作面板

表 2-1-4　铣床操作面板各主要键的名称及用途

类别	图标	按钮名称	用途
电源开关按钮		系统启动、停止	在开机和关机操作中用以开启和关闭数控系统
超程报警按钮		超程释放	当发生超程警报时,红灯亮。利用 JOG 功能向反方向移动,解除超程报警
急停按钮		急停	用于锁住正在运行的机床,使机床立即停止运动
模式选择按钮		自动执行（AUTO）	按下该按钮后,可自动执行程序。在这种模式下,可进行六种不同的运行形式
		编辑（EDIT）	可以对数控程序进行输入和编辑
		手动数据输入按钮（MDI）	手动输入程序让机床自动加工,也可操作系统面板设置必要的参数
		在线加工（DNC）	通过 RS-232 通信接口,用电缆线连接计算机和数控机床,选择加工程序,边传输边加工
		回参考点（REF）	手动回参考点
		增量进给（INC）	先选择进给轴,再选择增量步长
		手轮进给操作（HND）	通过操作手轮,在 X、Z 轴两个方向进行精确移动。对刀时常用此键
		手动连续进给	可手动连续进给和手动快速进给或点动铣床

（续表）

类别	图标	按钮名称	用途
在自动执行模式下的六种运行形式按钮		单程序段	每按下一次循环启动按钮,铣床将执行一段操作后暂停。再次按下循环启动按钮,则铣床再执行一段程序暂停。采用此种方法可进行程序及操作检查
		程序段跳段	程序段前加"/"符号的程序段将被跳过执行
		选择停止	当自动执行的程序中出现"M01;"程序段时,此时程序将停止执行。再次按下循环启动按钮后,系统将继续执行M01以后的程序
		程序重启动	程序将重新从程序开始处启动
		机床锁住	在自动运行过程中刀具的移动功能将被限制执行。但系统显示程序运行时刀具的位置坐标,因此,该功能主要用于检查程序是否编写正确
		空运行	在自动运行过程中刀具按参数指定的速度快速运行,该功能主要用于检查刀具的运行轨迹是否正确
主轴倍率调整按钮		进给速度倍率	在自动运行中,对进给速率进行倍率调整
		手动连续进给速度	选择手动连续进给的速度
循环启动执行按钮		循环启动开始	在自动运行状态下,机床自动运行程序
		循环启动停止	在循环启动状态下,程序运行及刀具运动将处于暂停状态,其他指令如主轴转速、冷却状态等保持不变
		单段执行	每按下一次该按钮,机床将执行一段程序后暂停
主轴功能按钮		主轴正转	选择主轴正转、停转、反转起动
		主轴停转	
		主轴反转	
		主轴转速调节	通过旋转该按钮来调节主轴旋转倍率。在 MDI 或自动方式下,当 S 代码的主轴速度偏高或偏低时,可以用来调节程序中主轴速度
主轴高低档转换按钮		主轴高档	主轴高低档转换
		主轴低档	
用户自定义按钮		刀具的松开与夹紧	用于换刀过程中的装刀与卸刀
		冷却	对主轴和刀具进行冷却

考证习题

一、填空题

1. 数控铣床与数控车床、加工中心因机床系统相同,数控系统操作面板按钮基本相同,铣床操作面板按钮位置由_____确定。

2. "急停"按钮 用于锁住正在运行的铣床,使铣床立即_____。

3. "编辑"按钮 可以对数控程序进行_____。

4. 根据现有条件和加工精度要求选择对刀方法,可采用_____、_____、机外对刀仪对刀法或自动对刀法等。

二、判断题

1. 寻边器主要用于确定工件坐标系原点在铣床坐标系中的位置,也可以测量简单尺寸。（　　）

2. 对刀的目的是通过刀具或对刀工具确定刀具的空间位置。（　　）

三、选择题(选择一个或多个正确答案)

1. 下列哪个按钮的用途是每按下一次循环启动按钮,铣床将执行一段操作后暂停?（　　）

　　A. 单段执行　　　　　　　　B. 程序段跳段
　　C. 选择停止　　　　　　　　D. 手动连续进给

2. 下列哪个按钮能显示位置显示页面,显示刀具的坐标位置有三种方式?（　　）

　　A. 位置显示　　　　　　　　B. 参数输入
　　C. 页面按钮　　　　　　　　D. 系统参数

四、简答题

1. 简述数控铣床装刀与卸刀的操作过程。
2. FANUC 0i 系统数控铣床常用的编辑按钮有哪些?

学习活动 2　仿真演练,历练技能

请你按照操作步骤,完成数控铣床的仿真操作。记录下你在操作过程中遇到的主要问题及解决方法。

一、数控铣床的基本操作

1. 数控铣床的启动与停止

（1）数控铣床的启动

铣床开机之前应先接通 380 V 三相交流电源,然后按下 CNC 启动按钮后等待系统正常后即可进行操作。

在铣床通电后,CNC 装置尚未出现位置显示或报警画面之前,不得按下 MDI 面板上

的任何按键。如按下其中的任何键,可能使 CNC 装置处于非常状态或有可能引起铣床误动作。操作步骤如下:

① 接通铣床电源。

② 铣床通电。合上电箱上的总电源开关。

③ 启动系统电源。按操作面板上的绿色按钮。

④ 开启压力开关。接通气源压力开关。

(2) 数控铣床的停止

操作步骤如下:

① 关掉系统电源。按操作面板上的红色按钮。

② 铣床断电。拉下电箱上的总电源开关。

③ 断开铣床电源。

④ 关闭压力开关。断开气源压力开关。

2. 铣床清零(返回机械"O"点)

① 将操作方式选择旋钮"MODE"转到"JOG"手动操作位置。

② 按-Z 轴下移键,使 Z 轴离开"零点"70 mm 以上。

③ 按-Y 或+Y 轴移动键,使 Y 轴离开"0"点。

④ 按-X 或+X 轴移动键,使 X 轴离开"0"点。

⑤ 将操作方式选择旋钮转到 REF 原点复归位置。

⑥ 分别按+Z、+Y、+X 三轴移动键,铣床正向移动,当三轴返回"O"点完成后,指示灯亮表示铣床清零完成。屏幕显示如图 2-1-9 所示。

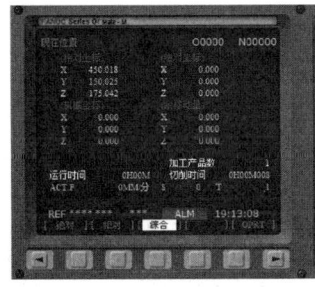

图 2-1-9 铣床清零

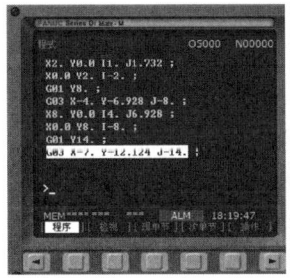 

图 2-1-10 自动操作

3. 自动操作(记忆操作)

① 将操作方式旋钮转到"EDIT"编辑位置。

② 按"PROG"程序键,显示屏显示加工程序内容画面。

③ 按软键"DIR",目录显示所存程序目录,记下所要使用的程序号,例如"O5000"。

④ 按字母"O"和数字键"5000",显示屏下行显示"O5000"。

⑤ 按光标下移键↓,所需要的"O5000"程序被调到当前的位置,此时显示 O5000 程序内容。

⑥ 将操作方式旋钮转到"AUTO"自动操作位置(铣床用符号表示)。

⑦ 按"START"程序启动键,铣床从"O5000"开始执行此加工程序,如图 2-1-10 所示。

二、编辑程序与手动输入操作方式

1. 程序编辑步骤

① 将操作方式旋钮转到"EDIT"编辑位置。

② 按"PROG"程序显示键。

③ 按字母"O",再连续按数字键,例如"1067",此时在显示屏左下角显示">O1067"。

④ 按"INSERT"插入键,"O1067"程序号即刻显现在屏幕主页面上边。

⑤ 按"EOB"分号键(或叫结束符),再按一次"INSERT"插入键,把结束符写在"O1067"后,此时程序号输入完毕,可以输入程序内容了。

⑥ 输入程序内容。

⑦ 依次按字母键"G",按数字键"4""0",按字母键"G",按数字键"8""0",按"G""4""9",显示屏左角显示">G40 G80 G49"。

⑧ 按"EOB"分号键,再按"INSERT"插入键,第一段程序内容被输入到屏幕主页面程序号的下一行,如图 2-1-11 所示。

图 2-1-11 编辑程序

⑨ 继续按字母键和数字键及分号键和插入键,将所有程序内容输入到储存器中。

2. 手动输入操作方式(MDI)

① 将操作方式旋钮转到"MDI"手动输入位置。

② 按"PROG"程式键,屏幕显示 MDI 画面。

③ 按字母键"G"和数字键"0""0"。

④ 按字母键"X"、负号键"-"和数字键"100.0"。

⑤ 按字母键"Y"、负号键"-"及数字键"200.0",屏幕左下行显示">G00 X-200.0 Y-200.0"。

⑥ 按"EOB"分号键,再按"INSERT"插入键,将"G00X-100.0 Y-200.0"输入到 MP2 主页面上,如图 2-1-12 所示。

⑦ 继续按字母键。通过数字键和分号键及插入键将需要的程序内容输入到 MDI 页面上。

⑧ 按"START"输入执行键,开始执行 MDI 页面上的程序内容。

图 2-1-12 手动输入操作方式

⑨ 执行完毕后,MDI 页面上的程序内容消失(也有不消失的,要进行参数设定)。

三、手动方式操作

1. 手动方式操作(JOG)

① 将操作方式旋钮转到"JOG"手动操作位置。

② 将快速进给倍率开关转到"100%"位置(100%速度为 X、Y、Z 轴铣床设定的最大允许值,单位为 m/min)。

③ 按+X 轴或-X 轴移动键,铣床会以内设定的速度按照所按的方向移动,当放开

按键时铣床即刻停止移动。

④ 按+Y轴或-Y轴移动键,铣床会以内设定的速度按照所按的方向移动,当放开按键时铣床即刻停止移动。

⑤ 按+Z轴或-Z轴移动键,铣床会以内设定的速度按照所按的方向移动,当放开按键时铣床即刻停止移动。

2. 手动脉波手轮操作

① 将操作方式旋钮转到脉波手轮位置。

② 将手动脉波发生器的轴向选择旋钮转到 Z 轴位置,再将倍率选择旋钮转到"X100"(快速)。

③ 正、反方向摇动手动脉波发生器上的脉波手轮,铣床 Z 轴即刻上下移动。

④ 将手动脉波发生器上的轴向选择旋钮转到 X 轴位置。

⑤ 正、反方向摇动手动脉波发生器上的脉波手轮,铣床 X 轴左右移动。

⑥ 将手动脉波发生器上的轴向选择旋钮转到 Y 轴位置。

⑦ 正、反方向摇动手动脉波发生器上的脉波手轮,铣床 Y 轴前后移动。

四、装刀与卸刀操作

1. 装刀步骤

① 使用方式选择旋钮选择"手轮"或"JOG"方式。

② 将装好刀具的刀柄放入主轴下端的锥孔内,对齐刀柄。

③ 按主轴上的"刀具拉紧"键。

④ 抓住不放,再用力向下拉,确认刀具已经被夹紧。

2. 卸刀步骤

① 用手抓紧刀柄。

② 按主轴上的"刀具松开"键。

③ 用力向下拉,力要适可而止,注意不要碰伤自己和工件以及刀具。

④ 如果拉不下来,就用棒轻轻地敲击刀柄,使刀柄可从主轴锥孔上掉下来。注意要抓紧刀具。

五、对刀操作

1. 对刀的目的

通过刀具或对刀工具确定工件坐标系与机床坐标系之间的空间位置关系,并将对刀数据输入到相应的寄存器中。对刀是数控加工最重要的操作内容之一,其准确性直接影响零件的加工精度。

2. 对刀方法

根据现有条件和加工精度要求选择对刀方法,可采用试切法、寻边器对刀法、机外对刀仪对刀法或自动对刀法等。其中,试切法对刀操作简便,但是精度低,加工中常用寻边器和 Z 轴设定器对刀,其效率高,而且可以保证对刀精度。

(1) 寻边器对刀

寻边器主要用于确定工件坐标系原点在铣床坐标系中的位置,也可以测量工件的简单尺寸。寻边器有偏心式和光电式等类型,其中以光电式较为常用。光电式寻边器的测

头一般为 $\phi 10$ mm 的钢球,用弹簧拉紧在光电式寻边器的测杆上,碰到工件时可以退让,并将电路导通,发出光信号。通过光电式寻边器的指示和铣床坐标位置即可得到被测表面的坐标位置。

对刀分为 X、Y 轴方向和 Z 轴方向对刀,其 X、Y 轴对刀操作步骤如下:

① 用手摇脉冲手轮快速移动工作台和主轴,让寻边器测头靠近工件右侧。

② 调节手摇脉冲手轮倍率,让测头慢慢接触到工件,直到寻边器发光。

③ 此时在 G54 坐标系设定界面输入"X45.0",按"测量"键,X 轴方向的坐标原点会自动输入到 G54 中。

④ 同理可测得 Y 轴方向的工件坐标系原点。

(2) Z 轴设定器对刀

Z 轴设定器主要用于确定工件坐标系原点在机床坐标系中的 Z 轴坐标,或者说是确定刀具在机床坐标系中的 Z 轴坐标。

Z 轴设定器有光电式和指针式等类型。通过光电指示或指针判断刀具与对刀器是否接触,对刀精度一般可达 0.004 mm。Z 轴设定器带有磁性表座,可以牢固地附着在工件或夹具上,其高度一般为 50 mm 或 100 mm。直接采用刀具对刀,其 Z 轴方向对刀操作步骤如下:

① 卸下寻边器,将加工用的刀具装上主轴,将 Z 轴设定器放置在工件上表面上。

② 快速移动主轴,让刀具端面慢慢接触到 Z 轴设定器上表面。

③ 改用微调操作,让刀具端面慢慢接触到设定器上表面,直到其指针指示到零位。

④ 记下此时铣床坐标系中的 Z 值,如 -320.200。

⑤ 如 Z 轴设定器的高度为 50 mm,那么工件坐标系原点在铣床坐标系中的 Z 坐标为:$-320.200-50=-370.200$。最后将 -370.200 输入到该刀具对应的长度补偿号里去(H01=-370.200)。

⑥ 同理可以对其他刀具的 Z 轴方向工件坐标原点进行设置。

六、数控铣床安全操作规程

1. 操作前的安全准备

① 零件加工前,一定要先检查铣床是否运行正常。可以通过试车的办法来进行检查。

② 在操作铣床前,仔细检查输入的数据,以免引起误码操作。

③ 确保指定的进给速度与操作所要求的进给速度相适应。

④ 当使用刀具补偿时,仔细检查补偿方向与补偿量。

⑤ CNC 与 PMC 参数都是铣床厂设置的,通常不需要修改,如果必须修改参数,在修改前请确保对参数有深入、全面的了解。

⑥ 铣床通电后,CNC 装置尚未出现位置显示或报警画面前,不要碰 MDI 面板上的任何键,MDI 上的有些键专门用于维护和特殊操作。在开机的同时按下这些键,可能使铣床数据丢失等。

2. 操作过程中的安全操作

① 手动操作。当手动操作机床时,要确定刀具和工件的当前位置并保证正确指定了

运动轴及方向和进给速度。

② 铣床通电后,请务必先执行手动返回参考点。如果铣床没有执行手动返回参考点操作,铣床的运动将不可预料。

③ 手轮进给。在手轮进给时,一定要选择正确的手轮进给倍率,过大的手轮进给倍率容易产生刀具或机床的损坏。

④ 工件坐标系。手动干预、铣床锁住或镜像操作都可能移动工件坐标系,用程序控制铣床前,要先确认工件坐标系。

⑤ 空运行。通常应使用铣床空运行来确认铣床运行的正确性。在空运行期间,铣床以空运行的进给速度运行,这与程序输入的进给速度不一样,且空运行的进给速度要比编程用的进给速度快得多。

3. 与编程相关的安全操作

① 坐标系的设定。如果没有设置正确的坐标系,尽管指令是正确的,但铣床可能并不按操作者想象的动作运行。

② 公、英制的转换。在编程过程中,一定要注意公、英制的转换,使用的单位制式一定要与铣床当前使用的单位制式相同。

③ 回转轴的功能。当编制极坐标插补或在法线方向(垂直)控制程序时,要特别注意旋转轴的转速,旋转轴转速不能过高。如果工件装夹不牢,就会由于离心力过大而甩出工件,引起事故。

④ 刀具补偿功能。在补偿功能模式下,发出基于铣床坐标系的运动命令或参考点返回命令,补偿就会暂时取消,这可能会导致铣床产生预想不到的运动。

4. 数控铣床操作规范

① 上班前穿好工作服、工作鞋,长发操作者戴好工作帽;不准穿背心、拖鞋、凉鞋和裙子进入车间;严禁戴手套操作;高速铣削或磨刀刀具时应戴防护眼镜。

② 使用前必须详细了解铣床和数控系统的性能、安全正确的操作使用方法,熟悉铣床的传动原理和结构,详细检查电源联接及接地的正确性,经检查无误后方可接通电源。

③ 操作前应对数控铣床各手动滑动部分注以润滑油;检查铣床各操作面板的开关、按钮和按键是否在规定位置上;启动铣床,检查主轴和进给系统工作是否正常,油路是否畅通;检查夹具、工件是否装夹牢固。

④ 装卸工件、更换铣刀、擦拭铣床必须停机,并防止被铣刀刀齿割伤。对采用液压或气动夹紧刀具的数控铣床,应小心装卸刀具,注意防止刀具掉落而损伤工作台面。在进给中不准抚摸工件加工表面,以免被铣刀切伤手指。主轴未停稳不得测量工件。

⑤ 操作时不要站立在切屑流出的方向,以免切屑飞入眼中。使用高压切削液时,必须关闭数控铣床防护挡板。

⑥ 要用专用工具清除切屑,不得用嘴吹或用手抓。

⑦ 加工时不得离开操作区域,操作中严禁打开铣床各电气控制柜。操作过程中如果系统报警,应及时解除;若无法恢复,应立即停机,切断电源,及时与维修人员甚至设备厂家联系,严禁继续加工。

七、技能检测

采用手工输入方式输入表 2-1-5 中的程序,用仿真软件进行程序编辑练习。(学生提交程序编辑仿真视频,看谁操作得又快又准确。)

表 2-1-5 数控铣床的仿真操作记录卡

加工程序	程序说明
O0010;	
G90 G94 G40 G17 G21 G54;	
G91 G28 Z0;	
M03 S600;	
G90 G00 X-50.0 Y0 M08;	
Z20.0;	
G01 Z-2.9 F100;	
X20.0;	
G00 Z5.0;	
X0 Y-50.0;	
G01 Z-2.9;	
Y50.0;	
G00 Z50.0 M09;	
M30;	
仿真加工时间	

序号	存在的问题	解决办法及改进措施	备注

学习活动 3　小组竞赛,强化技能

按照表 2-1-6 给定的加工程序,在仿真软件上编辑加工程序。(记录每名学生的操作时间)

① 安装刀具:

1 号刀——ϕ10 mm 立铣刀;2 号刀——ϕ5 mm 槽铣刀;

② 完成表 2-1-6 加工程序的编辑输入；
③ 模拟演示。

表 2-1-6 加工程序

1 号刀加工程序	2 号刀加工程序
O0001；	O0002；
G54 G90 G00 X0.0 Y0.0 Z100.0；	G54 G90 G00 X0.0 Y0.0 Z100.0；
S400 M03；	S400 M03；
G00 Z5.0；	G00 Z5.0；
G00 X-55.0 Y-50.0；	G00 X20.0 Y-15.0；
G42 Y-35.0 D01；	G01 Z-2.5.0 F50；
G01 Z-5.0 F50；	X-20.0 Z-5.0；
X35.0；	X20.0 Y-15.0；
G03 X45.0 Y-25.0 R10.0；	Z100.；
G01 Y25.0；	M05；
G03 X35.0 Y35.0 R10.0；	M30；
G01 X-35.0；	
G03 X-45.0 Y-25.0 R10.0；	
G01 Y-25.0；	
G03 X 35.0 Y-35.0 R10.0；	
G01 X-50.0；	
G40 Y-50.0；	
Z5.0；	
G00 Z100.0；	
M05；	
M30；	

学习活动 4　小组汇报，检查评估

请你根据数控铣床的操作过程中的任务完成情况、表现，给出合理的自评、互评成绩；教师根据每个小组的汇报及小组自评和互评成绩，进行点评，见表 2-1-7。

表 2-1-7 综合评价

项目评分			评分细则	配分	得分		
					自评	小组互评	教师评价
职业素养(30分)	纪律情况(10分)	不迟到,不早退	违反1次不得分	4			
		积极参与活动	根据上课统计情况得1~2分	4			
		笔记本、笔、教材	1种不带扣1分	2			
	职业道德(10分)	与他人合作	不符合要求不得分	5			
		工匠精神、爱国情怀	对工作精益求精且效果明显得3~5分	5			
职业素养(30分)	职业能力(10分)	规范操作的能力	按数控车床安全操作规程得1分	5			
		仿真软件的使用能力	正确使用仿真软件	5			
工作任务(70分)	小组分配	组织分配	人员安排合理,分工明确得3分;1项组织不当扣1分	3			
	自主学习	自学能力、解决问题的能力	问题组织能力3分;抽查成绩4分	7			
	基本操作	开关机,程序编辑,对刀,手动、自动加工	开关机,程序编辑,对刀,手动、自动加工	15			
	小组竞赛	个人赛、小组赛	个人赛5分,计入本人成绩;小组赛10分,计入小组成员成绩	15			
	仿真训练	操作规范、零件仿真加工	操作规范,撞刀、换件扣2~5分;零件仿真加工实际得分占总分10%	10			
	小组汇报	团队合作、语言表达、竞争意识	汇报6分;自评、互评符合真实情况各2分	10			
	企业案例	收集企业数控车床系统案例	介绍1种系统得2分	10			
资源平台活动情况	测验	按时提交、成绩	按照资源平台每个模块的赋分权重得分,最后期末成绩占20%	—			
	讨论、提问	回答准确率					
	作业、考试	完成程度、成绩					
	课件阅读	完成程度					
总分							
总分[加权平均分(自评20%,小组评价30%,教师评价50%)]							
组长签字			教师签字				

请你根据小组互评成绩,认真检查自己,查找不足,写出自己的补救方法及下一步的学习计划,完成项目总结报告。

教师指导意见:

学习活动 5　企业案例,拓展应用

1. 根据企业数控铣床的数控系统案例进行仿真训练,提交仿真练习视频。
2. 观看数控铣床加工案例,谈一谈自己如何做一名合格的数控铣床操作工。

任务二
数控铣床加工工艺制订

任务描述

数控铣削加工是用旋转的铣刀在工件上切削各种表面或沟槽的加工方法。通过本任务的学习,主要掌握轮廓、槽类零件的装夹方法、加工方法、刀具、切削用量、加工路线等工艺知识,制订数控加工工艺。

教学目标

一、素质目标
① 培养学生团结协作、沟通合作的能力;
② 培养学生严谨细致、敬业的精神。

二、知识目标
① 熟悉数控铣床的常用装夹方法;
② 掌握数控铣床切削用量的选择计算方法,掌握数控铣床常用的刀具。

三、能力目标
① 会正确装夹、找正工件;
② 能够正确制订数控铣床/加工中心加工工艺。

学习要求

通过该任务的5个环节,明确"数控铣床加工工艺制订"任务中的工艺制订的内容与步骤,掌握工艺分析内容、工艺路线设计以及工艺文件编制。具体工作步骤及要求见表2-2-1。

表2-2-1 具体工作步骤及要求

序号	工作步骤	要求	学时安排	备注
1	明确任务 自主学习	能快速明确任务要求并清晰地表达,在教师要求的时间内完成任务;能够在自主学习过程中发现问题,解决问题,完成知识点的测试,掌握工艺制订的相关知识	0.3学时	

（续表）

序号	工作步骤	要求	学时安排	备注
2	工艺制订 历练技能	边学边练,掌握编制圆弧板的刀具卡片、工艺卡片	0.7学时	
3	小组竞赛 强化技能	按照竞赛要求,在规定的时间内,完成圆弧板的工艺卡片	0.3学时	
4	小组汇报 检查评估	能够清晰地总结知识,思路清晰,语言描述流畅。完成任务自评与互评、学习报告	0.5学时	
5	企业案例 拓展应用	案例分析,了解企业的工作流程。	0.2学时	
		收集企业案例	课外	

课前引导

本任务主要通过分析图2-2-1平面类工件的工艺,完成数控铣床/加工中心的工艺制订。如图2-2-1所示,顶面、底面及$\phi 82$ mm孔已加工完,现要精加工外轮廓,各边留有0.2 mm的加工余量,工件材料为铸铁。

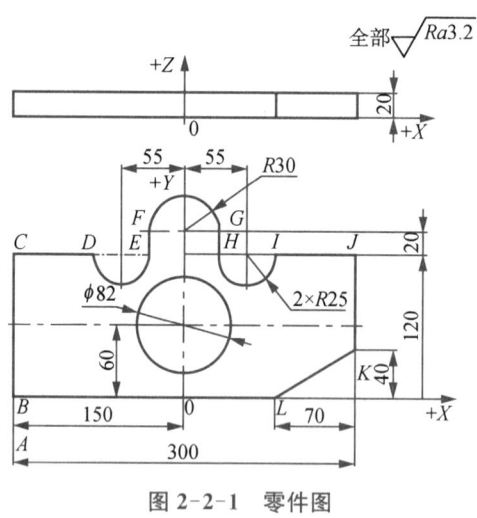

图 2-2-1 零件图

学习活动1 明确任务,自主学习

根据任务要求,通过观看微课、动画等方式,学习相关知识,完成资源平台中的课前测验。预习并总结在学习过程中遇到的问题以及解决办法,填入表2-2-2。

表 2-2-2 遇到的问题

序号	遇到的问题	是否解决 （已解决的问题说明解决办法）
1		
2		

教师检查学生自学情况，根据学生提交的问题及表现，在课堂上用如下问题抽查自学情况（也可在资源平台提问），然后进行集中讲授和个别指导。

1. 如何根据工件结构选择铣刀类型？
_____
_____

2. 在数控铣床上常用的装夹方法有哪些？
_____
_____

知识点 1 数控铣床上工件的安装与加工方法

一、工件的安装

在数控铣床和加工中心上常用的装夹方法主要有用平口钳、压板、数控分度头装夹三种。

1. 用平口钳装夹工件

（1）平口钳的种类

平口钳具有较大的通用性和经济性，适用于尺寸较小的方形工件的装夹。常用的精密平口钳如图 2-2-2 所示，一般采用机械螺旋式、气动式或液压式夹紧方式。

(a) 机械螺旋式　　(b) 气动式　　(c) 液压式

图 2-2-2　精密平口钳

（2）在平口钳上装夹工件的步骤

① 把平口钳安装在数控铣床（加工中心）工作台面上，两固定钳口与 X 轴基本平行并张开到最大；

② 把装有杠杆百分表的磁性表座吸在主轴上；

③ 使杠杆百分表的触头与固定钳口接触；

④ 在 X 轴方向找正，直到使百分表的指针在一个格子内晃动为止，最后拧紧平口钳固定螺母；

⑤ 根据工件的高度情况，在平口钳钳口内放入形状合适和表面质量较好的垫铁后，再放入工件，一般是工件的基准面朝下，与垫铁表面靠紧，然后拧紧平口钳。在放入工件前，应对工件、钳口和垫铁的表面进行清理，以免影响加工质量；

⑥ 在 X、Y 轴两个方向找正，直到使百分表的指针在一个格子内晃动为止；

⑦ 取下磁性表座，夹紧工件，工件装夹完成。

2. 用压板装夹工件

对于较大或四周不规则的工件，无法采用平口钳或其他夹具装夹时，可直接采用压板进行装夹，如图 2-2-3 所示。用压板、螺栓直接把工件装夹在铣床的工作台面上，适合尺寸较大或形状较复杂的工件。

图 2-2-3 压板、垫铁、螺母

3. 用数控分度头装夹工件

分度头是数控铣床或普通铣床的主要部件。在机械加工中，常用的分度头有万能分度头、简单分度头、直接分度头等，如图 2-2-4 所示。但这些分度头的分度精度不是很精密。因此，为了提高分度精度，数控机床上还采用投影光学分度头和数显分度头等对精密零件进行装夹。

(a) 万能分度头　　　　(b) 简单分度头　　　　(c) 直接分度头

图 2-2-4 分度头的种类

二、加工方法的选择

机械零件的结构形状是多种多样的，但它们都是由平面、曲面、孔、螺纹等元素组合而成的。每一种加工内容都有多种加工方法，具体选择时要结合零件的形状、尺寸大小和热处理要求等全面考虑。

1. 孔加工方法的选择

内孔表面是零件上的主要表面之一。按孔与其他零件相对连接关系的不同，可分为配合孔与非配合孔；按其几何特征的不同，可分为通孔、不通孔、阶梯孔、锥孔等。

非配合孔一般是采用钻削的方法在实体工件上直接把孔钻出来或先钻后扩；对于配合孔则需要在钻孔的基础上，根据被加工孔的精度和尺寸，采用扩孔、铰孔、镗削、铣削、磨削等精加工的方法做进一步的加工。铰削、镗削是对已有孔进行精加工的典型切削加工方法，要实现对孔的精密加工，主要的加工方法就是磨削。但箱体上的孔一般采用镗削或铰削，而不宜采用磨削。一般较大的箱体孔宜采用镗削，较小的孔宜选用铰削。

2. 螺纹加工方法的选择

内螺纹的加工根据孔径的大小采用不同的方法。通常情况下，M6~M20 的内螺纹采用攻螺纹的方法,由于在铣床(加工中心)上攻小直径的内螺纹不能随机控制加工状态,小直径的丝锥容易折断,所以 M6 以下的内螺纹,可在铣床(加工中心)上完成底孔加工,再通过其他手段攻螺纹;M20 以上的内螺纹,则可采用铣削加工。外螺纹通常采用铣削加工。

3. 表面轮廓加工方法的选择

工件的表面轮廓可分为平面轮廓和曲面轮廓两大类。

平面轮廓常用的加工方法有数控铣、线切割和磨削等。数控铣削加工适用于除淬火钢以外的各种金属,数控线切削加工可用于各种金属,数控磨削加工适用于除有色金属外的各种金属。

曲面轮廓的加工方法主要是数控铣削,多用球头铣刀以"行切法"加工。根据曲面形状以及精度要求等通常采用二轴半联动或三轴联动铣床加工。对有精度和表面粗糙度要求的曲面,当用三轴联动的"行切法"加工不能满足要求时,可用模具铣刀选择四坐标或五坐标联动加工。

考证习题

一、填空题

1. 在数控铣床/加工中心上常用的装夹方法主要有用_____、_____和_____装夹三种。
2. 常用的分度头有_____、_____、_____等,数控铣床上还采用_____、_____等对精密零件进行装夹。

二、判断题

1. 用压板、螺栓直接把工件装夹在铣床的工作台面上,适合尺寸较小或形状较复杂的工件。( )
2. 平口钳具有较大的通用性和经济性,适用于尺寸较小的方形工件的装夹。( )
3. 铰削、镗削是对已有孔进行精加工的典型切削加工方法。( )

三、选择题(选择一个或多个正确答案)

1. ( )一般是采用钻削的方法在实体工件上直接把孔钻出来或先钻后扩;对于( )则需要在( )的基础上,根据被加工孔的精度和尺寸,采用扩孔、( )、镗削、铣削、磨削等精加工的方法作进一步的加工。

A. 铰孔 B. 非配合孔 C. 配合孔 D. 钻孔

2. 对于较大或四周不规则的工件,可直接采用( )进行装夹。

A. 平口钳 B. 压板 C. 分度头 D. 三爪卡盘

四、简答题

1. 在数控铣床常用的装夹方法主要有哪些?
2. 在数控铣床(加工中心)上,加工孔的方法有哪些?

知识点 2　数控铣床刀具的选择

正确选择刀具是数控加工工艺中的重要内容，不但影响生产效率和加工精度，而且还关系到是否会发生打刀事故。数控铣床(加工中心)上所采用的刀具要根据被加工零件的材料、几何形状、表面质量要求、热处理状态、切削性能及加工余量等，选择刚性好、耐用度高的刀具。

一、铣刀的种类

数控铣床(加工中心)上常用的铣刀有面铣刀、立铣刀、模具铣刀、键槽铣刀、鼓形铣刀和成形铣刀。除此之外，数控铣床也可使用各种通用铣刀。

(a) 高速钢面铣刀　(b) 硬质合金面铣刀

图 2-2-5　面铣刀

1. 面铣刀

面铣刀的圆周表面和端面上都有切削刃，端部切削刃为副切削刃。面铣刀多制成套式镶齿结构，刀齿为高速钢或硬质合金，刀体为 40Cr。

高速钢面铣刀按国家标准规定，直径 $d=80\sim 250$ mm，螺旋角 $\beta=10°$，刀齿数 $z=10\sim 20$。

硬质合金面铣刀与高速钢面铣刀相比(图 2-2-5)，铣削速度较高、加工效率高、加工表面质量也较好，并可加工带有硬皮和淬硬层的工件，故得到广泛应用。

2. 立铣刀

立铣刀是数控铣床(加工中心)上用得最多的一种铣刀，如图 2-2-6 所示，由于普通立铣刀端面中心处无切削刃，所以普通立铣刀不能做轴向进给，端面刃主要用来加工与侧面垂直的底平面。数控立铣刀一般做成螺旋刀齿，这样可以增加切削加工的平稳性，提高加工精度。数控立铣刀的圆柱表面和端面上都有刀齿，圆柱

图 2-2-6　立铣刀

表面的切削刃为主切削刃，端面上的切削刃为副切削刃，它们可同时进行切削，也可单独进行切削。为了能加工较深的沟槽，并保证有足够的备磨量，立铣刀的轴向长度一般较长。

直径较小的立铣刀，一般制成带柄形式。$\phi 2\sim \phi 71$ mm 的立铣刀制成直柄；$\phi 6\sim \phi 63$ mm 的立铣刀制成莫氏锥柄；$\phi 25\sim \phi 80$ mm 的立铣刀制成 7:24 锥柄，内有螺孔用来拉紧刀具。但是由于数控铣床要求铣刀能快速自动装卸，故立铣刀柄部形式也有很大不同，一般是由专业厂家按照一定的规范设计制造成同一形式、同一尺寸的刀柄。直径为 $\phi 60\sim \phi 160$ mm 的立铣刀可制成套式结构。

3. 模具铣刀

模具铣刀由立铣刀发展而成，可分为圆锥形立铣刀(圆锥半角 $\alpha/2=3°,5°,7°,10°$)、圆柱形球头立铣刀和圆锥形球头立铣刀三种，其柄部有直柄、削平型直柄和莫氏锥柄。它的结构特点是球头或端面上布满了切削刃，圆周刃与球头刃圆弧连接，可以做径向和轴向进给。铣刀工作部分用高速钢或硬质合金制造，如图 2-2-7 所示。国家标准规定直径

d=4~63 mm。小规格的硬质合金模具铣刀多制成整体结构,直径 16 mm 以上的制成焊接或机夹可转位刀片结构。

图 2-2-7　高速钢模具铣刀　　图 2-2-8　键槽铣刀

4. 键槽铣刀

键槽铣刀如图 2-2-8 所示,它有两个刀齿,圆柱面和端面都有切削刃,端面刃延至中心,既像立铣刀,又像钻头,可做径向和轴向进给。加工时先轴向进给达到槽深,然后沿键槽方向铣出键槽全长。

按国家标准规定,直柄键槽铣刀直径 d =2~22 mm,锥柄键槽铣刀直径 d =14~50 mm。键槽铣刀的圆周切削刃仅在靠近端面的一小段长度内发生磨损,重磨时,只需刃磨端面切削面,重磨后铣刀直径不变。

5. 鼓形铣刀

鼓形铣刀,如图 2-2-9 所示,它的切削刃分布在半径为 R 的圆弧面上,端面无切削刃。加工时通过控制刀具上下位置,相应地改变刀刃的切削部位,可在工件上切出由负到正的不同斜角。鼓形铣刀圆弧半径越小,能加工的斜角范围越广,但所获得的零件表面质量也越差。这种刀具的缺点是刃磨困难切削条件较差,不适合加工有底的轮廓表面。

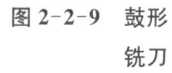

图 2-2-9　鼓形铣刀

6. 成形铣刀

这是为特定的工件或加工内容专门设计制造的刀具,如图 2-2-10 所示。

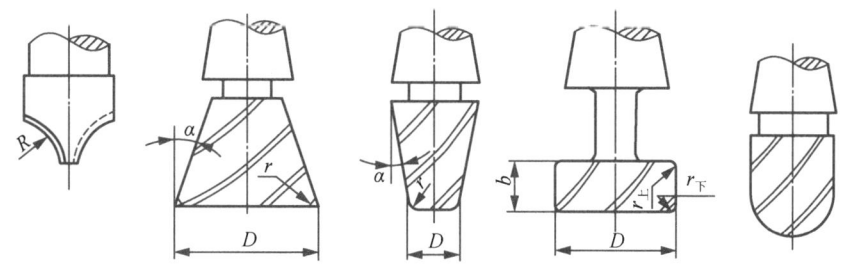

图 2-2-10　常用成形铣刀

除上述类型的铣刀外,数控铣床(加工中心)还可使用各种通用铣刀。但因不少数控铣床的主轴内有特殊的拉钉位置,或因主轴内锥孔有别,须配置过渡套和拉钉。

二、数控铣削刀具的选择

1. 铣刀类型的选择

① 加工较大的平面应选择面铣刀。

② 加工凹槽、凸台、较小台阶面及平面轮廓应选择立铣刀。

③ 加工空间曲面、模具型腔或凸模成形表面等一般选用模具铣刀。
④ 加工封闭键槽等选择键槽铣刀。
⑤ 加工变斜角类零件时,选择鼓形铣刀、锥形铣刀,如飞机上的变斜角零件。
⑥ 成形铣刀仅适合于特定零件的加工。
⑦ 加工毛坯表面或粗加工孔可选用镶硬质合金的玉米铣刀,如图 2-2-11 所示。

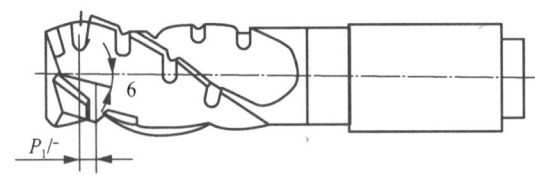

图 2-2-11　镶硬质合金的玉米铣刀

⑧ 曲面加工常采用球头铣刀,但加工曲面较平坦的部位应采用环形铣刀。
⑨ 孔加工比较灵活,根据具体情况,一般可采用钻削,必要时也可通过铣削完成。

此外,对所选择的刀具,在使用前都需对刀具尺寸进行严格的测量以获得精确数据,并由操作者将这些数据输入数控系统,经程序调用而完成加工过程,从而加工出合格的工件。

2. 铣刀参数的选择

数控铣床(加工中心)上使用最多的是可转位面铣刀和立铣刀,因此,这里重点介绍面铣刀和立铣刀参数的选择。

(1) 面铣刀主要参数的选择

标准可转位面铣刀直径为 $\phi 16 \sim \phi 630$ mm。粗铣时,铣刀直径要小些,因为粗铣切削力大,选小直径铣刀可减小切削扭矩。精铣时,铣刀直径要大些,尽量包容工件整个加工宽度,以提高加工精度和效率,并减小相邻两次进给之间的接刀痕迹。

面铣刀几何参数根据工件的材料、刀具材料及加工性质的不同来确定。

(2) 立铣刀主要参数的选择

根据工件材料和铣刀直径选取前、后角,都为正值,其具体数值可参考表 2-2-3。为了使端面切削刃有足够的强度,在端面切削刃前刀面上一般磨有棱边,其宽度为 0.4～1.2 mm,前角为 6°。

表 2-2-3　立铣刀前角、后角的选择

工件材料	前角	铣刀直径	后角
钢	10°～20°	小于 10 mm	25°
铸铁	10°～15°	10～20 mm	20°
铸铁	10°～15°	大于 20 mm	16°

3. 孔加工刀具的种类与选择

孔加工刀具中的中心钻、麻花钻、深孔钻、扩孔钻、锪钻、镗刀等也可用于数控铣床上,根据孔的结构和精度合理选用。在数控铣床上加工孔,一般选择铣床上专用的双刃镗刀。

考证习题

一、填空题

1. 数控铣床(加工中心)上常用的铣刀可分为_____、_____、_____、_____、_____、_____。
2. 模具铣刀可分为_____、_____、_____三种。
3. 直径为φ25～φ80 mm的立铣刀,一般制成_____锥柄,内有螺孔用来拉紧刀具。
4. 锯片铣刀主要用于大多数材料的_____、_____、内外槽铣削、组合铣削、缺口实验的槽加工和齿轮毛坯粗齿加工等。

二、判断题

1. 粗铣时,铣刀直径要小些,因为粗铣切削力大,选小直径铣刀可减小切削扭矩。( )
2. 加工空间曲面、模具型腔或凸模成形表面等一般选用模具铣刀。( )
3. 在数控铣床上加工孔,一般选择铣床上专用的双刃镗刀。( )

三、选择题(选择一个或多个正确答案)

1. 数控铣床上常用的铣刀有( )、鼓形铣刀和成形铣刀。除此之外,数控铣床也可使用各种通用铣刀。
   A. 面铣刀　　　　B. 立铣刀　　　　C. 模具铣刀　　　　D. 键槽铣刀
2. 下列哪种铣刀有两个齿,圆柱面和端面都有切削刃,端面刃延至中心,既像立铣刀,又像钻头,可做径向和轴向进给?( )
   A. 键槽铣刀　　　B. 立铣刀　　　　C. 面铣刀　　　　　D. 模具铣刀

四、简答题

试说明如何选择铣刀类型。

知识点3　铣削用量和切削用量的选择

一、铣削用量

铣削用量主要有背吃刀量、铣削宽度、主轴转速和进给速度等。

1. 背吃刀量

背吃刀量的选取主要根据机床、夹具、刀具和工件所组成的加工工艺系统的刚性、加工余量及对表面质量的要求来确定。

(1) 当工件表面粗糙度值要求为 $Ra25 \sim 12.5\ \mu m$ 时,如果加工余量较小,为 $5 \sim 6$ mm 时,粗铣一次就可以达到要求;但当余量较大、工艺系统刚性较差或机床动力不足时,可分两次铣削完成。第一次背吃刀量应取大些,其好处是可以避免刀具在表面缺陷层内切削(因为余量大时往往余量不均匀),同时可减轻第二次铣削进给的负荷,有利于获得较好的表面质量。一般当粗铣铸钢或铸铁时,a_p 取 $5 \sim 7$ mm,当粗铣无硬皮的钢料时,

a_p 取 3~5 mm。

② 当工件表面粗糙度值要求为 $Ra12.5$~$3.2~\mu m$ 时,可分为粗铣和半精铣两步进行。粗铣时背吃刀量的选取同前述;粗铣后留 0.5~1 mm 余量,在半精铣时切除。

③ 当工件表面粗糙度值要求为 $Ra12.5$~$3.2~\mu m$ 时,可分为粗铣、半精铣、精铣三步进行。当半精铣时,a_p 取 1.5~2 mm;当精铣时,a_p 取 0.2~0.5 mm。

2. 铣削宽度

铣削宽度又称步距,是指铣刀在一次进给中切掉工件表层的宽度。一般铣削宽度与刀具直径成正比,与背吃刀量成反比。在粗加工中,步距取大些有利于提高加工效率。在经济型数控加工中,使用平底刀时一般的取值范围为铣削宽度 $B=(0.6$~$0.9)d$;当使用圆鼻刀进行加工时,刀具直径应扣除刀尖的圆角部分,即 $d=D-2r$(D 为刀具直径,r 为刀尖圆角半径),故 B 的取值范围为:$B=(0.8$~$0.9)d$;当使用球头刀进行精加工时,步距的确定应首先考虑所能达到的精度和表面粗糙度。

3. 主轴转速

主轴转速一般根据切削速度来计算,其公式为

$$n=\frac{1\,000v_c}{\pi d} \quad (2\text{-}2\text{-}1)$$

式中,

n——主轴转速(r/min);

d——刀具直径(mm);

v_c——切削速度(m/min)。

4. 进给速度

铣削时的进给量有三种表示:每齿进给量 f_z、每转进给量 f 和进给速度 v_f。

粗铣时影响进给量选择的主要因素是工艺系统刚性、高生产率的要求,故应按每齿进给量进行选择(除了上述要求,还要考虑刀齿强度、切削层厚度、容屑情况等)。

精铣时影响进给量选择的主要因素是加工精度和表面粗糙度的要求,而每转进给量与已加工表面粗糙度关系密切,故半精铣和精铣时按每转进给量进行选择。

由于数控铣床主运动和进给运动是由两个伺服电动机分别传动,它们之间没有内在联系,因此无论按每齿进给量,还是按每转进给量选择,最后均需计算出进给速度。进给速度与每齿进给量及每转进给量之间的关系:

$$v_f=nf=nZf_z \quad (2\text{-}2\text{-}2)$$

切削速度的选择与刀具的寿命密切相关,当工件材料、刀具材料和结构确定后,切削速度就成为影响刀具寿命的最主要因素,过低或过高的切削速度都会使刀具寿命缩短。在加工中,尤其是精加工时,应尽量避免中途换刀,以得到较高的加工质量,因此应结合刀具寿命认真选择切削速度。

二、孔加工切削用量

1. 铰孔切削用量

铰孔时的切削用量主要应考虑背吃刀量、进给量和主轴转速。

(1) 背吃刀量

铰孔时,背吃刀量即是精加工余量。背吃刀量太小会使铰刀过早磨损或表面质量达不到要求,背吃刀量太大则会增加切削压力而损坏铰刀。背吃刀量一般取 0.10～0.30 mm,当孔径 D≤16 mm 时,吃刀量≤0.15 mm;当 D=16～50 mm 时,吃刀量≤0.20 mm,也可按一般规则留出铰刀直径的 3% 作为背吃刀量。

(2) 进给量和主轴转速

与钻削相比,铰削的特点是低速、进给大,低速是为了避免积屑瘤。铰孔的进给量比钻孔要大,是由于铰刀齿数多、主偏角小,若进给量太低会造成切削厚度过小、切屑不易形成、啃刮现象严重,使刀具磨损反而加剧,铰孔进给量通常是钻孔进给量的 2～3 倍。

铰孔的主轴转速通常是同材料钻孔时主轴转速的 2/3,最好避开产生积屑瘤的主轴转速,例如,如果钻孔主轴转速为 500 r/min,那么铰孔主轴转速为它的 2/3 比较合理,即 500×0.660=330 r/min。

为提高铰孔质量,需施加润滑效果好的切削液,不宜干切。铰钢件时以浓度较高的乳化液或硫化油为好;铰铸件时,则以煤油为好。需要注意的是,铰完孔后虽然以快速运动返回到起点可以节省加工时间,但这样会影响加工质量(尺寸和表面质量),因此以进给速度返回是必要的。

2. 镗孔切削用量

当采用高速钢镗刀时,切削用量一般为:

粗镗时,$a_p=0.5～2$ mm,$f_z=0.2～1$ mm/z,$v_c=15～40$ m/min;

精镗时,$a_p=0.1～0.5$ mm,$f_z=0.05～0.5$ mm/z,$v_c=15～40$ m/min。

三、铣削和切削用量的参考值

1. 铣削用量的参考值

实际生产中,在没有经验数据的情况下,可以通过查阅切削用量手册来确定铣削参数。表 2-2-4、表 2-2-5 给出了不同情况下的每齿进给量及铣削速度的参考值,供实际应用时参考。

表 2-2-4 铣刀每齿进给量参考值

刀具名称	每齿进给量 $f_z/(\text{mm} \cdot z^{-1})$			
	高速钢铣刀		硬质合金铣刀	
	铸铁	钢件	铸铁	钢件
圆柱铣刀	0.12～0.20	0.1～0.15	0.2～0.5	0.08～0.20
立铣刀	0.08～0.15	0.03～0.06	0.2～0.5	0.08～0.20
套式面铣刀	0.15～0.2	0.06～0.10	0.2～0.5	0.08～0.20
三面刃铣刀	0.15～0.25	0.06～0.08	0.2～0.5	0.08～0.20

表 2-2-5 铣削速度参考值

工件材料	铣削速度 $v_c/(\text{m}\cdot\text{min}^{-1})$	
	高速钢铣刀	硬质合金铣刀
20钢	20～45	150～190
45钢	20～35	120～150
40Cr	15～25	60～90
HT150	14～22	70～100
黄铜	30～60	120～200
铝合金	112～300	400～600
不锈钢	16～25	50～100
合金钢	15～35	55～120
灰铸铁	21～36	66～150

注：① 粗铣取小值，精铣取大值；
② 工件材料强度和硬度较高时取小值，反之取大值；
③ 刀具材料耐热时取大值，反之取小值。

2. 钻孔切削用量的参考值

实际生产中，在没有经验数据的情况下，可以通过查阅切削用量手册来确定切削参数。表 2-2-6 给出了不同情况下的钻孔切削用量的参考值，供实际应用时参考。

表 2-2-6 钻孔切削用量的选择

1. 高速钢钻头钻削不同材料的切削用量							
加工材料		硬度/HBV	切削速度 $v_c/(\text{m}\cdot\text{min}^{-1})$	钻头直径 d/mm				
				<3	3～6	6～13	13～19	19～25
				进给量 $f/(\text{mm}\cdot\text{r}^{-1})$				
铝及铝合金		45～105	105	0.08	0.15	0.25	0.40	0.48
碳钢	－0.25C	125～175	24	0.08	0.13	0.20	0.26	0.32
	－0.50C	175～225	20					
	－0.90C	175～225	17					
合金钢	0.12～0.25C	175～225	21	0.08	0.15	0.20	0.40	0.48
	0.30～0.65C	175～225	15～18	0.05	0.09	0.15	0.21	0.26
灰铸铁	软	120～150	43～46	0.08	0.15	0.25	0.40	0.48
	中硬	160～220	24～34	0.08	0.15	0.20	0.26	0.32
塑料		—	30	0.08	0.13	0.20	0.26	0.32
工具钢		196	18	0.08	0.13	0.20	0.26	0.32

(续表)

2. 硬质合金钻头钻削不同材料的切削用量					
加工材料	硬度	钻头直径 d/mm				切削液
		5～10	11～30	5～10	11～30	
		进给量 f/(mm·r^{-1})		切削速度 v_c/(m·min^{-1})		
铝	—	0.15～0.3	0.3～0.8	250～270	270～300	干切或汽油
灰铸铁	200	0.2～0.3	0.3～0.5	40～45	45～60	干切或乳化液
黄铜	—	0.07～0.15	0.1～0.2	70～100	90～100	
铸造青铜	—	0.07～0.1	0.09～0.2	50～70	55～75	
塑料	—	0.05～0.25		50～60		
工具钢	300	0.08～0.12	0.12～0.2	35～40	40～45	非水溶性切削油
	500	0.04～0.15	0.05～0.08	8～11	11～14	
	575	<0.02	<0.03	<6	7～10	

3. 铰孔切削用量的参考值

实际生产中,在没有经验数据的情况下,可以通过查阅切削用量手册来确定切削参数。表 2-2-7、表 2-2-8 给出了不同情况下的铰孔切削用量的参考值,供实际应用时参考。

表 2-2-7 高速钢铰刀铰孔时的切削用量的参考值

铰刀直径 d(mm)	刀具材料					
	铸铁		钢及铝合金		铝铜及其合金	
	切削用量					
	v_c/(m·min^{-1})	f/(mm·r^{-1})	v_c/(m·min^{-1})	f/(mm·r^{-1})	v_c/(m·min^{-1})	f/(mm·r^{-1})
6～10	2～6	0.3～0.5	1.2～5	0.3～0.4	8～12	0.3～0.5
10～15	2～6	0.5～1	1.2～5	0.4～0.5	8～12	0.5～1
15～25	2～6	0.8～1.5	1.2～5	0.5～0.6	8～12	0.8～1.5
25～40	2～6	0.8～1.5	1.2～5	0.4～0.5	8～12	0.8～1.5
40～60	2～6	1.2～1.8	1.2～5	0.5～0.6	8～12	1.5～2

表 2-2-8 整体硬质合金铰刀铰孔时的切削用量的参考值

工件材料	碳钢			合金钢			铸铁			有色金属		
铰刀螺旋角	30°	45°	60°	30°	45°	60°	30°	45°	60°	30°	45°	60°
v_c/(m·min^{-1})	15～30			5～20			18～45			70～100		
f_z/(mm·z^{-1})	0.13～0.25			0.05～0.15			0.1～0.3			0.05		
α_p/mm	0.1～0.2			0.05～0.15			0.1～0.2			0.2～0.8		

4. 镗孔切削用量的参考值

实际生产中,在没有经验数据的情况下,可以通过查阅切削用量手册来确定切削参数。表 2-2-9 给出了不同情况下的镗孔切削用量的参考值,供实际应用时参考。

表 2-2-9 镗孔切削用量参考值

工件材料	切削用量	刀具材料					
		粗镗		半精镗		精镗	
		高速钢	硬质合金	高速钢	硬质合金	高速钢	硬质合金
铸铁	$v_c/(\text{m}\cdot\text{min}^{-1})$	20~25	35~50	20~25	50~70	70~90	
	$f/(\text{mm}\cdot\text{r}^{-1})$	0.4~1.5		0.15~0.45		—	
钢	$v_c/(\text{m}\cdot\text{min}^{-1})$	15~30	50~70	15~50	95~135	100~135	
	$f/(\text{mm}\cdot\text{r}^{-1})$	0.15~0.45		0.15~0.45		0.12~0.15	
铝及其合金	$v_c/(\text{m}\cdot\text{min}^{-1})$	100~150	100~250	100~200		150~400	
	$f/(\text{mm}\cdot\text{r}^{-1})$	0.5~1.5		0.2~0.5		0.06~0.1	

确定切削参数除了可根据切削用量手册确定外,还可以根据刀具产品目录并结合实际经验加以修正确定。要注意的是,不同生产厂家的刀具性能不相同,实际使用的刀具性能应与刀具手册中的相一致。

注意事项:切削用量的选择虽然可查阅切削用量手册或参考有关资料确定,但就某一个具体零件而言,通过该方法确定的切削用量未必就非常理想,有时需进行试切,才能确定比较理想的切削用量。

四、精加工余量的确定

1. 精加工余量的概念

精加工余量是指加工过程中,所切去的金属层厚度。通常情况下,精加工余量由精加工一次切削完成。

精加工余量有单边余量和双边余量之分。轮廓和平面的精加工余量指单边余量,它等于实际切削的金属层厚度。而对于一些内圆和外圆等回转体表面,精加工余量有时指双边余量,即以直径方向计算,实际切削的金属层厚度为加工余量的一半。

2. 影响精加工余量的因素

影响精加工余量大小的因素主要有两个,即上一道工序(或工步)的各种表面缺陷、误差和本工序的装夹误差。

精加工余量的大小对零件的最终加工质量有直接影响。选取的精加工余量不能过大,也不能过小,余量过大会增加切削力、切削热的产生,进而影响加工精度和加工表面质量;余量过小则不能消除上一道工序(或工步)留下的各种误差、表面缺陷和本工序的装夹误差,容易造成废品。因此,应根据影响余量大小的因素合理地确定精加工余量。

3. 精加工余量的确定方法

确定精加工余量的方法主要有以下三种。

(1) 经验估算法

此方法是凭工艺人员的实践经验估计精加工余量。为避免因余量不足而产生废品,所估余量一般偏大,仅用于单件、小批生产。

(2) 查表修正法

将工厂生产实践和实验研究积累的有关精加工余量的资料制成表格,并汇编成手册。确定精加工余量时,可先从手册中查得所需数据,然后再结合工厂的实际情况进行适当修正。这种方法目前应用广泛。

(3) 分析计算法

采用此方法确定精加工余量时,需运用计算公式和一定的实验资料,对影响精加工余量的各种因素进行综合分析和计算来确定精加工余量。用这种方法确定的精加工余量比较经济合理,但必须有比较全面和可靠的实验资料。

用数控铣床加工时,采用经验估算法或查表修正法确定的精加工余量推荐值见表2-2-10,表中轮廓指单边余量,孔指双边余量。

表 2-2-10 精加工余量推荐值　　　　　　　　　　　　　单位:mm

加工方法	刀具材料	精加工余量	加工方法	刀具材料	精加工余量
轮廓铣削	高速钢	0.2~0.4	铰孔	高速钢	0.1~0.2
	硬质合金	0.3~0.6		硬质合金	0.2~0.3
扩孔	高速钢	0.5~1	镗孔	高速钢	0.1~0.5
	硬质合金	1~2		硬质合金	0.3~1.0

考证习题

一、填空题

1. 精加工余量是指加工过程中,所切去的金属层_____。
2. 铰孔时,背吃刀量即是精加工_____。
3. 对于内圆和外圆等回转体表面,加工余量有时指_____。

二、判断题

1. 一般铣削宽度与刀具直径成正比,与背吃刀量成反比。　　　　　　　　(　　)
2. 选取铣削速度时粗铣取小值,精铣取大值。　　　　　　　　　　　　　(　　)

三、选择题(选择一个或多个正确答案)

1. 铣削用量包括(　　)。
   A. 主轴转速　　　B. 进给速度　　　C. 刀具使用寿命　　　D. 背吃刀量
2. 铣削时的进给量有三种表示,分别为(　　)。
   A. 进给速度 v_f　　　B. 进给速度 n　　　C. 每齿进给量 f_z　　　D. 每转进给量 f
3. 铰孔的主轴转速通常是同材料钻孔时主轴转速的(　　)。
   A. 4/5　　　B. 1/2　　　C. 3/4　　　D. 2/3
4. 下列哪种方法是凭工艺人员的实践经验估计精加工余量的?(　　)
   A. 经验估算法　　　B. 查表修正法　　　C. 分析计算法　　　D. 实践检验法

四、简答题

在粗铣、精铣中影响进给量选择的主要因素分别是什么？

学习活动 2 工艺制订，历练技能

盖板的数控加工工艺制订

请你按照工艺文件，完成图 2-2-1 所示零件的工艺制订。记录下你在制订过程中遇到的主要问题及解决方法。

一、零件图工艺分析

1．零件分析

该零件表面由平面、圆弧和孔组成，尺寸精度和表面粗糙度要求不高。已知毛坯材料为铸铁，毛坯尺寸为 310 mm×180 mm×25 mm 的长方体。孔加工可先钻再铣，轮廓加工可选 ϕ20 mm 的立铣刀。

2．确定零件的定位基准和装夹方式

如果上平面已精加工，选择平口钳进行装夹。

3．确定加工顺序及进给路线

① 粗、精铣外轮廓至尺寸；

② 钻孔；

③ 铣孔；

④ 铣下平面，保证高度尺寸。

4．选择刀具

因表面粗糙度要求不高，可选择 ϕ20 mm 的立铣刀粗、精铣外轮廓，然后选择 ϕ25 mm 的麻花钻钻底孔，再用 ϕ20 mm 的立铣刀粗、精铣孔。

5．选择切削用量

① 背吃刀量的选择。轮廓粗铣时 a_p 取 2 mm，精铣时 a_p 取 0.5 mm。

② 主轴转速的选择。粗铣时 n＝800 r/min，精铣时 n＝1 000 r/min。

③ 进给速度的选择。根据相关手册选择粗、精铣进给速度，再根据加工的实际情况确定粗铣进给速度为 150 mm/min，精铣进给速度为 100 mm/min。

二、填写工艺文件卡片

填写数控加工刀具卡片、数控加工工艺卡片，见表 2-2-11、表 2-2-12。

表 2-2-11 数控加工刀具卡片

产品名称或代号			零件名称	平面类零件	零件图号	
序号	刀具号	刀具规格及名称	材质	数量	加工表面	备注

(续表)

序号	刀具号	刀具规格及名称	材质	数量	加工表面	备注

编制：		审核：	

表 2-2-12　数控加工工艺卡片

零件名称	平面类零件	零件图号		工件材质		45 钢	
程序编号	O0001	数控系统		GSK980T		车间	
工步号	工步内容	刀具号	主轴转速/ (r·min^{-1})	进给量/ (mm·r^{-1})	背吃刀量/ mm	备注	
编制		审核		批准			

学习活动 3　小组竞赛，强化技能

如图 2-2-12 所示，毛坯尺寸为 100 mm×80 mm×17 mm，材料为铝合金，分析该轮廓零件的数控加工工艺，编制数控加工工艺卡片，写在表 2-2-13 中。

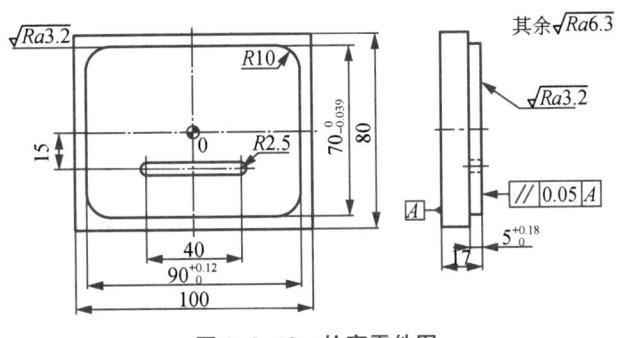

图 2-2-12　轮廓零件图

表 2-2-13 凸台数控加工工艺卡片

零件名称	凸台	零件图号		工件材质		45 钢	
程序编号	O0001	数控系统		GSK980T		车间	
工步号	工步内容	刀具号	主轴转速/(r·min^{-1})	进给量/(mm·r^{-1})	背吃刀量/mm	备注	
1							
2							
3							
4							
5							
6							
7							
编制		审核		批准			

加工如图 2-2-13 所示盖板零件,毛坯尺寸为 70 mm×60 mm×25 mm,零件材料为 45 钢,试合理选择刀具、切削用量,制订加工工艺,写在表 2-2-14 中。(拓展题,小组完成)

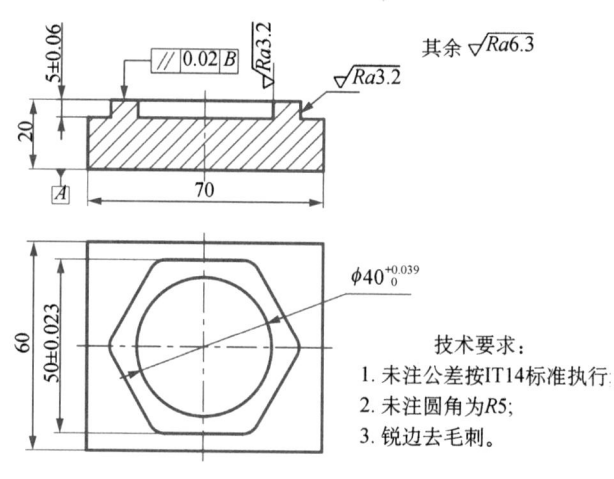

图 2-2-13 盖板零件图

表 2-2-14 盖板数控加工工艺卡片

零件名称	盖板	零件图号		工件材质		45 钢	
程序编号	O0001	数控系统		GSK980T		车间	
工步号	工步内容	刀具号	主轴转速/(r·min^{-1})	进给量/(mm·r^{-1})	背吃刀量/mm	备注	
1							

(续表)

工步号	工步内容	刀具号	主轴转速/ (r·min^{-1})	进给量/ (mm·r^{-1})	背吃刀量/ mm	备注
2						
3						
4						
5						
6						
7						
8						
9						
10						
11						
12						
编制		审核		批准		

学习活动 4　小组汇报，检查评估

请你根据轮廓零件的加工工艺制订过程中的任务完成情况、表现，给出合理的自评、互评成绩；教师根据每个小组的汇报及小组自评和互评成绩，进行点评，见表 2-2-15。

表 2-2-15　综合评价

项目评分			评分细则	配分	得分		
					自评	小组互评	教师评价
职业素养（30分）	纪律情况（10分）	不迟到，不早退	违反1次不得分	4			
		积极参与活动	根据上课统计情况得1~2分	4			
		笔记本、笔、教材	1种不带扣1分	2			
	职业道德（10分）	与他人合作	不符合要求不得分	5			
		工匠精神、爱国情怀	对工作精益求精且效果明显得3~5分	5			
	职业能力（10分）	工艺制订能力	符合工艺要求	5			
		创新能力*（加分项）	工艺优化、加工程序创新，难度大的零件的攻关等，视情况得1~3分	5			

(续表)

项目评分			评分细则	配分	得分		
					自评	小组互评	教师评价
工作任务（70分）	小组分配	组织分配	人员安排合理,分工明确得3分；1项组织不当扣1分	3			
	自主学习	自学能力、解决问题的能力	问题组织能力3分；抽查成绩4分	7			
	工艺制订	刀具卡片、工艺卡片	刀具卡片10分；工艺卡片10分	20			
	小组竞赛	个人赛、小组赛	个人赛10分,计入本人成绩；小组赛10分,计入小组成员成绩	20			
	小组汇报	团队合作、语言表达、竞争意识	汇报6分；自评、互评符合真实情况各2分	10			
	企业案例	收集企业案例情况	案例程序设计7分；每收集1例得0.5分,最高得3分	10			
资源平台活动情况	测验	按时提交、成绩	按照资源平台每个模块的赋分权重得分,最后期末成绩占20%	—	—	—	—
	讨论、提问	回答准确率					
	作业	完成程度、成绩					
	考试	成绩					
	课件阅读	完成程度					
总分							
总分[加权平均分(自评20%,小组评价30%,教师评价50%)]							
组长签字			教师签字				

请你根据小组互评成绩,认真检查自己,查找不足,写出自己的补救方法及下一步的学习计划,完成项目总结报告。

教师指导意见：

学习活动 5　企业案例,拓展应用

一、企业案例

端盖是产品零件,属于盘盖类零件,如图 2-2-14 所示,零件毛坯为铸件,材料是灰铸铁,生产类型为单件、小批生产。试制订加工工艺。请你去企业收集相关盖类零件的案例,进行程序设计练习,上传到资源平台。

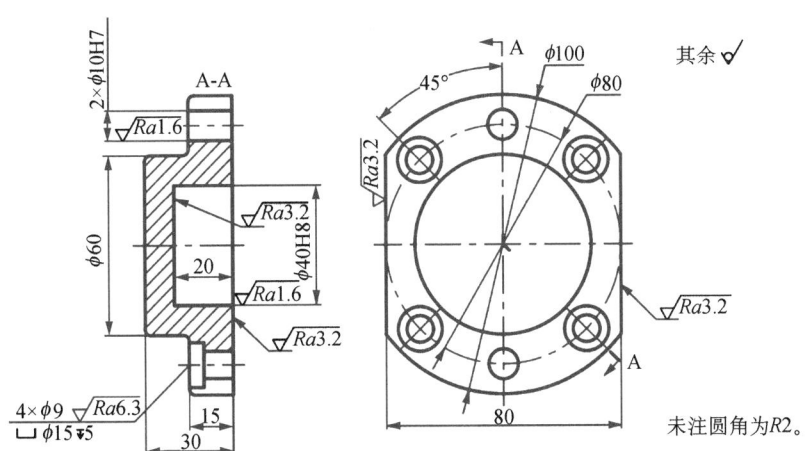

图 2-2-14　端盖

二、工艺制订训练题

通盖是产品零件,属于盘盖类零件,如图 2-2-15 所示,零件毛坯为 80 mm×73 mm×25 mm 的板材,材料是灰铸铁,生产类型为单件、小批生产,零件结构简单,装夹容易。试制订加工工艺。

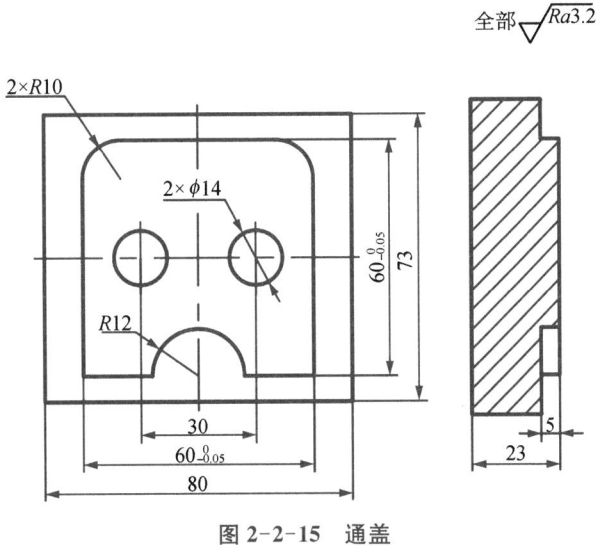

图 2-2-15　通盖

任务三
平面槽类零件的编程与加工

任务描述

平面槽类零件是在数控铣床上加工的典型零件之一,加工的部位主要是内轮廓,是模具零件的典型结构。如图 2-3-1 所示为一平面槽类零件图,毛坯为 100 mm×100 mm×30 mm 的方体,材料为铝合金。本任务以该零件为例,正确设定工件坐标系,制订加工工艺方案,选择合理的刀具和切削工艺参数,正确编写数控加工程序并完成零件的仿真加工。

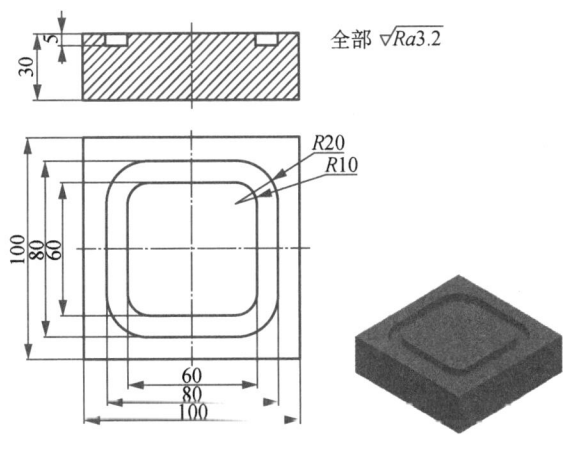

图 2-3-1 槽类零件图

平面槽的仿真加工

教学目标

一、素质目标
① 培养学生的团结协作与创造能力;
② 培养学生一丝不苟、严谨细致、精益求精的工匠精神。
二、知识目标
① 掌握数控铣床编程的基本格式;
② 掌握数控铣床的常用编程指令及使用方法,槽类零件的工艺、程序及加工方法。
三、能力目标
① 会合理选择数控铣削加工方法;

② 会正确使用工装夹具、刀具,能够完成槽类零件的仿真加工。

学习要求

通过该任务的 6 个环节,明确"平面槽类零件的编程与加工"任务中的加工程序设计的内容与步骤,巩固常用加工指令、环形槽类零件的程序设计。具体工作步骤及要求见表 2-3-1。

表 2-3-1 具体工作步骤及要求

序号	工作步骤	要求	学时安排	备注
1	明确任务 自主学习	能快速明确任务要求并清晰地表达,在教师要求的时间内完成任务;能够在自主学习过程中发现问题,解决问题,完成知识点的测试,掌握常用加工指令、环形槽的程序设计	0.5 学时	
2	程序设计 历练技能	边学边练,掌握简单环形槽类零件的程序设计	1 学时	
3	小组竞赛 强化技能	按照竞赛要求,在规定的时间内,完成环形槽程序设计	1 学时	
4	仿真训练 程序检验	用仿真软件进行仿真加工,检验设计程序的正确性,修改完善加工程序	0.5 学时	
5	小组汇报 检查评估	能够清晰地总结知识,思路清晰,语言描述流畅。完成任务自评与互评、学习报告	0.5 学时	
6	企业案例 拓展应用	根据企业产品结构,设计加工程序;收集企业案例	0.5 学时 课外	教材案例

课前引导

试在数控铣床上加工如图 2-3-1 所示的槽类零件(工件材料为铸铁,尺寸为 100 mm×100 mm×30 mm)双边,槽底部余量均为 0.2 mm,编写精加工程序。(数控铣床与加工中心编程指令格式与使用方法相同,故以数控铣床为例)。由于槽的轮廓轨迹即为刀具刀位点的运动轨迹,因此在完成任务的编程过程中,无需采用刀具半径补偿功能,只需要掌握数控编程规则、常用指令的指令格式等理论知识即可。此外,由于数控加工内容不同,导致数控加工程序各不相同,但不同数控程序的开始与结束是基本相同的,给编程带来一定便利。

学习活动 1 明确任务,归纳知识

根据任务要求,通过观看微课、动画等方式,学习相关知识,完成资源平台中的测验。

预习并总结在学习过程中遇到的问题以及解决办法,填入表 2-3-2。

表 2-3-2 遇到的问题

序号	遇到的问题	是否解决 (已解决的问题说明解决办法)
1		
2		

教师检查学生自学情况,根据学生提交的问题及表现,在课堂上用如下问题抽查自学情况(也可在资源平台提问),然后进行集中讲授和个别指导。

1. 数控铣床的坐标轴如何判定?
_____
_____

2. 数控铣床编程时的注意事项有哪些?
_____
_____

知识点 1 数控铣床的坐标系

数控铣床(加工中心)的坐标轴的判定方法依然采用右手直角笛卡尔坐标系,同数控车床坐标轴判定方法。

一、机床原点

1. 机床原点

在数控铣床上,机床原点一般设在 X,Y,Z 轴的正方向极限位置上,如图 2-3-2 所示。

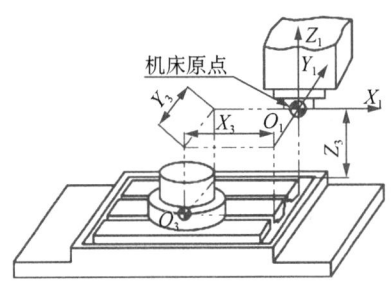

图 2-3-2 数控铣床的机床原点

2. 数控铣床坐标轴的确定

① 若 Z 轴是垂直的(立式铣床),当面对主轴看立柱时,X 轴的正方向指向右方;

② 若 Z 轴是水平的(卧式铣床),当面对主轴看立柱时,X 轴的正方向指向左方;

③ 对于双立柱的龙门铣床,当面对主轴向左侧立柱看时,X 轴的正方向指向右方。

④ Y 轴正方向则根据 X 轴和 Z 轴的方向,按右手直角笛卡尔定则确定。

二、对刀点与换刀点

在数控编程中,确定程序原点是非常重要的,因为工件原点是零件加工时刀具相对零件运动的"基准点",这一点往往是刀具加工的起点,有时也是刀具加工的终点。程序原点是零件安装好后,通过"对刀"找正确定下来的。所谓对刀是指使"刀位点"与"对刀点"重合的操作。

1. 刀位点

刀位点是指刀具的定位基准点,如图 2-3-3 所示,对于立铣刀和丝锥来说,刀位点是刀具轴线与底面的交点,球头铣刀的刀位点一般取球心,钻头的刀位点是钻尖。

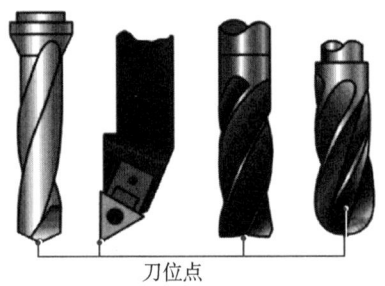

图 2-3-3 刀具的刀位点

2. 对刀点

对刀点是指通过对刀确定刀具与工件相对位置的基准点。对刀点可以设在工件上,也可以设在与工件的定位基准有一定关系的夹具某一位置上。其选择原则如下:

① 所选的对刀点应使程序编写简单。

② 对刀点应选在容易找正、便于确定零件加工原点的位置。

③ 对刀点应选在加工过程中检查方便、可靠的位置。

④ 对刀点的选择应有利于提高加工精度。

⑤ 当对刀精度要求较高时,对刀点应尽量选在零件的设计基准或工艺基准上,对于以孔定位的工件,一般取孔的中心作为对刀点。对刀点往往与工件原点重合。若两者不重合,在设置机床零点偏置时,应考虑两者的差值。

3. 换刀点

换刀点是为数控车床(加工中心)等采用多刀加工的机床而设置的,因为这些机床在加工过程中要自动换刀,在编程时应考虑选择合适的换刀位置。对于手动换刀的数控铣床,也应确定相应的换刀位置。为防止换刀时碰伤零件、刀具或夹具,换刀点常常设置在被加工零件的轮廓之外,并留有一定的安全量。

考证习题

一、填空题

1. 数控铣床(加工中心)的坐标轴的判定方法依然采用_____。
2. 在数控铣床上,机床原点一般设在 X、Y、Z 轴的_____的极限位置上。

二、判断题

1. 程序原点是零件安装好后,通过"对刀"找正确定下来的。　　　　(　　)
2. 球头铣刀的刀位点一般取球心。　　　　　　　　　　　　　　(　　)

三、选择题(选择一个或多个正确答案)

1. 对刀点往往与(　　)重合。若两者不重合,在设置机床零点偏置时,应考虑两者的差值。

　　A. 工件原点　　　B. 刀位点　　　C. 机床原点　　　D. 编程原点

2. 为防止换刀时碰伤零件、刀具或夹具,换刀点常常设置在(　　)的轮廓之外,并留有一定的安全量。

　　A. 机床　　　　　B. 被加工零件　　C. 刀具　　　　　D. 夹具

四、简答题

在数控铣床上,如何选择对刀点?

知识点 2　FANUC 0i 数控铣床典型编程指令

数控铣床的数控系统选用 FANUC 0i 数控系统,常用的加工指令及规定要参照数控铣床的说明书。

一、功能代码

1. G 功能指令代码

G 指令是命令机床以何种方式进行切削加工或移动。地址 G 后面由两位数字组成,其范围是 G00～G99。不同的代码代表不同的意义与不同的动作方式,表 2-3-3 列出的是常用的指令。

表 2-3-3　FANUC 0i 系统的准备功能 G 代码

G 代码	组	功能	指令格式
★G00	01	快速点定位	G00 X__ Y__ Z__;
G01		直线插补	G01X__ Y__ Z__ F__;
G02		圆弧插补(顺时针)	G02X__ Y__ R__ F__;或G02X__ Y__ I__ J__ F__;
G03		圆弧插补(逆时针)	G03X__ Y__ R__ F__;或G03X__ Y__ I__ J__ F__;
G04	00	暂停	G04 X1.5 或 G04 P1500;
G09		准确停止	G09 IP__;

(续表)

G 代码	组	功能	指令格式
★G15	17	极坐标设定取消	G15；
G16		极坐标设定有效	G16；
★G17	02	XOY 平面设定	G17；
G18		XOZ 平面设定	G18；
G19		YOZ 平面设定	G19；
G20	06	英制单位输入	G20；
★G21		公制单位输入	G21；
★G27	00	参考点返回检查	G27 IP__；（IP 为指定的参考点）
G28		返回参考点	G28 IP__；（IP 为经过的中间点）
G29		从参考点返回	G29 IP__；（IP 为返回参考点）
G30		返回第 2、3、4 参考点	G30 P3 IP__ 或 G30 P4 IP__；
G33	01	螺纹切削	G33 IP__ F__；（F 为导程）
G39	00	拐角偏置圆弧插补	G39；或 G39 I__ J__；
★G40	07	取消刀尖半径补偿	G40；
G41		刀尖圆弧半径左补偿	G41 G01 X__ Y__ D__；
G42		刀尖圆弧半径右补偿	G42 G01 X__ Y__ D__；
G43	08	刀具长度正向补偿	G43 G01 Z__ H__；
G44		刀具长度负向补偿	G44 G01 Z__ H__；
★G49		刀具长度补偿取消	G49；
G50	11	比例缩放取消	G50；
G51		比例缩放有效	G51 IP__ P__；或 G51 I__ J__ K__ P__；
G50.1	22	镜像功能取消	G50.1 IP__；
G51.1		镜像功能有效	G51.1 IP__；
G52	00	局部坐标系设定	G52 IP__；（IP 以绝对值指定）
G53		指定机床坐标系	G53 IP__；
★G54	14	选择工件坐标系 1	G54；
G55		选择工件坐标系 2	G55；
G56		选择工件坐标系 3	G56；
G57		选择工件坐标系 4	G57；
G58		选择工件坐标系 5	G58；
G59		选择工件坐标系 6	G59；
G65	00	宏程序非模态调用	G65 P__ L__〈自变量指定〉；

(续表)

G代码	组	功能	指令格式
G66	12	宏程序模态调用	G66 P_ L_〈自变量指定〉;
G67		宏程序模态调用取消	G67;
G68	16	坐标系旋转有效	G68 IP_ R_;
G69		坐标系旋转取消	G69;
G73		高速深孔啄钻循环	G73 X_ Y_ Z_ R_ Q_ F_;
G74		攻左螺纹循环	G74 X_ Y_ Z_ R_ P_ F_;
G76		精镗孔循环	G76 X_ Y_ Z_ R_ Q_ P_ F_;
★G80		取消固定循环	G80;
G81		钻孔、锪、镗孔循环	G81 X_ Y_ Z_ R_ F_;
G82		孔底暂停钻孔循环	G82 X_ Y_ Z_ R_ P_ F_;
G83	09	深孔啄钻循环	G83 X_ Y_ Z_ R_ Q_ F_;
G84		攻右螺纹循环	G84 X_ Y_ Z_ R_ P_ F_;
G85		镗孔、铰孔、扩孔循环	G85 X_ Y_ Z_ R_ F_;
G86		高速镗孔循环	G86 X_ Y_ Z_ R_ P_ F_;
G87		背精镗孔循环	G87 X_ Y_ Z_ R_ Q_ F_;
G88		半自动精镗孔循环	G88 X_ Y_ Z_ R_ P_ F_;(手动返回)
G89		孔底暂停镗孔循环	G89 X_ Y_ Z_ R_ P_ F_;
★G90	03	绝对值编程	G90 G01 X_ Y_ Z_ F_;
G91		增量值编程	G91 G01 X_ Y_ Z_ F_;
G92	00	设定工件坐标系	G92 IP_;
★G94	05	每分钟进给量	单位 mm/min
G95		每转进给量	单位 mm/r
G96	13	恒表面速度控制	G96 S600;(200 m/min)
★G97		每分钟转速	G97 S600;(800 r/min)
★G98	10	固定循环返回到初始点	G98 G81 X_ Y_ Z_ R_ F_;
G99		固定循环返回到R点	G99 G81 X_ Y_ Z_ R_ F_;

注:① 标有"★"的G代码为初态(初始状态)G代码,即当系统接通电源和复位时显示的G代码。G20、G21为断电前的状态。
② G指令按功能分组,在G代码表中按组号表示,有00~22组。G指令依组别可区分为两类:模态指令和非模态指令。属于"00"组者是非模态指令;其他组别者(01~22组)为模态指令。
③ 如果同组的G代码出现在同一程序段中,则最后一个G代码有效。
④ 在固定循环中(09组),如果遇到01组的G代码,固定循环被自动取消。

2. M 功能指令代码

数控铣床 M 功能与数控车床基本相同,数控铣床 M 指令代码及功能见表 2-3-4。

表 2-3-4　辅助功能代码及其功能

M 代码	功能说明	M 代码	功能说明
M00	程序暂停	M07(M08)	切削液开启
M01	程序选择性停止	M09	切削液关闭
M02	程序结束	M30	程序结束并返回程序头
M03	主轴正转（CW）	M98	子程序调用
M04	主轴反转（CCW）	M99	子程序结束
M05	主轴停		

注意:对于 FANUC 0i 系统,一般情况下,在一个程序中仅能指定一个 M 代码。若在同一个程序段中有两个 M 代码出现时,虽其动作不相冲突,但以排列在最后面的 M 代码为有效,前面的 M 代码被忽略而不执行。但是,设定参数 №3404♯7(M3B)=1 时,在一个程序段中一次最多可以指定 3 个 M 代码。

3. 主轴功能指令代码

主轴功能控制主轴转速,S 指令后的数值表示主轴转速数值,单位为 r/min。S 指令为模态指令,且 S 功能只有在主轴速度可自动调节时才有效。

4. 刀具功能指令代码

刀具功能也称 T 功能,T 指令主要用来选择刀具。它也是由地址符 T 和后续数字组成,有 T×× 和 T××× 之分,具体对应关系由生产厂家确定,使用时应首先参考厂家说明书。

5. 进给功能指令代码

进给功能也称 F 功能,F 指令用于加工件时刀具相对于工件的合成进给速度,它的单位取决于 G94 或 G95 指令。G94 表示每分钟进给量,单位为 mm/min,G95 表示每转进给量,单位为 mm/r。

二、基本指令

1. 尺寸单位的设定

工程图样中的尺寸标注有英制和公制两种形式,用 G 代码可以选择输入的单位是英制还是公制。G20 为英制输入,最小设定单位是 0.000 1 in;G21 为公制输入,最小设定单位是 0.001 mm。英制与公制的换算关系为:1 mm=0.039 4 in, 1 in=25.4 mm。

说明:

① G20/G21 必须在设定工件坐标系之前指定。

② 程序执行过程中不要变更 G20,G21。

③ 在有些数控系统中,英制、公制的转换采用 G71/G70 代码,如 SINMENS 系统、FAGOR 系统。

2. 选择机床坐标系指令 G53

该指令的功能是将刀具快速定位到机床坐标系中的指定位置上。

(1) 指令格式

$$G53\ X\_\_\ Y\_\_\ Z\_\_;$$

式中，X, Z, Y 表示刀具移动的目标点的坐标。

(2) 指令说明

G53 指令是非模态指令，只在绝对坐标值(G90)状态下有效。

注意：在使用 G53 指令前，应消除相关的刀具半径、长度或位置补偿，而且必须使铣床回参考点以建立起铣床坐标系。

3. 工件坐标系的设定指令 G92

G92 指令是基于刀具的当前位置来设置工件坐标系的，它的用法与含义同数控车床 GSK980T 系统的 G50 指令。

(1) 指令格式

$$G92\ X\_\_\ Y\_\_\ Z\_\_;$$

式中，X, Y, Z 为刀具当前刀位点在工件坐标系中的绝对坐标值。

如图 2-3-4 所示建立的工件坐标系，使用 G92 指令编程为 G92 X20.0 Y10.0 Z10.0。

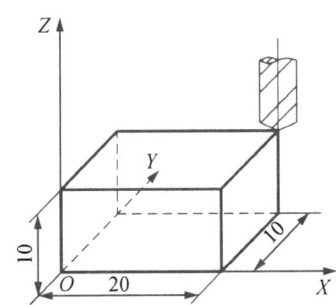

图 2-3-4 用 G92 指令建立的工件坐标系

(2) 指令说明

① 必须用单独的一个程序段指定 G92 指令且必须用绝对方式(G90)表示。

② 在 G92 指令的程序段中尽管有位置指令值，但不产生刀具与工件的相对运动。

③ 执行该指令时，若刀具当前刀位点恰好在对刀点上，此时建立的坐标系即为工件坐标系，加工原点与编程原点重合；若刀具当前点不在对刀点上，则加工原点与编程原点不一致，加工出的产品就有误差或报废，甚至出现危险。

④ 在实际加工中铣床若发生断电或重启，G92 指令所建立的工件坐标系将丢失，继续加工需重新对刀，以使刀具仍回到起始位置。有经验的 CNC 操作人员会找出从机床原点到设置 G92 刀具位置的实际距离，并在每次特定设置时(例如在零件开始加工前)记录它，这样就可以在重新通电时将刀具移动到相应的位置上。

4. 工件坐标系零点偏置法设定指令 G54～G59

零点偏置法是基于机床原点来设置工件坐标系的。

① G54～G59 指令用来指定数控系统预定的 6 个工件坐标系,如图 2-3-5 所示,可任选其一。G54～G59 为模态指令,可相互注销,其中 G54 为缺省值。

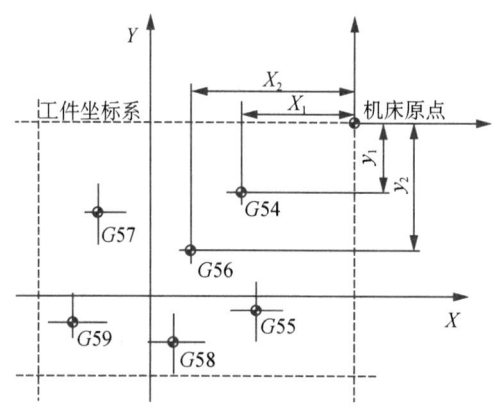

图 2-3-5 零点偏置法设定工件坐标系

② 使用该组指令前,要先将各工件坐标系的坐标原点在机床坐标系中的坐标值(即工件零点偏置值),用 MDI 方式输入到机床操作面板中相应的工件原点偏置存储器,如图 2-3-6 所示,数控系统自动记忆。

```
外部坐标偏移      G54设定         G55设定         G56设定
X  0.000        X  100.000      X  0.000        X  0.000
Y  0.000        Y  50.000       Y  0.000        Y  0.000
Z  0.000        Z  0.000        Z  0.000        Z  0.000

G57设定         G58设定         G59设定         G59.1设定
X  0.000        X  0.000        X  0.000        X  0.000
Y  0.000        Y  0.000        Y  0.000        Y  0.000
Z  0.000        Z  0.000        Z  0.000        Z  0.000
```

图 2-3-6 工件原点偏置存储页面

注意:零点偏置法是基于机床原点,通过在工件原点偏置存储页面中设置参数的方式来设定工件坐标系的。因此一旦设定,工件原点在机床坐标系中的位置是不变的,它与刀具的当前位置无关,除非再通过 MDI 方式修改。故在自动加工中即使发生断电,只要工件和刀具没被卸下,其所建立的工件坐标系就不会丢失。但使用本方法必须使铣床开机后回参考点才有意义。

对于多程序原点偏移,采用 G54～G59 原点偏置寄存器存储所有程序原点与机床参考点的偏移量,然后在程序中直接调用 G54～G59 进行原点偏移。

5. 回参考点控制指令

(1) 自动返回参考点指令 G28

指令格式:

$$G28\ X\_\ Y\_\ Z\_;$$

式中,X,Y,Z 为回参考点时经过的中间点坐标,在使用 G90 时为中间点在工件坐标系中的坐标值,在使用 G91 时为中间点相对于起点的增量值。注意在执行该指令前应取消刀具半径和刀具长度补偿。在执行 G28 程序段时,不仅产生坐标轴的移动,而且还记忆中间点坐标值,以供 G29 使用。G28 是非模态指令。

(2) 自动从参考点返回指令 G29

指令格式:

$$G29\ X\_\_Y\_\_Z\_\_;$$

通常该指令紧跟在 G28 指令之后。

注意:局部坐标系不能替代工件坐标系,它只是工件坐标系的补充。

6. 坐标平面的选择指令 G17,G18,G19

该组指令用来选择进行圆弧插补和刀具半径补偿的平面,如图 2-3-7 所示。

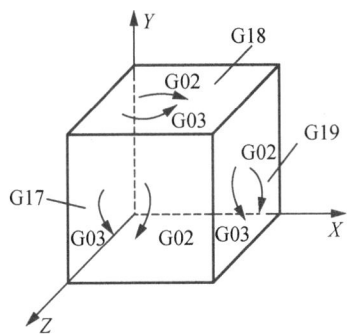

图 2-3-7　G92 设定工件坐标系

G17 选择 XOY 平面,G18 选择 ZOX 平面,G19 选择 YOZ 平面。

G17,G18,G19 为模态指令,可相互注销,G17 为缺省值。

7. 编程方式的选择指令 G90,G91

以 G90 指令设定程序中的 X,Y,Z 轴坐标值为绝对值(即绝对编程方式),以 G91 指令设定程序中的 X,Y,Z 轴坐标值为增量值(即增量编程方式)。

三、基本移动指令

基本移动指令包括快速点定位、直线插补和圆弧插补三个指令。

1. 快速点定位指令 G00

该指令命令刀具以点位控制方式从刀具所在点快速移动到目标位置,无运动轨迹要求。机床快速移动的速度不需要指定,由生产厂家确定。

(1) 指令格式

$$G00\ X\_\_Y\_\_Z\_\_;$$

式中,X,Y,Z 表示刀具移动的目标点的坐标。

(2) 指令说明:

① G00 指令刀具相对于工件从当前位置以各轴预先设定的快移进给速度移动到程序段所指定的下一个定位点。

② G00 指令中的快进速度由机床参数对各轴分别设定,不能用程序规定。由于各轴以各自速度移动,不能保证各轴同时到达终点,因而联动直线轴的合成轨迹并不总是直

线。因此,要注意避免刀具与工件或夹具发生碰撞。一般的做法:下刀时,先指令刀具在安全高度上进行 X,Y 轴定位,再指令 Z 轴运动;提刀时,先指令 Z 轴以使刀具提起一安全高度,再指令 X,Y 轴运动。如图 2-3-8 所示,使用 G00 指令编程,要求刀具从 O 点快速定位到 A 点,程序为:G90 G00 X300.0 Y150.0;

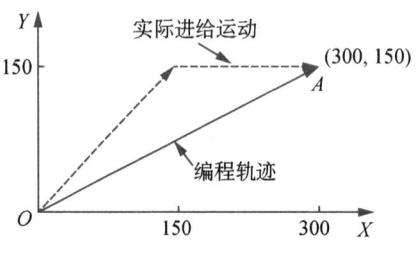

图 2-3-8　G00 指令编程实例

③ 快移速度可由面板上的"快速修调"旋钮修正。
④ G00 为模态功能,可由 G01,G02,G03 功能注销。
⑤ 不运动的坐标可以省略。

2. 直线插补指令 G01

该指令用于直线或斜线运动,可使数控机床沿 X 轴、Y 轴或 Z 轴方向执行单轴运动,也可以在 XOY 平面、XOZ 平面、YOZ 平面内做任意斜率的直线运动。

(1) 指令格式

$$G01\ X\_\_\ Y\_\_\ Z\_\_\ F\_\_;$$

式中,

X,Z,Y——表示刀具移动的目标点的坐标;

F——表示刀具的进给速度(mm/min)。

如图 2-3-9 所示,使用 G01 指令编程,要求刀具从 A 点快速定位到 B 点。

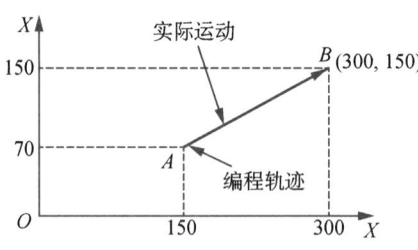

图 2-3-9　G01 指令编程实例

程序如下:

绝对值编程为 G90 G01 X300.0 Y150.0 F70.0;

增量值编程为 G91 G01 X150.0 Y80.0 F70.0;

(2) 指令说明

① F 为刀具的进给速度指令,单位一般为 mm/min。

② 在 G01 程序段中必须含有 F 指令。如果在 G01 的程序段前的程序中没有指定 F

指令,而在 G01 程序段也没有 F 指令,则机床不运动,有的系统还会出现报警。

③ 该指令是模态指令。

3. 圆弧插补指令 G02,G03

该指令控制刀具在指定的坐标平面内以 F 指定的进给速度从当前位置(圆弧起点)沿圆弧移动到目标点位置(圆弧终点)。

G02 为顺时针圆弧插补指令,G03 为逆时针圆弧插补指令。顺时针或逆时针圆弧切削方向的判别方法:沿与圆弧所在平面相垂直的第三轴正向朝负方向看,坐标平面上的圆弧移动是顺时针方向为顺时针圆弧;反之,为逆时针圆弧,如图 2-3-10 所示。指令格式有三种情况:

(1) XOY 平面上的圆弧

指令格式:

$$G17\begin{Bmatrix}G02\\G03\end{Bmatrix}X\_\ Y\_\ \begin{Bmatrix}I\_J\_\\R\_\end{Bmatrix}F\_;$$

(2) XOZ 平面上的圆弧

指令格式:

$$G18\begin{Bmatrix}G02\\G03\end{Bmatrix}X\_\ Z\_\ \begin{Bmatrix}I\_K\_\\R\_\end{Bmatrix}F\_;$$

(3) YOZ 平面上的圆弧

指令格式:

$$G19\begin{Bmatrix}G02\\G03\end{Bmatrix}Y\_\ Z\_\ \begin{Bmatrix}J\_K\_\\R\_\end{Bmatrix}F\_;$$

式中,X、Y、Z 表示圆弧的终点坐标值;R 为圆弧半径;I、J、K 为圆心向量。

需要说明的是,圆弧圆心有两种表示方式:

① 直接以圆弧的半径值 R 表示圆心。在同一半径的情况下,从圆弧起点到终点可能有两个圆弧:小于 180°的圆弧[图 2-3-10(a)]和大于 180°的圆弧[图 2-3-10(b)]。为区分圆弧,规定当圆弧所对的圆心角小于等于 180°时,R 取正值(+号可省略);当圆弧所对的圆心角大于 180°时,R 取负值。

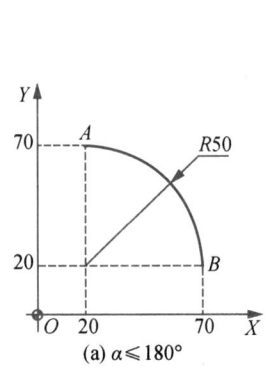 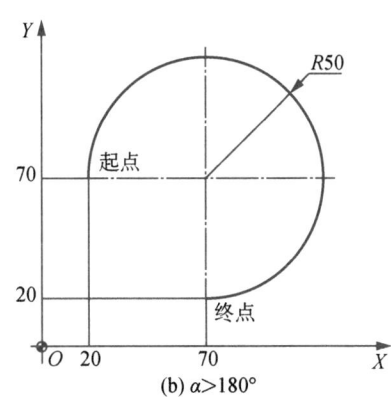

图 2-3-10 R 编程的两种圆弧

② 用 I,J,K 表示圆心。I,J,K 分别为圆弧圆心相对圆弧起点在 X,Y,Z 轴方向上的增量值,也可以理解为圆弧起点到圆心的矢量(矢量方向指向圆心)在 X,Y,Z 轴上的投影,如图 2-3-11 所示。

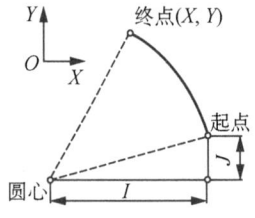 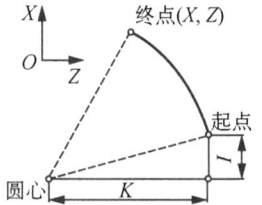 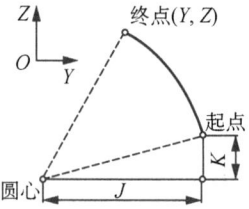

图 2-3-11　圆弧的终点位置与圆心

注意事项:

① I,J,K 和 R 同时指令时,R 有效,I,J,K 无效。

② I0,J0,K0 可以省略。

③ 整圆编程时不可用 R,只能用 I,J 或 K。原因是整圆(即 360°圆弧)加工的定义是起点和终点相隔 360°的圆弧刀具运动(其起点和终点坐标重合),因此无法用 R 确定圆弧的圆心位置(刀具不移动,即 0°圆弧)。

例: 如图 2-3-12 所示,设刀具从 A 开始沿 $A→B→C$ 切削。进给速度为 200 mm/min,主轴转速为 800 r/min。

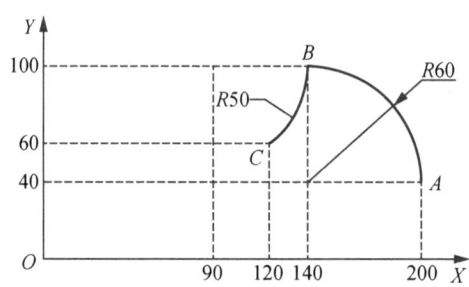

图 2-3-12　G02,G03 编程实例

用绝对值指令编程:

$A→B$　　G90 G03 X140.0 Y100.0 I-60.0 J0.0 F100;

$B→C$　　G02 X120.0 Y60.0 I-50.0 J0.0;

用增量值指令编程:

$A→B$　　G91 G03 X-60.0 Y60.0 I-60.0 J0.0 F100;

$B→C$　　G02 X-20.0 Y-40.0 I-50.0 J0.0;

编制如图 2-3-13 所示的一个整圆的加工程序,刀具从起点 A 向 B 方向顺时针绕一周。程序如下:

G90 G02 X0.0 Y40.0 I0.0 J-40.0 F100;

G91 G02 X0.0 Y0.0 I0.0 J-40.0 F100;

图 2-3-13　整圆编程实例

4. 暂停指令 G04

该指令控制系统按指定时间暂停执行后续程序段,暂停时间结束则继续执行。该指令为非模态指令,只在本程序段有效。

(1) 指令格式

$$G04 \begin{Bmatrix} X\_ \\ P\_ \end{Bmatrix};$$

式中,X,P 均为暂停时间。X 后面的数值可带小数点,单位为 s;P 后面的数值不允许用小数点,单位为 ms。

(2) 指令说明

暂停指令 G04 应用于下列情况:

① 用于主轴有高速、低速档切换时,位于 M05 指令后,用 G04 指令暂停几秒,使主轴停稳后,再行换档,以避免损伤主轴电动机。

② 用于孔底加工时暂停几秒,使孔的深度正确及减小孔底面的粗糙度。

③ 用于铣削大直径螺纹时,用 M03 指定主轴正转后,暂停几秒使主轴的转速稳定再加工螺纹,以保证螺距正确。

四、编程时的注意事项

1. 小数点编程

数控编程时可以用小数点输入,当输入距离、时间或速度时可以使用小数点,被视为一般通用的度量单位,如:mm(毫米)、in(英尺)、s(秒)等。数字单位以公制为例分为两种:一种是以 mm(毫米)为单位,另一种是以脉冲当量即机床的最小输入单位为单位。现在大多数数控机床的脉冲当量为 0.001 mm。

例如,从 A 点(0,0)到 B 点(30,0)有以下三种表达方式:

X30.0

X30.   (小数点后的零可省略)

X30 000   (脉冲当量为 0.001 mm)

以上三组数值表示的坐标值均为 30 mm,虽然 30.0 与 30 000 从数学角度上看相差了 1 000 倍。但是 X30 000 则表示 30 000 个 0.001 mm 脉冲当量。所以实际的运动距离为 30 mm。

2. 数控装置初始状态的设定

当机床电源打开时,数控装置将处于初始状态,表 2-3-1 中标有"★"(初态)的 G 代码被激活。但数控装置的状态在开机后可通过 MDI 方式更改,且会随着程序的运行而发生变化,因此为了保证程序的安全运行,建议在程序开始处编写初始状态设定的程序段,即 G21,G90,G80,G40,G49,G17,以对程序的初始状态进行有针对性的设定。

3. 安全高度的确定

对于铣削加工,起刀点和退刀点必须与加工零件上表面保持一个安全高度的距离,保证刀具在停止状态时,不与加工零件和夹具发生碰撞。在安全高度位置,刀具中心(刀尖)所在平面也称为安全面。

4. 进给下刀位置的确定

进给下刀位置即刀具下刀时自快进转为工进的 Z 坐标高度值,一般设为 5~10 mm,以避免机床惯性对工件表面造成损伤和保护刀具。

考证习题

一、填空题

1. 初态(初始状态)G 代码,即当系统_____时显示的 G 代码。
2. FANUC 0i 系统中 G95 表示每转进给量,单位为_____。
3. G00 指令中的快进速度由_____对各轴分别设定,不能用程序规定。

二、判断题

1. G 指令是命令机床以何种方式进行切削加工或移动。（   ）
2. G17 表示 *XOZ* 平面设定。（   ）
3. 整圆编程时不可用 R,只能用 I,J 或 K。（   ）
4. 在 G02 或 G03 指令中,I,J,K 和 R 同时指令时,R 有效,I,J,K 无效。（   ）

三、选择题(选择一个或多个正确答案)

1. 在 FANUC 0i 系统中,下列属于程序结束并返回程序头的指令是(   )。
   A. M02   B. M30   C. M05   D. M03
2. 在 FANUC 0i 系统中,下列属于子程序结束指令的是(   )。
   A. M98   B. M99   C. M96   D. M95
3. 在 FANUC 0i 系统中,使用(   )时,X,Y,Z 为中间点相对于起点增量值。
   A. G91   B. G90   C. G92   D. G94

四、简答题

1. 根据你用过的或去企业选择的一种数控系统,列出该系统的常用加工指令。
2. 在 FANUC 0i 系统数控铣床上,暂停指令 G04 应用于什么情况下?
3. 如何判断顺时针或逆时针圆弧切削方向?

学习活动 2　程序设计,历练技能

请你按照编程原则,完成平面槽的程序设计。记录下你在编写过程中遇到的主要问题及解决方法。

平面槽的程序设计

一、工艺制订

1. 零件的安装

从图 2-3-1 中可以看出,加工内容主要为直线槽和圆弧形槽,选用平口钳装夹。

2. 选择刀具

该零件材料为铝合金,选择刀具,填入表 2-3-5。

表 2-3-5　数控加工刀具卡片

产品名称或代号：			零件名称：平面槽		零件图号：	
序号	刀具号	刀具规格及名称	材质	数量	加工表面	备注
编制：			审核：			

3. 确定加工工艺

以工件的对称中心和工件的上表面的交点为工件原点,工艺路线安排如下：

按 $A \to B \to C \to D \to E \to F \to G \to H \to A$ 的顺序加工。

编制加工工艺卡片,填入表 2-3-6。

表 2-3-6　数控加工工艺卡片

零件名称		平面槽		工件材质		铝合金	
工序号	程序编号		夹具名称	数控系统		车间	
1	O0001		平口钳	FANUC 0i			
工步号	工步内容	刀具号	主轴转速/ $(r \cdot min^{-1})$	进给量/ $(mm \cdot r^{-1})$		背吃刀量/ mm	备注
编制		审核		批准			

一、编写精加工程序

以工件上表面为 Z0,平面对称中心为工件编程原点,编写程序并填入表 2-3-7。

表 2-3-7　精加工程序

加工程序	程序说明

小组讨论:如果本任务零件精加工程序采用增量值编程,则程序应该如何编写?

学习活动 3　小组竞赛,强化技能

加工如图 2-3-14 所示零件,毛坯尺寸为 100 mm×100 mm×30 mm,零件材料为 45 钢,试合理选择加工指令,编写"U"槽的加工程序,填入表 2-3-8 中。

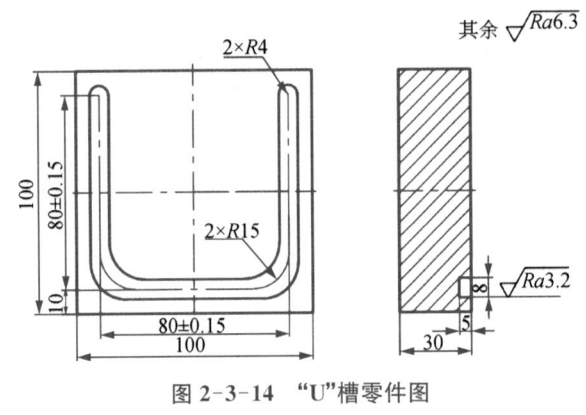

图 2-3-14　"U"槽零件图

表 2-3-8　"U"槽的加工程序

加工程序	程序说明

加工如图 2-3-15 所示零件,毛坯为半成品,尺寸为 100 mm×100 mm×22 mm,零件材料为硬铝,试制订合理的加工工艺,编写上平面及"上"字的加工程序,填入表 2-3-9。(拓展题,小组完成)

项目二 数控铣床典型零件编程与加工

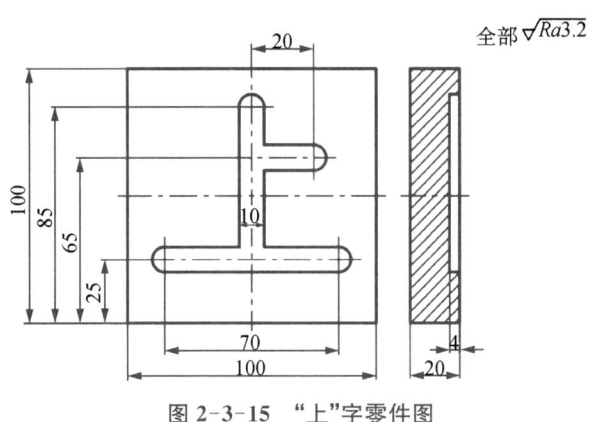

图 2-3-15 "上"字零件图

表 2-3-9 "上"字的加工程序

加工程序	程序说明

学习活动 4 仿真训练,拓展应用

请根据编程竞赛中的零件加工程序,小组共同完成"上"字槽的仿真加工,提交仿真视频,根据仿真情况,填写表 2-3-10 中的检测结果。

表 2-3-10 "上"字槽的仿真加工评分标准

序号	项目	检测内容		配分		检测结果		得分
		IT	Ra	IT	Ra	IT	Ra	
1	中心距长度高度	20(2处)	—	8	—	—	—	
2		70	—	2	—			
3		25、4(2处)	—	8	—			
4		85	—	2	—			
5		65		2				

(续表)

序号	项目	检测内容		配分		检测结果		得分
		IT	Ra	IT	Ra	IT	Ra	
6	槽	10	—	3	—		—	
7	程序	检查程序正误		75				
8	考场纪律	① 小组讨论完成； ② 文明生产,避免产生撞刀、崩刀、换件等				若有违反的小组酌情扣3~10分		
9	评分细则	① 外径尺寸每超差不得分,长度尺寸每超差不得分； ② 倒角不合格酌情扣1~2分； ③ 程序没完成或指令格式有错误导致程序无法运行扣20~30分； ④ 程序能运行但存在指令格式错误或编写不规范酌情扣2~10分						

学习活动 5　小组汇报,检查评估

请你根据平面槽的加工程序设计过程中的任务完成情况、表现,给出合理的自评、互评成绩；教师根据每个小组的汇报及小组自评和互评成绩,进行点评,见表 2-3-11。

表 2-3-11　综合评价

项目评分			评分细则	配分	得分		
					自评	小组互评	教师评价
职业素养（30分）	纪律情况（10分）	不迟到,不早退	违反1次不得分	4			
		积极参与活动	根据上课统计情况得1~2分	4			
		笔记本、笔、教材	1种不带扣1分	2			
	职业道德（10分）	与他人合作	不符合要求不得分	5			
		工匠精神、爱国情怀	对工作精益求精且效果明显得3~5分	5			
	职业能力（10分）	工艺制订能力	符合工艺要求	3			
		程序设计能力	正确运用加工指令	4			
		创新能力＊（加分项）	工艺优化、加工程序创新,难度大的零件的攻关等,视情况得1~3分	3			
工作任务（70分）	小组分配	组织分配	人员安排合理,分工明确得3分； 1项组织不当扣1分	3			
	自主学习	自学能力、解决问题的能力	问题组织能力3分； 抽查成绩4分	7			
	程序设计	刀具卡片、工艺卡片、程序卡片	刀具卡片3分；工艺卡片5分；程序卡片6分	14			

(续表)

项目评分			评分细则	配分	得分		
					自评	小组互评	教师评价
工作任务(70分)	小组竞赛	个人赛、小组赛	个人赛6分,计入本人成绩; 小组赛10分,计入小组成员成绩	16			
	仿真训练	操作规范、零件加工	操作规范,撞刀、换件扣2~5分; 零件仿真加工实际得分占总分10%	10			
	小组汇报	团队合作、语言表达、竞争意识	汇报6分; 自评、互评符合真实情况各2分	10			
	企业案例	收集企业案例情况	案例程序设计7分; 每收集1例得0.5分,最高得3分	10			
资源平台活动情况	测验	按时提交、成绩	按照资源平台每个模块的赋分权重得分,最后期末成绩占20%	—	—	—	—
	讨论、提问	回答准确率					
	作业	完成程度、成绩					
	考试	成绩					
	课件阅读	完成程度					
总分							
总分[加权平均分(自评20%,小组评价30%,教师评价50%)]							
组长签字			教师签字				

请你根据小组互评成绩,认真检查自己,查找不足,写出自己的补救方法及下一步的学习计划,完成项目总结报告。

_____
_____
_____
_____

教师指导意见:_____
_____
_____
_____

学习活动6 企业案例,拓展应用

一、企业案例

如图2-3-17所示,毛坯尺寸为70 mm×70 mm×20 mm,材料为灰口铸铁,编写槽宽为5 mm的环形槽的加工程序,并进行仿真加工。请你去企业收集相关槽类零件的案例,进行程序设计练习,上传到资源平台。

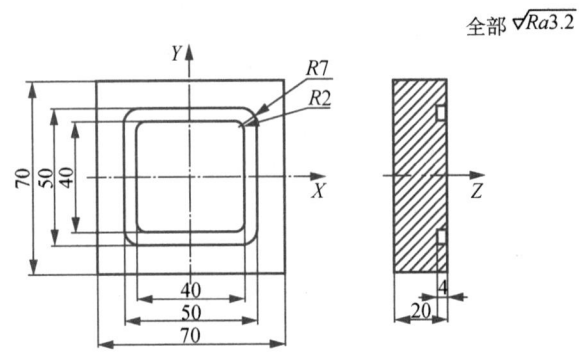

图2-3-17 端盖零件图

二、拓展应用

设计自己的印章,进行程序设计并在实训课上仿真加工。

任务四
平面轮廓类零件的编程与加工

任务描述

平面轮廓类零件是在数控铣床上加工的典型零件之一,常见的有方台、圆台、五边形等规则零件,它们的加工部位主要是平面及外轮廓。如图 2-4-1 所示为一平面轮廓类零件图,材料为铝合金,生产类型为单件、小批生产,无热处理工艺要求。本任务以该零件为例,试正确设定工件坐标系,制订加工工艺方案,选择合理的刀具和切削工艺参数,正确编写数控加工程序并完成零件的加工。

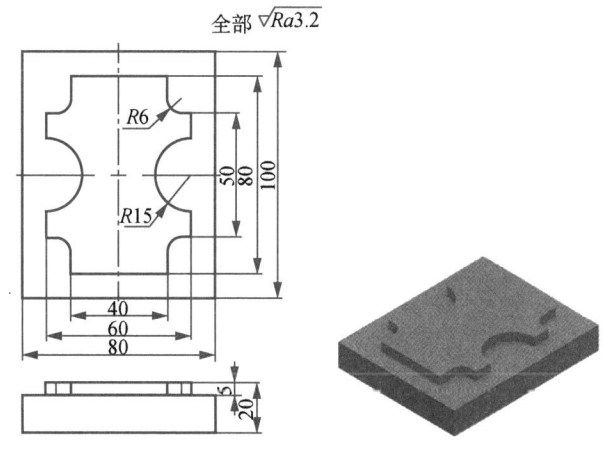

平面轮廓的仿真加工

图 2-4-1 平面轮廓类零件图

教学目标

一、素质目标
① 培养学生团结协作及解决问题的能力;
② 培养学生精益求精、爱岗敬业、忠于职守的工匠精神。
二、知识目标
① 掌握数控铣床刀具补偿的基本格式;
② 掌握数控铣床刀具补偿的使用方法;
③ 掌握凸模类零件的装夹方法;

④ 掌握刀具、切削用量的选择方法；
⑤ 掌握加工方案的选择；
⑥ 掌握常用指令 G01,G42,G41,G00,G02,G03,G17,G18,G19 的格式及用法。

三、能力目标

① 能采用半径补偿方式编写数控铣削加工程序；
② 能设定刀具半径补偿的方法；
③ 能分析和制订零件的加工工艺；
④ 掌握所学数控编程指令的含义，能正确编写零件的加工程序；
⑥ 能进行零件的仿真加工。

学习要求

通过该任务的 6 个环节，明确"平面轮廓类零件的编程与加工"任务中的加工程序设计的内容与步骤，巩固常用加工指令、平面轮廓类零件的程序设计。具体工作步骤及要求见表 2-4-1。

表 2-4-1 具体工作步骤及要求

序号	工作步骤	要求	学时安排	备注
1	明确任务 自主学习	能快速明确任务要求并清晰地表达，在教师要求的时间内完成任务；能够在自主学习过程中发现问题，解决问题，完成知识点的测试，掌握常用加工指令、平面轮廓的程序设计	0.5 学时	
2	程序设计 历练技能	边学边练，掌握简单平面轮廓类零件的程序设计	1 学时	
3	小组竞赛 强化技能	按照竞赛要求，在规定的时间内，完成平面轮廓类零件程序设计	1 学时	
4	仿真训练 程序检验	用仿真软件进行仿真加工，检验设计程序的正确性，修改完善加工程序	1 学时	
5	小组汇报 检查评估	能够清晰地总结知识，思路清晰，语言描述流畅。完成任务自评与互评、学习报告	0.5 学时	
6	企业案例 拓展应用	根据企业产品结构，设计加工程序；收集企业案例	课外	

课前引导

在完成该任务的编程时，由于工件轮廓的轨迹与刀具刀位点的轨迹不一致。因此需采用刀具半径补偿方式进行编程。试在数控铣床上加工如图 2-4-1 所示的平面轮廓类零件（工件材料为铸铁，尺寸为 80 mm×100 mm×20 mm，单边余量为 0.2 mm），编写高度为 5 mm 的凸台的精加工程序。为保证加工质量，在加工过程中需选用合适的加工刀具、合适的切削用量。

学习活动 1　明确任务，归纳知识

根据任务要求，通过观看微课、动画等方式，学习相关知识，完成资源平台中的测验。预习并总结在学习过程中遇到的问题以及解决办法，填入表 2-4-2。

表 2-4-2　遇到的问题

序号	遇到的问题	是否解决 （已解决的问题说明解决办法）
1		
2		

教师检查学生自学情况，根据学生提交的问题及表现，在课堂上用如下问题抽查自学情况（也可在资源平台提问），然后进行集中讲授和个别指导。

1. 在数控铣床上为什么要刀具补偿？请举例说明。

2. 在数控铣床上刀具长度补偿的功能是什么？

知识点　刀具半径补偿功能

一、刀具半径补偿的意义

数控加工程序控制刀具的运动轨迹，实际上控制的是刀具中心的运动轨迹。刀具半径补偿功能可以使系统自动计算出偏离了一定距离的刀具中心运动轨迹，大大简化了编程。

二、刀具半径补偿的判断

刀具半径补偿分为左补偿和右补偿两种方式，如图 2-4-2 所示。根据 ISO 标准，当刀具中心轨迹沿前进方向且位于零件轮廓的左边时，称为刀具半径左补偿，用 G41 指令指定。反之，称为右补偿，用 G42 指令指定。当不需要进行刀具半径补偿时，则可取消，用 G40 指定。

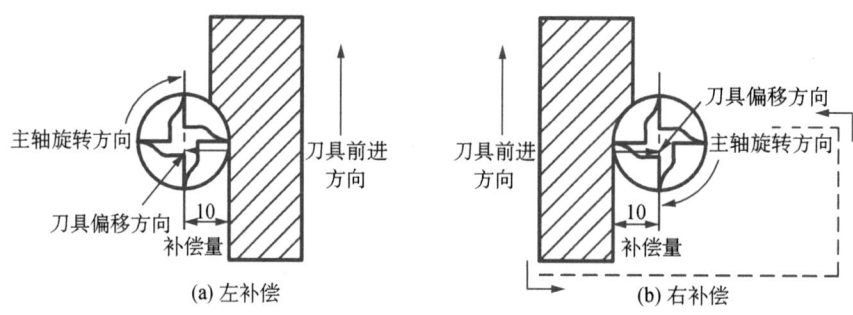

图 2-4-2 刀具半径补偿的方式

三、刀具半径补偿指令

1. 刀具半径补偿建立指令

指令格式：

$$\begin{Bmatrix} G17 \\ G18 \\ G19 \end{Bmatrix} \begin{Bmatrix} G40 \\ G41 \\ G42 \end{Bmatrix} \begin{Bmatrix} G00 \\ G01 \end{Bmatrix} \begin{Bmatrix} X\_\ Y\_ \\ X\_\ Z\_ \\ Y\_\ Z\_ \end{Bmatrix} D\_\ ;$$

2. 刀具半径补偿取消指令

指令格式：

$$G40 \begin{Bmatrix} G00 \\ G01 \end{Bmatrix} \begin{Bmatrix} X\_\ Y\_\ ; \\ X\_\ Z\_\ ; \\ Y\_\ Z\_\ ; \end{Bmatrix}$$

式中，D 为刀具半径补偿号，也称刀具偏置号，后面常用两位数字表示（一般为 D00～D99）。每一个偏置号都是内存地址，其中以存放刀具半径值作为偏置值，用于数控系统计算刀具中心的运动轨迹。其偏置可通过 CRT/MDI 方式在操作面板中对应的偏置寄存器号中设定。从开始取消偏置方式到刀具半径补偿以前，D 代码在任何地方都可以指令。

三、使用刀具半径补偿的好处

① 编程时无需考虑刀具半径，只考虑编程路径即可。

② 通过改变偏置量可得到任意的加工余量，因此粗、精加工可用同一刀具、同一程序，简化了程序，如图 2-4-3 所示。

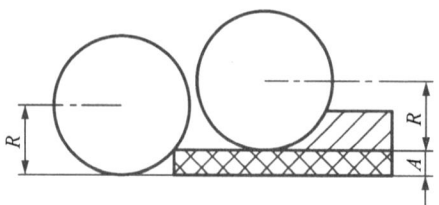

图 2-4-3 刀具偏置量与刀具半径加工余量

粗加工时的刀具偏置量＝刀具半径 R ＋精加工余量 A

精加工时的刀具偏置量＝刀具半径 R

③ 当刀具磨损或刀具重磨后,刀具半径变小,只需在相应的刀具偏置寄存器中输入改变后的刀具半径值,仍然采用原程序加工,即可获得所需的尺寸精度。

四、使用刀具半径补偿注意事项

① 建立与取消刀具半径补偿只能在 G00 或 G01 方式下完成,并且刀具必须要移动,注意由于程序轨迹方向不当而发生过切。对于如图 2-4-4 所示的过切这种情况,可适当调整 P_s、P_e 的位置,使刀补建立或取消时的 $\alpha \leqslant 180°$(通常取 $90°$ 或 $180°$),从而避免过切。

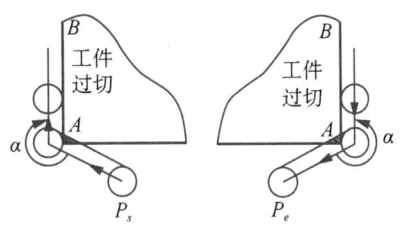

图 2-4-4 过切现象

② 在左补偿与右补偿切换时,必须要经过取消偏置。

③ 一般情况下,刀具半径补偿量应为正值。如果补偿值为负值,则会使原来沿零件外侧的加工变成沿内侧的加工,或使沿内侧的加工变成沿外侧的加工。

④ 在补偿状态下,不能出现连续两个或两个以上非选择平面的移动指令程序段,否则数控系统无法正确计算程序中刀具轨迹交点坐标,可能产生过切现象。

⑤ 在补偿状态下,铣刀的直线移动量及铣削内侧圆弧的半径值要大于或等于刀具半径,否则补偿时会产生干涉,系统在执行相应程序段时将会产生报警,停止执行。

五、半径补偿示例

如图 2-4-5 所示,已知工件材料为 5 mm 厚的铝板,编写工件精加工程序。

加工刀具为直径 ϕ10 mm 的立铣刀;安全高度为 10 mm;切削用量:主轴转速为 600 r/min,进给速度为 300 mm/min;采用顺铣,上平面为 Z0。编写的程序见表 2-4-3 所示。

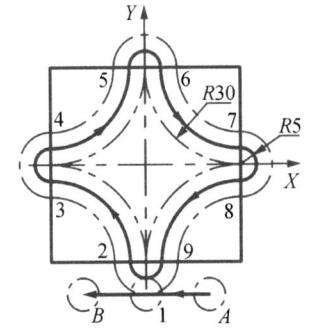

图 2-4-5 中心轮廓加工示例

表 2-4-3 中心轮廓的精加工程序

加工程序	程序说明
O0001;	程序号
G54 G90 G00 X20.0 Y-40.0 Z100.0;	设定工件坐标系,快速到起点
S500 M03;	启动主轴
Z10.0;	定位到安全高度
G01 Z-5.0 F300;	下刀深度为 5 mm
M08;	切削液开
G41 X0. Y-35.0 D01;	建立刀具半径左补偿
G02 X-5.0 Y-30.0 R5.0;	铣 R5 圆弧到达 2 点

(续表)

加工程序	程序说明
G03 X-30.0 Y-5.0 R30.0;	铣 $R30$ 圆弧到达 3 点
G02 Y5.0 R5.0;	铣 $R5$ 半圆到达 4 点
G03 X-5.0 Y30.0 R30.0;	铣 $R30$ 圆弧到达 5 点
G02 X5.0 R5.0;	铣 $R5$ 半圆到达 6 点
G03 X30.0 Y5.0 R30.0;	铣 $R30$ 圆弧到达 7 点
G02 Y-5.0 R5.0;	铣 $R5$ 半圆到达 8 点
G03 X5.0 Y-30.0 R30.0;	铣 $R30$ 圆弧到达 9 点
N150 G02 X0 Y-35.0 R5.0;	铣 $R5$ 圆弧到达起点
G40 G01 X-20.0;	取消半径补偿
G00 Z100.0 M09;	切削液关,快速回到起始点
M05;	主轴停
M30;	程序结束

考证习题

一、填空题

1. 在补偿状态下,铣刀的直线移动量及铣削内侧圆弧的半径值要_____刀具半径,否则补偿时会产生干涉,系统在执行相应程序段时将会产生报警,停止执行。

2. _____最适于连续切削、切深不大的仿形车削、冲击不大的间断车削及铣削。

二、判断题

1. 刀具半径补偿功能可以使系统自动计算出偏离了一定距离的刀具中心运动轨迹,大大简化了编程。（ ）

2. D 为刀具半径补偿号,从开始取消偏置方式到刀具半径补偿以前,D 代码在任何地方指定都可以。（ ）

三、选择题(选择一个或多个正确答案)

1. 当刀具中心轨迹沿前进方向位于零件轮廓的左边时,称为刀具半径(   ),用(   )指令指定。

A. 左补偿 B. G40
C. 右补偿 D. G41

2. 粗加工时的刀具偏置量=(   )+(   )。

A. 刀具直径 B. 刀具半径

C. 精加工余量　　　　　　　　D. 刀具磨损量

3. 建立与取消刀具半径补偿只能在(　　)方式下完成,并且刀具必须要移动。

A. G00　　　　　　　　　　　B. G01

C. G02　　　　　　　　　　　D. G03

四、简答题

1. 如何建立刀具半径补偿?
2. 简述使用刀具半径补偿的好处。
3. 简述使用刀具半径补偿的注意事项。

学习活动 2　程序设计,历练技能

请你按照编程原则,完成图 2-4-1 平面轮廓(凸台)的程序设计。记录下你在编写过程中遇到的主要问题及解决方法。

一、平面轮廓工艺制订

1. 零件的安装

根据图样要求、毛坯及前道工序加工情况,以已加工过的底面为定位基准,用平口钳夹紧工件两侧面,并固定于工作台上。因工件的加工部位主要是外轮廓,以工件的对称中心和工件上表面的交点为工件原点,建立工件坐标系。

平面轮廓零件的程序设计

2. 选择刀具

该零件材料为铝合金,尺寸精度和表面粗糙度要求不高,选择刀具,填入表 2-4-4。

表 2-4-4　数控加工刀具卡片

产品名称或代号:			零件名称:平面轮廓		零件图号:	
序号	刀具号	刀具规格及名称	材质	数量	加工表面	备注
编制:			审核:			

3. 确定加工工艺

以工件的对称中心和工件上表面的交点为工件原点,工艺路线安排如下:

以工件的左下方为起刀点,采用左刀补,沿工件顺时针加工。

编制加工工艺卡片,填入表 2-4-5。

表 2-4-5 数控加工工艺卡片

零件名称		平面轮廓		工件材质		铝合金	
工序号	程序编号		夹具名称	数控系统		车间	
1	O0001		平口钳	FANUC 0i			
工步号	工步内容	刀具号	主轴转速/ $(r \cdot min^{-1})$	进给量/ $(mm \cdot r^{-1})$		背吃刀量/ mm	备注
编制			审核	批准			

二、编制精加工程序

以工件上表面为 Z0,平面对称中心为工件编程原点。加工程序填入表 2-4-6。

表 2-4-6 精加工程序

加工程序	程序说明

小组讨论:如果对本任务零件进行粗加工,则铣削用量如何选择,程序应该如何编写?

学习活动 3 小组竞赛,强化技能

加工如图 2-4-6 所示零件,毛坯尺寸为 100 mm×100 mm×26 mm,零件材料为 45 钢,试合理选择加工指令,编写凸台轮廓零件图的加工程序,写在表 2-4-7 中。

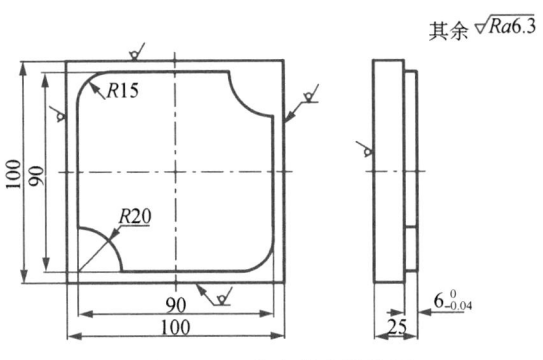

图 2-4-6 凸台轮廓零件图

表 2-4-7 凸台轮廓的加工程序

加工程序	程序说明

如图 2-4-7 所示零件,毛坯尺寸 80 mm×80 mm×21 mm,材料为铝合金,加工其平面外轮廓,试设计合理的加工工艺,编写凸台轮廓的加工程序并填入表 2-4-8。(拓展题,小组完成)

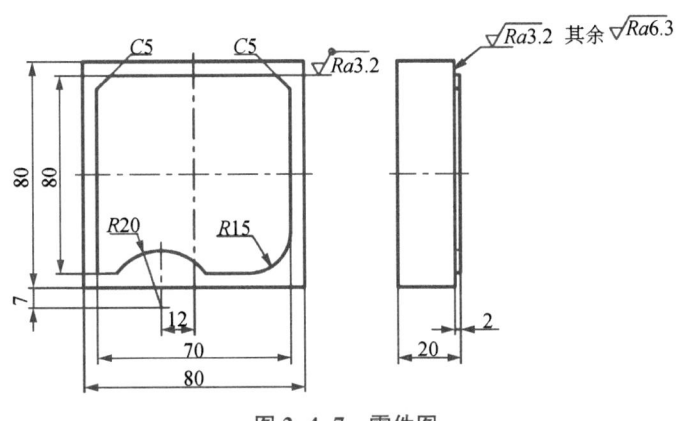

图 2-4-7 零件图

表 2-4-8 凸台轮廓的加工程序

加工程序	程序说明

学习活动 4　仿真训练，拓展应用

小组共同完成图 2-4-7 平面轮廓的仿真加工，提交仿真视频，根据仿真情况，填写表 2-4-9 中的检测结果。

表 2-4-9　平面轮廓的仿真加工评分标准

序号	项目	检测内容		配分		检测结果		得分
		IT	Ra	IT	Ra	IT	Ra	
1	圆弧	R20	—	8	—			
4		R15	—	6	—			
5	长度	60		2				
6		70(2处)	—	4				
8		2	—	3				
9		25		2				
12	程序	检查程序正误		75				
15	考场纪律	① 小组讨论完成； ② 文明生产，避免产生撞刀、崩刀、换件等				若有违反的小组酌情扣 3~10 分		
16	评分细则	① 外径尺寸每超差不得分，长度尺寸每超差不得分； ② 倒角不合格酌情扣 1~2 分； ③ 程序没完成或指令格式有错误导致程序无法运行扣 20~30 分； ④ 程序能运行但存在指令格式错误或编写不规范酌情扣 2~10 分						

学习活动 5　小组汇报，检查评估

请你根据平面轮廓零件的加工程序设计过程中的任务完成情况、表现，给出合理的自评、互评成绩；教师根据每个小组的汇报及小组自评和互评成绩，进行点评，见表 2-4-10。

表 2-4-10　综合评价

项目评分			评分细则	配分	得分		
					自评	小组互评	教师评价
职业素养（30 分）	纪律情况（10 分）	不迟到，不早退	违反 1 次不得分	4			
		积极参与活动	根据上课统计情况得 1～2 分	4			
		笔记本、笔、教材	1 种不带扣 1 分	2			
	职业道德（10 分）	与他人合作	不符合要求不得分	5			
		工匠精神、爱国情怀	对工作精益求精且效果明显得 3～5 分	5			
	职业能力（10 分）	工艺制订能力	符合工艺要求	3			
		程序设计能力	正确运用加工指令	4			
		创新能力*（加分项）	工艺优化、加工程序创新，难度大的零件的攻关等，视情况得 1～3 分	3			
工作任务（70 分）	小组分配	组织分配	人员安排合理，分工明确得 3 分；1 项组织不当扣 1 分	3			
	自主学习	自学能力、解决问题的能力	问题组织能力 3 分；抽查成绩 4 分	7			
	程序设计	刀具卡片、工艺卡片、程序卡片	刀具卡片 3 分；工艺卡片 5 分；程序卡片 6 分	14			
	小组竞赛	个人赛、小组赛	个人赛 6 分，计入本人成绩；小组赛 10 分，计入小组成员成绩	16			
	仿真训练	操作规范、零件加工	操作规范，撞刀、换件扣 2～5 分；零件仿真加工实际得分占总分 10%	10			
	小组汇报	团队合作、语言表达、竞争意识	汇报 6 分；自评、互评符合真实情况各 2 分	10			
	企业案例	收集企业案例情况	案例程序设计 7 分；每收集 1 例得 0.5 分，最高得 3 分	10			

(续表)

项目评分		评分细则	配分	得分		
				自评	小组互评	教师评价
资源平台活动情况	测验	按时提交、成绩	按照资源平台每个模块的赋分权重得分,最后期末成绩占 20%	—	—	—
	讨论、提问	回答准确率				
	作业	完成程度、成绩				
	考试	成绩				
	课件阅读	完成程度				
总分						
总分[加权平均分(自评 20%,小组评价 30%,教师评价 50%)]						
组长签字		教师签字				

请你根据小组互评成绩,认真检查自己,查找不足,写出自己的补救方法及下一步的学习计划,完成项目总结报告。

_____
_____
_____
_____
_____
_____

教师指导意见:_____
_____
_____
_____
_____

学习活动 6　企业案例,拓展应用

一、企业案例

企业产品法兰盘如图 2-4-8 所示,半成品尺寸为 ϕ140 mm×35 mm,零件材料为 45 钢,编写零件两平面及孔的加工程序。请你去企业收集相关轮廓类零件的案例,进行程序设计练习,上传到资源平台。

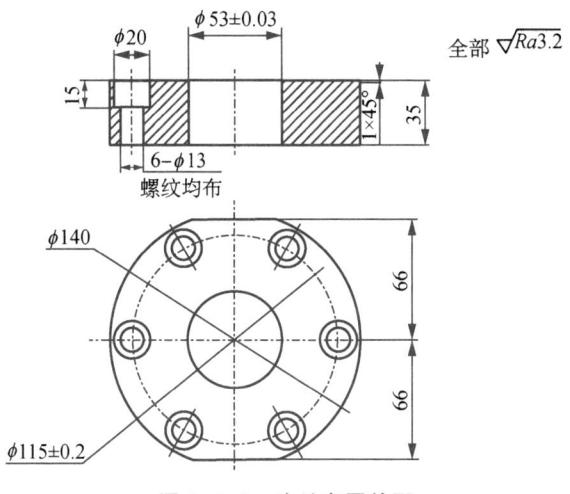

图 2-4-8 法兰盘零件图

二、拓展应用

(1) 完成图 2-2-12 零件的加工程序并完成仿真加工。

(2) 如图 2-4-9 所示,零件毛坯为 100 mm×85 mm×21 mm 的半成品,材料是硬铝。编写零件的上平面及圆形凸台的加工程序并完成仿真加工。

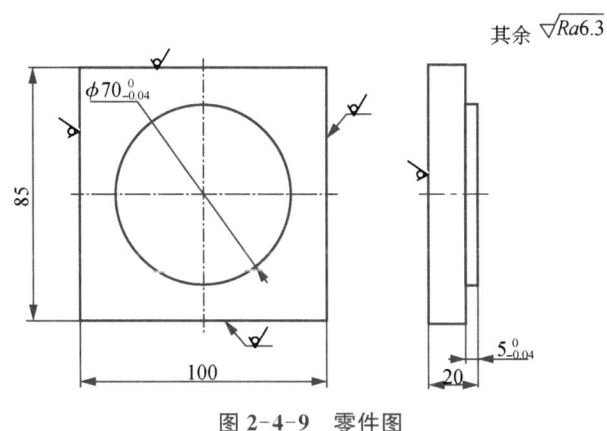

图 2-4-9 零件图

项目三

加工中心典型零件编程与加工

项目概述

加工中心数控铣床在结构、工艺和编程等方面有许多相似之处，特别是全功能型数控铣床与加工中心相比，区别主要在于数控铣床没有刀库和自动刀具交换装置，只能用手动方式换刀；而加工中心因具备刀库和自动刀具交换装置（ATC），故可将使用的刀具预先存放于刀库内，需要时再通过换刀指令使 ATC 自动换刀。本项目主要以 FUNAC 0i 系统为例来学习加工中心的编程与加工。

知识树

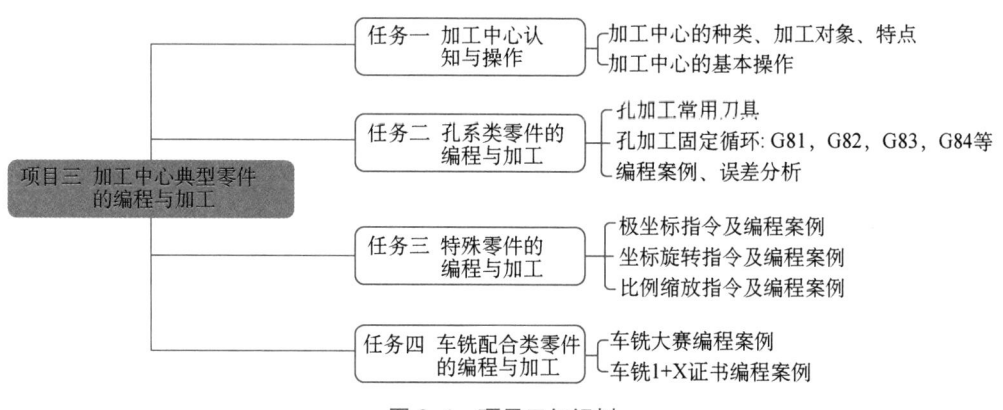

图 3-1 项目三知识树

任务分组

按照企业岗位进行班级学生分组，5 人一组。5 人轮流担任组长、工艺员、编程员、检查员、操作员角色，实施工作过程。每个人都有锻炼组织协调、任务管理、工艺制订、程序设计、检查任务、仿真操作的机会。小组协作，培养学生团队合作、互帮互助的精神和协同攻关的能力。

小组命名时,每个小组根据自己努力的目标,选取工匠精神的元素作为组名,并形成组训,营造小组凝聚力和文化氛围,并确定任务分工,组长完成任务分组表(表3)的填写。

表3 任务分组表

组名			组训	
团队成员	学号	角色指派	职责	
		组长 (技术员)	安排任务计划、进度,组织课前自主学习,对疑难问题进行讨论,汇总解决不了的问题;课后收集企业案例,解决疑难问题。进行本任务知识总结,制作汇报PPT	
		工艺员	负责竞赛零件的工艺制订,进行小组讨论,优化加工工艺,解决工艺方面的问题	
		编程员	负责竞赛零件的加工程序设计,进行小组讨论,优化加工程序,解决加工程序方面的问题	
		检查员	对任务完成情况进行自评与互评,对小组成员提出不同意见	
		操作员	仿真操作(加工中心仿真操作、程序编写、零件仿真加工)	

任务一
加工中心认知与操作

任务描述

加工中心的用途十分广泛。本任务主要认识加工中心,学习它的种类、加工对象及相关的安全文明生产等方面的知识。熟悉 FANUC 0i 数控系统面板上各按键的功能和作用,并熟练掌握其操作方法。

教学目标

一、素质目标
① 正确执行安全操作规程,树立安全意识;
② 培养学生的爱国热情。
二、知识目标
① 熟悉加工中心的分类;
② 掌握加工中心的功能及加工对象,了解加工中心的基本结构。
三、能力目标
能够分清哪些类型零件适合在加工中心上加工。

学习要求

明确"加工中心认知与操作"任务中的操作步骤与安全操作规程要求,通过 5 个环节的活动训练,掌握数控车床的基本操作。具体工作步骤及要求,见表 3-1-1。

表 3-1-1 具体工作步骤及要求

序号	工作步骤	要求	学时安排	备注
1	明确任务 自主学习	能快速明确任务要求并清晰地表达,在教师要求的时间内完成任务;能够在自主学习过程中发现问题,解决问题,完成知识点的测试,掌握数控铣床的组成、种类、特点	0.3学时	
2	仿真演练 历练技能	边学边练,掌握数控铣床的基本操作与加工程序编写	0.5学时	

（续表）

序号	工作步骤	要求	学时安排	备注
3	技能竞赛 强化技能	按照竞赛要求,在规定的时间内,完成程序编写、对刀等操作过程	0.5学时	
4	小组汇报 检查评估	能够清晰地总结知识,思路清晰,语言描述流畅。完成任务自评与互评、学习报告	0.5学时	
5	企业案例 拓展应用	收集企业加工中心的种类、功能,了解加工中心的发展;观看大国工匠事迹视频,学习工匠精神,同时也能了解加工中心的强大	0.2学时	

课前引导

因本任务所学习的加工中心数控系统和本书项目二的数控铣床相同,也是 FANUC 0i 数控系统,所以面板上各按键的功能和作用基本相同,本任务中不再赘述。

加工中心具有丰富的加工功能和较宽的加工范围。根据工件的结构与技术要求不同,选择不同的加工功能和范围。本任务重点学习加工中心的种类及加工对象。

学习活动1　明确任务,自主学习

根据任务要求,通过观看微课、动画等方式,学习相关知识,完成资源平台中的课前测验。预习并总结在学习过程中遇到的问题以及解决办法,填入表3-1-2。

表3-1-2　遇到的问题

序号	遇到的问题	是否解决 (已解决的问题说明解决办法)
1		
2		

教师检查学生自学情况,根据学生提交的问题及表现,在课堂上用如下问题抽查自学情况(也可在资源平台提问),然后进行集中讲授和个别指导。

1. 请你说说数控铣床和加工中心有什么不同,并举例说明。

2. 加工中心的主要加工对象有哪些？

知识点　加工中心的分类与加工对象

一、加工中心的基本结构

同类型的加工中心与数控铣床的结构布局相似，主要的区别是加工中心多了自动刀具交换装置（ATC），同类型加工中心的结构布局相似，主要在刀库的结构和位置上有区别。加工中心的结构可分为两大部分：一是主机部分，二是控制部分。

1. 主机部分

（1）基础部件

基础部件由床身、立柱、滑座、工作台等部件组成，它们主要承受加工中心的静载荷以及在加工时产生的切削载荷，因此必须具有足够的强度。这些构件通常是铸铁或焊接而成的钢结构件，是加工中心上体积和质量最大的基础构件。

（2）主轴部件

主轴部件由主轴箱、主轴电动机（主轴电动机将运动经主轴箱内的传动件传给主轴，实现旋转主运动）、主轴和主轴轴承等部件组成。主轴的起、停和变速等动作由数控系统控制，并通过装在主轴上的刀具参与切削运动，是切削加工的功率输出部件。

（3）进给机构

由进给伺服电动机、机械传动装置和位移测量元件等组成，它驱动工作台等移动部件形成进给运动。

（4）自动刀具交换装置（ATC）

ATC 由刀库、机械手和驱动机构等部件组成。刀库是存放加工过程所使用的全部刀具的装置。需换刀时，根据数控系统指令，由机械手将刀具从刀库取出装入主轴中。有的加工中心不用机械手而利用主轴箱或刀库的移动来实现换刀。当机构中装入接触式传感器，还可实现对刀具和工件误差的测量。

（5）辅助装置

辅助装置包括润滑、冷却、排屑、防护、液压、气动和检测系统等部分。这些装置虽然不直接参与切削运动，但对加工中心的加工效率、加工精度和可靠性起着保障作用，因此也是加工中心不可缺少的部分。

2. 控制部分

控制部分包括硬件部分和软件部分。硬件部分包括计算机数字控制装置、PLC、输入输出设备、主轴驱动装置、显示装置，软件包括系统程序和控制程序。

有的加工中心为进一步缩短非切削时间，配有两个自动交换工件托盘，一个安装在工作台上进行加工，另一个则位于工作台外进行装卸工件。这样可减少辅助时间，提高加工工效。

二、加工中心的分类

加工中心是指配有刀库和自动换刀装置，在一次装夹工件后可实现多工序（甚至全部工序）加工的数控机床。数控系统能控制机床自动地更换刀具，连续地对工件各加工表面自动进行钻削、扩孔、铰孔、镗孔、攻丝、铣削等多种工序的加工，工序高度集中。可根据工件的结构与技术要求，选择数控加工中心。

加工中心的分类方法很多，本阶段主要从两个方面进行分类。

1. 按照加工中心的外观及功能分类

(1) 立式加工中心

立式加工中心的主轴线与工作台平面方向垂直，主要适用于加工板材类、壳体类工件，也可以用于模具加工。它的优点是工件装夹方便、操作方便、找正容易、便于观察切削情况、程序调试容易、占地面积小等，所以得到了广泛的应用。但它受立柱高度及 ATC 的限制，不能加工太高的零件，也不适于加工箱体类零件。

(2) 卧式加工中心

卧式加工中心的主轴线与工作台平面方向平行。卧式加工中心的工作台大多为可分度的回转台或由伺服电动机控制的数控回转台，在工件的一次装夹中通过旋转工作台可实现多加工面加工。如果工作台是数控回转台，还可参与机床各坐标轴的联动，实现螺旋线加工。卧式加工中心适于加工箱体类零件及小型模具型腔，是加工中心中种类最多、规格最全、应用范围最广的一种。其缺点是占地面积大，结构复杂，调试程序及试切时不易观察，生产时不易监视，装夹及测量不方便，加工深孔时切削液不易到位（若没有内冷却钻孔装置）。卧式加工中心的加工准备时间比立式的长，但加工件数越多，其多工位加工、主轴转速高、机床精度高等优势就越明显，因此适用于批量加工。

(3) 复合加工中心

复合加工中心主要是指在一台加工中心上有立、卧两个主轴，或主轴可以改变 90°的转角，或工作台可带动工件一起旋转 90°。这样可在一次装夹中完成除安装面外所有五个面的加工任务，适用于加工复杂箱体类零件和具有复杂曲线的工件（如螺旋桨叶片及各种复杂模具）。

2. 按加工范围分类

(1) 车削加工中心

在数控车床基础上增加附设主轴，可进行回转零件的车削、铣削、钻镗孔的加工。

(2) 镗铣加工中心

主轴轴线一般为水平的，也称卧式加工中心。以镗、铣为主，适用于加工箱体、壳体以及各种复杂零件的特殊曲线轮廓的多工序加工。这种加工中心一般具有回转工作台，一次装夹，可对箱体的四个表面进行加工。

(3) 钻削加工中心

以钻削为主，刀库形式以转塔头形式为主，适用于中、小零件的钻孔、扩孔、铰孔、攻螺纹及连续轮廓铣削等多工序加工。

三、加工中心的特点及主要加工对象

1. 加工中心的特点

与普通机床加工相比,加工中心具有许多显著的特点。

（1）加工精度高

在加工中心上加工,工序高度集中,一次装夹即可加工出零件上大部分表面,避免了工件因多次装夹所产生的装夹误差。同时,加工中心多采用半闭环或全闭环位置补偿功能,有较高的定位精度和重复定位精度,它与普通机床相比,能获得较高的尺寸精度。

（2）加工精度稳定

整个加工过程由程序自动控制,不受操作者人为因素的影响,加工出来的零件尺寸一致性高。

（3）加工效率高

一次装夹完成多个工步,减少了多次装夹工件所需的辅助时间。同时,缩短了工件在机床与机床之间、车间与车间之间的运输时间。它比普通的机床效率高3～4倍。

（4）表面质量好

加工中心具有自适应控制功能,能随刀具和工件材质及刀具参数的变化把切削参数调整到最佳数值,从而提高加工表面的质量。为了满足较好的工艺要求,加工中心在结构上也有许多与普通机床不同的方面：

① 机床的刚度高、抗震性好。

② 机床的传动系统结构简单,传递精度高,速度快。

③ 主轴系统结构简单,无齿轮箱变速系统（特殊的只保留1～2级齿轮传动）。

④ 加工中心的导轨都采用了耐磨损材料和新结构,能长期地保持导轨的精度,在高速切削下,保证运动部件不振动,低速进给时不爬行及运动中的高灵敏度。

⑤ 设置有刀库和换刀机构。

⑥ 使用多个工作台,工作台可自动交换。

2. 加工中心的主要加工对象

根据以上工艺特点,加工中心主要适合高效、高精度,形状复杂,需多工位、多工序集中加工,重复投产或经常需要局部改进的零件。主要加工对象有以下四类。

（1）箱体类零件

箱体类零件一般是指具有多个孔系,内部有型腔或空腔,在长、宽、高方向有一定比例的零件。这类零件在机床、汽车、飞机等行业较多,如汽车的发动机缸体、变速箱体,机床的床头箱、主轴箱、柴油机缸体,齿轮泵壳体等。箱体类零件一般都需要进行孔系、轮廓、平面的多工位加工,公差要求特别是形位公差要求较为严格,通常要经过铣、镗、钻、扩、铰、锪、攻丝等工序,使用的刀具、工装较多,在普通机床上需多次装夹、找正,测量次数多,导致工艺复杂,加工周期长,成本高,尤其是精度难以保证。这类零件在加工中心上加工,二次装夹可以完成普通机床60%～95%的工序内容,零件各项精度一致性高,质量稳定,同时可缩短生产周期,降低生产成本。

当加工工位较多,工作台需多次旋转角度才能完成的零件,一般选用卧式加工中心；当加工的工位较少,且跨距不大时,可选立式加工中心,从一端进行加工。

（2）复杂曲面

同数控铣床一样，加工中心也适合加工复杂曲面，如飞机、汽车零件型面、叶轮、螺旋桨、各种曲面成型模具等。就加工的可能性而言，在不出现加工过切或加工盲区时，复杂曲面一般可以采用球头铣刀进行三坐标联动加工，加工精度较高，但效率较低。如果工件存在加工过切或加工盲区，如整体叶轮等，就必须考虑采用四坐标或五坐标联动的机床。仅仅加工复杂曲面时并不能发挥加工中心自动换刀的优势，因为复杂曲面的加工，特别是像模具一类的单件加工，一般经过粗铣、（半）精铣、清根等步骤，所用的刀具较少。

（3）异形件

异形件是外形不规则的零件，大多数需要进行点、线、面多工位混合加工，如支架、基座、样板、靠模、支架等。异形件的刚性一般较差，夹压及切削变形难以控制，加工精度也难以保证。这时可充分发挥加工中心工序集中的特点，采用合理的工艺措施，一次或两次装夹，完成多道工序或全部的加工内容。经验表明，加工异形件时，形状越复杂，精度要求越高，就越能显示加工中心的优势。

（4）盘、套、板类零件

盘、套、板类零件是带有键槽或径向孔，或端面有分布孔系以及有曲面的盘套或轴类零件，如带法兰的轴套、带有键槽或方头的轴类零件等；还有具有较多孔的板类零件，如各种电机盖等。端面分布孔系、曲面的盘、套、板类零件宜选用立式加工中心，有径向孔的可选用卧式加工中心。

考证习题

一、填空题

1. 立式加工中心的主轴线与工作台平面方向垂直，主要适用于加工板材类、壳体类工件，也可以用于_____加工。

2. 同类型的加工中心与数控铣床的结构布局相似，主要的区别是加工中心多了_____。

3. 加工中心安装刀具时，应使_____保持干净。关机后主轴应处于无刀状态。

4. 异形件是外形不规则的零件，大多数需要进行_____多工位混合加工，如支架、基座、样板、靠模、支架等。

二、判断题

1. 严禁用手和压缩空气清理切屑。（ ）

2. 当程序坐标用 G54 设定时，需要在机床内保证 G54 的机械坐标与机床原点重合。（ ）

3. 无机械手换刀是利用刀库与主轴的相对运动来实现交换，也称为主轴换刀。（ ）

4. 复合加工中心主要是指在一台加工中心上有立、卧两个主轴，或主轴可以改变 180°的转角，或工作台可带动工件一起旋转 180°。（ ）

5. 刀库是存放加工过程所使用的全部刀具的装置。　　　　　　　　　（　）

三、选择题(选择一个或多个正确答案)

1. 按照加工中心的外观及功能分类,通常分为(　　)。
   A. 立式加工中心　　　　　　　　B. 卧式加工中心
   C. 龙门式加工中心　　　　　　　D. 复合式加工中心
2. 加工中心的结构可分为(　　)。
   A. 基础部分　　　　　　　　　　B. 控制部分
   C. 主机部分　　　　　　　　　　D. 主轴部分
3. 机床需要空转(　　)min,达到热平衡状态后再进行零件加工。
   A. 30　　　　　B. 15　　　　　C. 60　　　　　D. 45
4. ATC由(　　)等部件组成。
   A. 刀库　　　　B. 机械手　　　C. 驱动机构　　D. 辅助装置
5. 下列哪类零件一般是指具有多个孔系,内部有型腔或空腔,在长、宽、高方向有一定比例的?(　　)
   A. 箱体类零件　　　　　　　　　B. 异形件
   C. 盘套类零件　　　　　　　　　D. 叉架类零件

四、简答题

1. 简述数控加工中心的主要特点及加工对象。
2. 简述数控加工中心的对刀过程。

学习活动2　仿真演练,历练技能

请你按照加工中心的操作步骤,完成加工中心的仿真操作。记录下你在操作过程中遇到的主要问题及解决方法。因为加工中心的数控系统也是选用FANUC 0i系统,所以机床的操作面板功能按钮与基本操作和数控铣床基本相同,这里只介绍用G54进行坐标系设定。

一、加工中心基本操作

① 启动机床。
② 机床清零(返回机械"O"点)。
③ 程序编写。

二、用G54进行坐标系设定

当程序坐标用G54设定时,需要在机床内保证G54的机械坐标(即G54原点机械坐标)与编程原点重合。程序原点在工件左上角上表面时坐标设定步骤如下。

(1)"方式选择"
选择"手轮"方式。
(2)调整"快进/手轮倍率"
(3)"主轴进给"保持打开

旋转手轮分别移动到工件台和主轴。

(4) 对 Z 轴

① "轴向选择":选 Z 轴。

② 使刀具与工件上表面接触。

③ 记下 Z 轴机械坐标值(例如 Z-175.042)。

(5) 对 Y 轴

① "轴向选择":选 Y 轴。

② 旋转手轮,使刀具与工件 Y 原点所在侧面接触。

③ 记下主轴机械坐标值(例如 Y-145.025)。

(6) 对 X 轴

① "轴向选择";选 X 轴。

② 旋转手轮,使刀具与工件 X 原点所在侧面接触。

③ 记下主轴机械坐标值(例如 X-455.018)。

(7) 输入数值

按下"OFFSET"键,再按"坐标系"对应软键,把光标移到"(01)G54",输入 X 坐标加半径值、Y 坐标减去刀具半径后的数值。

例如,刀具半径值为 5 mm,则 G54 后面的 X=-455.018+5=-450.018,Y=-145.025-5=-150.025,如图 3-1-1 所示。

此时在 G54 坐标系下,当刀具回零并执行刀具补偿时,G54 原点、刀具中心与编程原点重合。加工时,根据刀具路径需要设定刀具半径补偿。

回零后按"POS"键,"机械坐标"显示如图 3-1-2 所示。

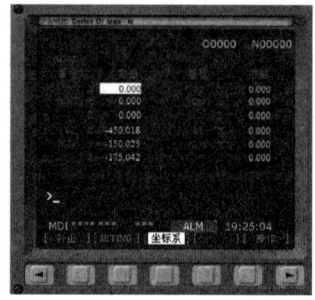

图 3-1-1 在 G54 里工件坐标系的设定

图 3-1-2 回零后按"POS"键的"机械坐标"显示

或者按下"OFFSET"键,再按"坐标系",把光标移到"番号 00(EXT)"对应的坐标,X 后输入刀具半径正值、Y 后输入刀具半径负值,如图 3-1-3 所示。

此时在 G54 坐标系下,当刀具回零时,刀具中心与编程原点重合,而 G54 原点不与编程原点重合。

对好刀后,根据右手定则来判断,为了保证刀具中心与编程原点重合,当刀具需正向移动时输入正的半径值;刀具需负向移动时输入负的半径值。

回零后按"POS"键,"机械坐标"显示如图 3-1-4 所示。

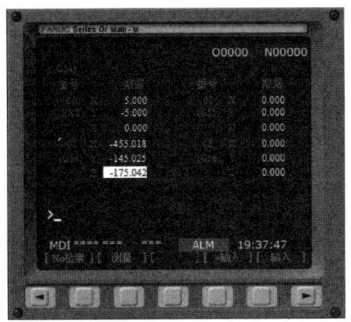
图 3-1-3 "番号 00(EXT)"下刀具半径的处理

图 3-1-4 回零后"机械坐标"显示

三、加工中心的操作规程

① 机床通电后,检查电压、气压、油压是否正常,各种开关、按钮和键是否灵活,并对各手动润滑部位进行润滑。

② 各坐标轴手动回零(机械原点)。如某轴在回零前已在零位,必须先将该轴移动一段距离后,再进行手动回零。

③ 机床空转 15 min,达到热平衡状态后再进行零件加工。

④ 按工艺规程要求安装并找正夹具,检查刀具系统的安装及刀具类型和尺寸,并输入相应刀具的补偿值。

⑤ 对刀并建立工件坐标系。

⑥ 输入加工程序,通过检索、加工图形模拟及机床空运转检查加工程序,如有错误,更改后再按此过程重新检查。

⑦ 首件加工时应逐把刀逐段试切加工,并验证零件图和工艺文件要求是否一致。

⑧ 加工过程中应注意机床显示状态,对异常情况应及时处理,尤其应注意报警、急停、超程等安全操作。

⑨ 整批零件加工完成后,应核对刀具号和刀补值,将刀具和夹具按规定清理入库。将加工程序存入磁盘与工艺文件等资料存档。

⑩ 清理机床,将各坐标轴停在中间位置。按机床要求依序关闭电源,清理机床。

四、安全生产要求

① 操作者必须接受过该加工中心的操作培训,熟悉了解机床各部件、开关、按钮的作用,熟悉加工中心的指令和操作方法。严格遵守加工中心上使用的各种切削方式的安全生产要求。

② 严禁取掉或挪动加工中心上的维护标记及警告标记。

③ 不得随意拆卸回转工作台,严禁用手动换刀方式互换刀库中刀具的位置。

④ 加工前应仔细校核工件坐标系原点的选择、加工轨迹是否与夹具、工件、机床干涉,新程序经校核后才能执行。

⑤ 刀库门、防护挡板和防护罩应齐全,且灵活可靠。切屑排除机构正常,严禁用手和压缩空气清理切屑。机床上不能摆放杂物,设备周围应保持整洁。

⑥ 加工中心安装刀具时,应使主轴锥孔保持干净。关机后主轴应处于无刀状态。

⑦ 维护加工中心时,严禁开动机床。发生故障后,必须查明并排除机床故障,然后再重新启动机床。

五、技能检测

采用手工输入方式,将表3-1-3中的程序在仿真软件上进行编辑,并进行仿真加工(学生提交程序编辑仿真视频,看谁操作得又快又准确)。

表3-1-3 加工中心的仿真操作记录卡

加工程序	
O0001;	M06 T02;
G90 G94 G80 G21 G17 G54;	G90 G43 G00 Z30.0 H02;
G91 G28 Z0;	M03 S600;
M06 T01;	G82 X30.0 Y30.0 Z-6.0 R5.0 P1000 F80 M08;
G90 G43 G00 Z30.0 H01;	X-30.0;
G99 G81 X30.0 Y30.0 Z-25.0 R5.0 F100 M08;	Y-30.0;
X-30.0;	X30.0;
Y-30.0;	G80 G49 M09 M05;
X30.0;	G91 G28 Z0;
G80 G49 M09 M05;	M30;
G91 G28 Z0;	
仿真加工时间	
序号	存在的问题	解决办法及改进措施	备注

序号	存在的问题	解决办法及改进措施	备注

学习活动3 技能竞赛,强化技能

一、加工程序编辑

每人一台电脑,独立完成加工程序的编写,安装工件,并进行模拟加工。

完成表3-1-4中加工程序的编辑输入。(记录时间)

二、模拟加工

1. 安装刀具

1号刀——$\phi 10$ mm立铣刀;2号刀——$\phi 5$ mm槽铣刀。

2. 模拟演示

表3-1-4 加工程序

加工程序	
O0002;	G01 Y-30.0;
G54 G90 G00 X-50.0 Y-50.0 Z100.0;	X12.0;
S1000 M03;	G03 X-12.0 Y-30.0 R12.0;
Z5.0;	G01 X-50.0;
G01 Z-5.0 F100;	G40 Y-50.0;
G41 X-30.0 D01;	Z5.0;
Y20.0;	G00 Z100.0;
G02 X-20.0 Y30.0 R10.0;	M30;
G01 X20.0;	
G02 X30.0 Y20 R10.0;	

学习活动 4 小组汇报,检查评估

请你根据加工中心基本操作任务的完成情况、表现,给出合理的自评、互评成绩;教师根据每个小组的汇报及小组自评和互评成绩,进行点评,见表3-1-5。

表3-1-5 综合评价

项目评分			评分细则	配分	得分		
					自评	小组互评	教师评价
职业素养(30分)	纪律情况(10分)	不迟到,不早退	违反1次不得分	4			
		积极参与活动	根据上课统计情况得1~2分	4			
		笔记本、笔、教材	1种不带扣1分	2			
	职业道德(10分)	与他人合作	不符合要求不得分	5			
		工匠精神、爱国情怀	对工作精益求精且效果明显得3~5分	5			
	职业能力(10分)	规范操作能力	按数控车床安全操作规程得1分	5			
		仿真软件的使用能力	正确使用仿真软件	5			

(续表)

项目评分			评分细则	配分	得分		
					自评	小组互评	教师评价
工作任务(70分)	小组分配	组织分配	人员安排合理,分工明确得3分;1项组织不当扣1分	3			
	自主学习	自学能力、解决问题的能力	问题组织能力3分;抽查成绩4分	7			
	基本操作	开关机,程序编写,对刀,手动、自动加工	开关机,程序编写,对刀,手动、自动加工	15			
	小组竞赛	个人赛	个人赛,计入本人成绩	15			
	仿真训练	操作规范、零件仿真加工	操作规范,撞刀、换件扣2~5分;零件仿真加工实际得分占总分10%	10			
	小组汇报	团队合作、语言表达、竞争意识	汇报6分;自评、互评符合真实情况各2分	10			
	企业案例	收集企业数控车床系统案例	介绍1种系统得2分	10			
资源平台活动情况	测验	按时提交、成绩	按照资源平台每个模块的赋分权重得分,最后期末成绩占20%	—	—	—	—
	讨论、提问	回答准确率					
	作业	完成程度、成绩					
	考试	成绩					
	课件阅读	完成程度					
总分							
总分[加权平均分(自评20%,小组评价30%,教师评价50%)]							
组长签字			教师签字				

请你根据小组互评成绩,认真检查自己,查找不足,写出自己的补救方法及下一步的学习计划,完成项目总结报告。

教师指导意见：_____

学习活动 5　企业案例，拓展应用

1. 自己根据企业加工中心案例，学习加工中心操作规程，进行仿真训练，提交仿真练习视频。
2. 收集加工中心的相关资料，谈一谈加工中心的发展方向、应用范围。

任务二
孔系类零件的编程与加工

任务描述

在立式加工中心加工图 3-2-1 所示盖板零件,零件材料为 HT200,半成品尺寸为 160 mm×160 mm×15 mm,主要加工 4 个台阶孔、4 个螺孔和 1 个通孔。试正确设定工件坐标系,制订加工工艺方案,选择合理的刀具和切削工艺参数,正确编写数控加工程序并完成零件的加工。

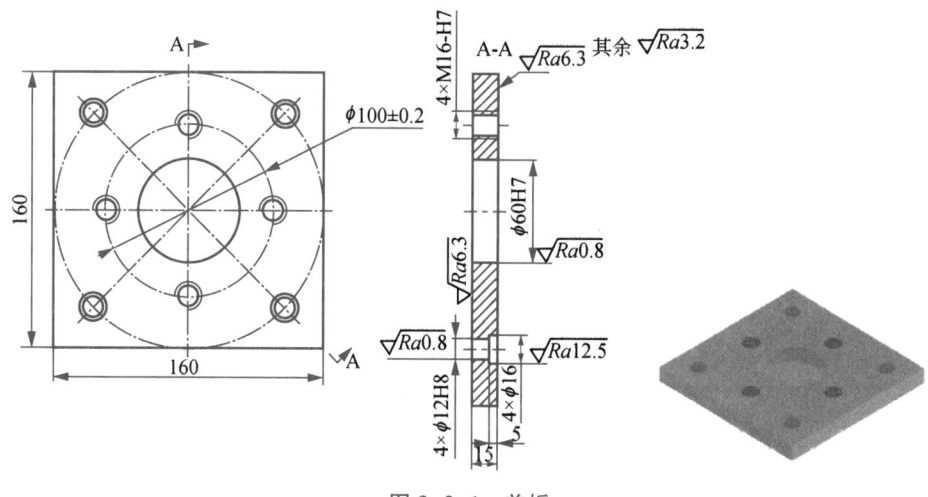

图 3-2-1 盖板

盖板的仿真加工

教学目标

一、素质目标
① 培养学生一丝不苟、严谨细致、精益求精的工匠精神;
② 培养学生"安全第一、质量第一"的职业素养。
二、知识目标
① 理解数控加工固定循环的基本概念;
② 掌握孔加工固定循环的基本指令格式;
③ 掌握孔加工路线的确定方法;
④ 掌握镗孔的关键技术。

三、能力目标

① 能利用孔加工固定循环指令进行程序的编写；
② 能合理选择加工指令；
③ 能完成零件的仿真加工。

学习要求

通过该任务的 6 个环节，明确"孔系类零件的编程与加工"任务中的加工程序设计的内容与步骤，巩固常用加工指令、孔系的程序设计。具体工作步骤及要求，见表 3-2-1。

表 3-2-1　具体工作步骤及要求

序号	工作步骤	要求	学时安排	备注
1	明确任务 自主学习	能快速明确任务要求并清晰地表达，在教师要求的时间内完成任务；能够在自主学习过程中发现问题，解决问题，完成知识点的测试，掌握常用加工指令、孔系零件的程序设计	0.5 学时	
2	程序设计 历练技能	边学边练，掌握简单孔系类零件的程序设计	0.5 学时	
3	小组竞赛 强化技能	按照竞赛要求，在规定的时间内，完成孔系类零件的程序设计	1.5 学时	
4	仿真训练 程序检验	用仿真软件进行仿真加工，检验设计程序的正确性，修改完善加工程序	1 学时	
5	小组汇报 检查评估	能够清晰地总结知识，思路清晰，语言描述流畅。完成任务自评与互评、学习报告	0.5 学时	
6	企业案例 拓展应用	根据企业产品结构，设计加工程序	课外	教材案例

课前引导

该任务涉及的加工内容比较多，有钻、扩、铰、镗孔以及攻螺纹等，因此，在编程过程中需要掌握孔加工固定循环编程方法及孔加工工艺等理论知识。该零件的孔精度较高，如 $\phi60H7$ mm、$4\times\phi12H8$ mm、$4\times M16H7$ mm 等，孔的表面粗糙度高，$\phi60H7$ mm、$4\times\phi12$ mm 为 $Ra0.8$ μm，要合理选择刀具和切削用量。

在编写孔加工固定循环指令时，要注意避免刀具以 G00 方式进刀与退刀过程中与夹具或工件发生干涉。（加工中心的加工工艺、加工路线、刀具等和数控铣床基本相同，加工中心和数控铣床的数控系统也相同，所以指令功能、格式也相同，前文项目二已学习的理论知识这里不再赘述）

学习活动 1　明确任务，归纳知识

根据任务要求，通过观看微课、动画等方式，学习相关知识，完成资源平台中的测验。预习并总结在学习过程中遇到的问题以及解决的办法，填入表 3-2-2。

表 3-2-2　遇到的问题

序号	遇到的问题	是否解决 （已解决的问题说明解决办法）
1		
2		

教师检查学生自学情况，根据学生提交的问题及表现，在课堂上用如下问题抽查自学情况（也可在资源平台提问），然后进行集中讲授和个别指导。

1. 攻螺纹时，如何确定底孔直径？

2. G81 和 G82 指令有什么区别？

知识点 1　攻螺纹的加工工艺

一、攻螺纹前的工艺要求

1. 确定底孔直径

攻螺纹前的底孔直径应比螺纹小径稍大，以减小攻螺纹时的切削抗力和防止丝锥折断。但底孔直径也不宜过大，否则会使螺纹牙型高度不够，降低强度。一般可按下列经验公式计算确定：

加工钢件和塑性材料时，

$$D_{底} \approx D - P \tag{3-2-1}$$

加工铸铁和脆性材料时，

$$D_{底} \approx D - 1.05P \tag{3-2-2}$$

式中，

$D_{底}$——攻螺纹前孔径(mm)；

D——内螺纹大径(mm)；

P——螺距(mm)。

2. 确定不通孔底孔长度

攻制不通孔螺纹时，由于丝锥前端的切削刃不能攻制出完整的牙型，所以钻孔时孔深要大于规定的螺纹深度。通常，钻孔深度应等于螺纹有效长度加上螺纹公称直径的0.7倍，即：

$$H = h_{有效} + 0.7D \tag{3-2-3}$$

式中，

H——攻螺纹前底孔深度(mm)；

$h_{有效}$——螺纹有效长度(mm)；

D——内螺纹大径(mm)。

3. 确定螺纹轴向起点和终点尺寸

在数控机床上攻螺纹时，沿螺距方向的Z轴方向进给应和机床主轴的旋转保持严格的速比关系，但在实际攻螺纹开始时，伺服系统不可避免地有一个加速的过程，结束前也相应有一个减速的过程。在这两段时间内，螺距得不到有效保证。为了避免这种情况的出现，在安排工艺时要尽可能考虑合理的导入距离δ_1和导出距离δ_2。

δ_1和δ_2的数值与机床拖动系统的动态特性有关，还与螺纹的螺距和螺纹的精度有关。δ_1一般取$2\sim3P$，对大螺距和高精度的螺纹则取较大值；δ_2一般取$1\sim2P$。此外，在加工通孔螺纹时，导出量还要考虑丝锥前端切削锥角的长度。

二、切削液的选择

攻制优质碳素结构钢工件的内螺纹时，一般选用硫化切削油，机油和乳化液；攻制低碳钢或韧性较大的材料(如40Cr钢等)的内螺纹，可选用工业植物油；在铸铁材料上攻内螺纹，可选用煤油也可不使用切削液。

考证习题

一、填空题

1. 在数控机床上攻螺纹时，沿螺距方向的Z轴方向进给应和_____的旋转保持严格的速比关系。

2. 攻螺纹前的底孔直径应比螺纹小径_____，以减小攻螺纹时的切削抗力和防止丝锥折断。

二、判断题

1. 钻孔深度应等于螺纹有效长度加上螺纹公称直径的0.7倍。　　　　　　(　　)

2. 在铸铁材料上攻内螺纹，可选用煤油也可不使用切削液。　　　　　　(　　)

三、选择题(选择一个或多个正确答案)

1. 攻制优质碳素结构钢工件的内螺纹时，一般选用(　　)。

A. 硫化切削油　　　　　　　　B. 机油
C. 乳化液　　　　　　　　　　D. 工业植物油

2. δ_1 和 δ_2 的数值与机床拖动系统的(　　)有关。

A. 动态特性　　　　　　　　　B. 螺纹的螺距
C. 螺纹的精度　　　　　　　　D. 螺纹直径

四、简答题

攻螺纹时,如何确定底孔直径?

知识点 2　加工中心的功能

一、刀具功能

数控铣床加工程序与加工中心加工程序的主要区别在于换刀指令。由于加工中心的自动换刀一般包括选刀和换刀两个动作,因此对应有两个指令,即刀具选择 T 指令和刀具交换 M06 指令。

1. **刀具选择指令 T 指令**

刀具的选择是把刀库上指定了刀号的刀具转到换刀位置,为下次换刀作好准备。这一动作的实现是通过刀具选择指令(T 指令)来实现的。T 指令用"T××"表示。即刀具选择指令用字母 T 表示,其后是所选刀具的刀具号(允许有两位数,最大允许为 99),如选用 1 号刀,则写为"T01"或"T1"均可。

2. **刀具交换指令 M06**

加工中心使用刀具选择指令 T 时,并不发生实际换刀,程序中必须使用辅助功能 M06 指令时才可实现换刀,即刀具的交换是指将刀库上位于换刀位置的刀具与主轴上的刀具进行调换。

在程序调用刀具选择指令 M06 前,通常要有一个安全的使用条件。只有在具备下列条件时才可以安全地进行自动换刀:

① 机床轴已经回零。轴完全退回是指立式机床的 Z 轴位于机床原点,卧式机床的 Y 轴位于机床原点。

② 必须在非工作区域选择刀具的 X 轴和 Y 轴位置。

③ T 指令必须已提前选择好下一刀具。

3. **自动换刀程序的编制**

常用的刀具选择方式有顺序选刀和预选选刀两种,因此自动换刀程序的编写可使用以下两种方法。

(1) 顺序选刀的自动换刀程序编写

使用顺序刀具选择方式的加工中心,要求 CNC 操作员将所有刀具放置在刀库中与之编号相对应的刀位上,例如 1 号刀具(在程序中称作 T01)必须放置在刀库中的 1 号刀位上,5 号刀具(T05)必须放置在刀库中的 5 号刀位上,以此类推。

换刀编程非常容易,无论程序何时用到 T 指令,都要用换刀中所选择的刀具号。例如:

N100 T01 M06；或 N100 M06 T01；或 N100 T01；N102 M06；

其含义很简单，就是将 1 号刀具安装至主轴上（首选上述程序中最后一种编写方法）。

（2）预先选刀的自动换刀程序编写

使用预选刀具选择方式的加工中心，当通过 T 指令选刀时，常常会在机床使用当前刀具切割工件的同时，将刀库里所需的刀具移动到换刀位置上以完成选刀动作，实际换刀可以在稍后的任何时间里进行。这就是所谓下一刀具的等待，即 T 指令功能表示下一刀具，而不是当前刀具。故该方法的换刀效率高，不占用加工时间。

在机床结构上，需要有机械手。使用中，刀库的刀座号与刀具号可以不一致，由系统记住刀具所在的刀座号。在程序中，为使选刀时间与加工时间重合，往往先选择 T 指令代码，在需要换刀时，再选择 M06 换刀指令代码，即：

T02；刀库中的 2 号刀准备，即位于换刀位置
……
} 使用当前刀具进行切削加工

M06；实际换刀，即将 2 号刀换到主轴上

T03；刀库中的 3 号刀准备，即位于换刀位置
……
} 使用 2 号刀具进行切削加工

二、主轴定向停止功能

主轴定向停止指令为 M18，M19。M19 指令是使主轴准停（定向停止），即是使主轴准确地停止在预定的角度位置上，以实现自动换刀时，主轴上的端面键与刀柄上的键槽口对准，如图 3-2-2 所示。它是模态指令。

M18 指令是使主轴准停解除。

注意：M06 指令中包含了 M19 指令，故在有 M06 指令的程序段中，不必再指令 M19，也不需再指令 M05 使主轴停止转动。

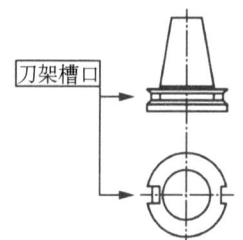

图 3-2-2 M19 指令作用

三、固定循环功能

孔加工的动作顺序非常典型，例如钻孔、镗孔的动作由孔位平面定位、沿 Z 轴方向快速运动到切削的起点、进给运动到指定深度、快速退回等组成。当一个零件上有很多个相同的孔时，则需要完成数个相同的顺序动作。如果使用基本指令来编写孔加工的程序将会十分复杂，而使用孔加工固定循环功能指令来编程，只用一个程序段便可完成一个或两个以上孔的加工，大大简化程序的编写，提高了编程效率，简化了程序。

1. 固定循环的基本动作

（1）动作组成

孔加工固定循环一般由下述五个动作组成，如图 3-2-3 所示，图中用虚线表示快速移动，实线表示切削进给，以下各图相同。

① X、Y 轴定位：使刀具快速定位到孔加工的位置。

② 快进到 R 点：刀具自初始点快速移动到 R 点。

③ 孔加工：以切削进给的方式执行孔加工的动作。

④ 孔底动作：暂停、主轴准停、刀具移位等动作。

⑤ 刀具返回(退刀):有两种返回方式可供选择,即返回到 R 点和返回到初始点。

(2) 动作说明

① 不同的固定循环其动作可能不同,有的没有孔底动作,有的不退回到初始平面而只退回到 R 点平面。

② 刀具返回位置的选择是通过两个 G 代码来控制的:G98 是返回初始点,G99 是返回 R 点。

③ 初始点是为安全下刀而规定的点,它到零件表面的距离可以任意设定为一个安全的高度。初始点是调用固定循环前程序中的最后一个 Z 轴坐标的绝对值,当使用同一把刀具加工若干个孔时,只有孔间存在障碍需要跳跃或完成全部孔的加工时,才使用 G98 功能指令使刀具返回到初始点,如图 3-2-3 所示。

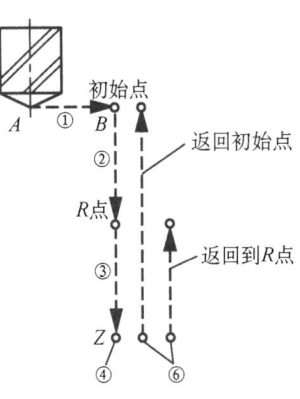

图 3-2-3 固定循环的基本动作

④ R 点又叫参考点,是刀具下刀时由快速移动转为切削进给的转换点(即引入距离)。使用 G99 指令将使刀具返回到 R 点,适用于要继续加工其他孔且可以安全移动刀具的场合,如图 3-2-3 所示。

⑤ 孔加工循环与平面选择指令(G17,G18,G19)无关,即不管选择了哪个平面,孔加工都是在 XOY 平面上定位,并在 Z 轴方向上完成加工。

2. 固定循环指令

固定循环的一般格式是由特定地址指定的一系列参数值(并不是每一个循环都能使用以下所有的参数),指令格式如下:

$$\begin{Bmatrix}G90\\G91\end{Bmatrix}\begin{Bmatrix}G98\\G99\end{Bmatrix}G\_\_\ X\_\ Y\_\ Z\_\ R\_\ Q\_\ P\_\ F\_\ K\_;$$

固定循环的编程指令由以下六部分组成:

① 数据表达形式代码 G90/G91,即使用绝对值方式(G90)或增量值方式(G91)来编程,这一选择主要会影响孔的 XY 值、R 值和 Z 值,如图 3-2-4 所示。

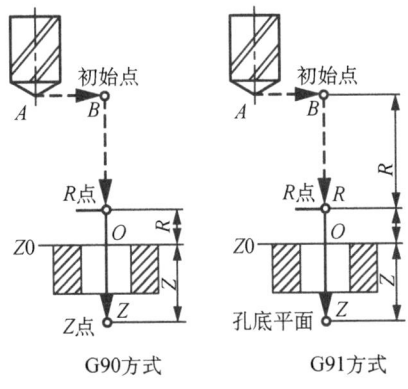

图 3-2-4 G90/G91 方式

② 刀具返回方式方法代码 G98/G99。G98 为返回初始点，G99 为返回 R 点。

③ 孔加工方式代码 G__ __。G73，G74，G76 和 G81~G89 指令的其中之一。

④ 孔位数据 X，Y。指定孔在 XOY 平面的坐标位置，可以是绝对值或增量值。增量值方式下孔的 XY 位置是相对于前一孔 XY 位置的距离。

⑤ 孔加工数据

Z：孔底的位置。使用 G90 时为孔底的 Z 轴坐标值，使用 G91 时是 R 点到孔底的距离。

R：R 平面的位置。使用 G90 时是 R 点坐标值，使用 G91 时是初始点到 R 点的距离。

Q：Q 有两种含义：使用 G73，G83 时，用来指定每次进给的深度；使用 G76，G87 时，用来指定刀具的位移量。

P：刀具在孔底的暂停时间，单位为 ms，不带小数点。

F：指定切削进给速度。

K：指定固定循环的重复次数。

考证习题

一、填空题

1. 数控铣床加工程序与加工中心加工程序的主要区别在_____。
2. 在数控铣床或加工中心的固定循环中，编程指令 K 指定固定循环的_____。

二、判断题

1. 主轴定向停止指令为 M18，M19。M19 指令是使主轴准停（定向停止）。（　　）
2. 固定循环中刀具返回位置的选择是通过两个 G 代码来控制的：G99 是返回初始点，G98 是返回 R 点。（　　）

三、选择题（选择一个或多个正确答案）

1. 固定循环的一般格式 G90/G91 G98/G99 G__ __ X__ Y__ Z__ R__ Q__ P__ F__ K__；中的 R 代表（　　）。

   A. 暂停时间　　　　　　　　B. 移动距离
   C. R 平面的位置　　　　　　D. 循环次数

2. 加工中心的自动换刀一般包括选刀和换刀两个动作，因此对应着有两个指令，即（　　）。

   A. 刀具选择 T 指令　　　　　B. 刀具交换 M06 指令
   C. M 指令　　　　　　　　　D. G 功能

四、简答题

加工中心的固定循环基本动作包括哪些？

知识点 3　常用固定循环指令

孔加工固定循环指令有 G73，G74，G76 和 G81~G89，根据用途可将其分为三类：钻孔循环指令(G81,G82,G83,G73)、镗孔循环指令(G76,G85,G86,G87,G88,G89)、攻螺纹循环指令(G74,G84)。

一、钻孔循环指令 G81 与锪孔循环指令 G82

1. 指令格式

G81 X__ Y__ Z__ R__ F__；

G82 X__ Y__ Z__ R__ P__ F__；

2. 指令说明

G81 指令的加工动作如图 3-2-5(a)所示,刀具先快速定位到(X,Y)点,再快速下降至 R 点,然后以 F 指定的进给速度钻孔至孔底 Z 点,最后快速提刀返回到初始点(G98)或 R 点(G99)。G81 指令主要用于钻一般浅孔和钻中心孔。

G82 指令的动作类似于 G81,如图 3-2-5(b)所示,只是在孔底增加了进给暂停动作。因此,在不通孔或阶梯孔加工中,可减小孔底表面粗糙度,得到准确的孔深尺寸。

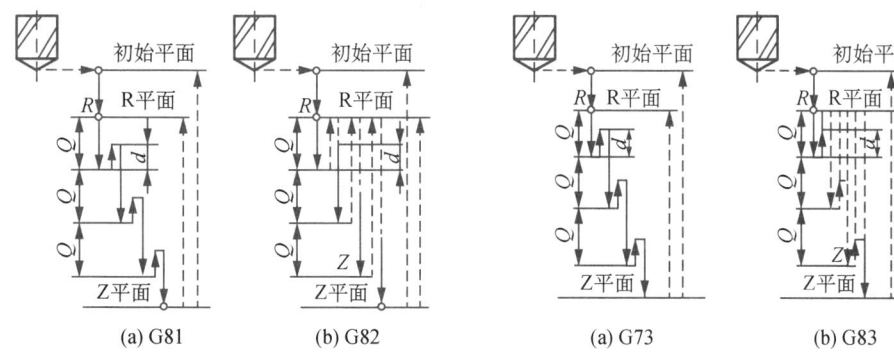

图 3-2-5　G81、G82 指令的动作　　　　图 3-2-6　G73、G83 指令的动作

二、高速深孔啄钻循环指令 G73 与深孔啄钻循环指令 G83

1. 指令格式

$$G73\ X\_\_\ Y\_\_\ Z\_\_\ R\_\_\ Q\_\_\ F\_\_；$$
$$G83\ X\_\_\ Y\_\_\ Z\_\_\ R\_\_\ Q\_\_\ F\_\_；$$

2. 指令说明

如图 3-2-6 所示的两个指令格式相同,动作也基本相同,均能用于深孔加工(钻孔深度为直径的 5 倍左右)。由于深孔加工的动作是通过刀具在 Z 轴方向的间断进给(即采用啄钻的方式)来实现断屑与排屑的,故 G73 和 G83 指令的区别主要表现在 Z 轴方向的进给动作上；G73 是每次 Z 轴方向工进后都快速退回一段距离 d（d 由 CNC 参数设定),再工进；而 G83 是每次 Z 轴方向工进后均快速退回至 R 点,当重复进给时,刀具快速下降,到 d 规定的距离时转为切削进给。

由于 G73 指令每次 Z 轴方向工进后未从孔内完全退出,故它虽然能保证断屑,但排屑主要是依靠钻屑在钻头螺旋槽中的流动来保证的；而 G83 指令每次 Z 轴方向工进后都从孔内完全退出,然后再钻入孔中,故可把切屑带出孔外,以免切屑将钻槽塞满而增加钻削阻力和使切削液无法到达切削区。因此对于深孔加工,特别是长径比较大的深孔,为保证顺利打断并排出切屑,应优先采用 G83 指令。

注意:在使用 G73 和 G83 指令进行深孔加工编写时,两指令在钻孔时孔底动作均为快速返回,不会产生暂停的动作。但在实际加工中,当钻头退出时,切屑在切削液冲刷下会落入孔中。这种情况尤其会发生在对钢料的加工中。当钻头再次进入后,它将撞击位于孔底部的切屑,切屑在刀具的作用下开始旋转,将切屑切断或熔化。因此,在必要时应暂停加工来清理切屑后,再对孔进行下一道工序的加工。

三、粗镗孔循环指令

常用的粗镗孔循环指令有 G85,G86,G88,G89 四种。

1. 指令格式

$$G85\ X\_\ Y\_\ Z\_\ R\_\ F\_;$$
$$G86\ X\_\ Y\_\ Z\_\ R\_\ F\_;$$
$$G88\ X\_\ Y\_\ Z\_\ R\_\ P\_\ F\_;$$
$$G89\ X\_\ Y\_\ Z\_\ R\_\ P\_\ F\_;$$

2. 指令说明

① 执行 G85 循环[图 3-2-7(a)],刀具以切削进给方式加工到孔底,然后以切削进给方式返回到 R 点平面,以保证孔壁光滑。因此,该指令可用于镗孔、铰孔和扩孔。

② 执行 G86 循环[图 3-2-7(b)],刀具以切削进给方式加工到孔底,到孔底后暂停,主轴停转,刀具快速返回到 R 点平面后,主轴恢复正转。由于刀具在退回过程中容易在工件表面划出条痕,故该指令常用于粗镗和半精镗。

③ 执行 G88 循环[图 3-2-7(c)],刀具以切削进给方式加工到孔底,到孔底后暂停,主轴停转,这时可通过手动方式将刀具移出孔外,再开始自动加工,刀具快速提到 R 点或初始点,主轴恢复正转。此种方式虽能相应提高孔的加工精度,但加工效率较低。故该指令比较少用,仅限于使用特殊刀具且在孔底需要手动干涉的镗削操作。

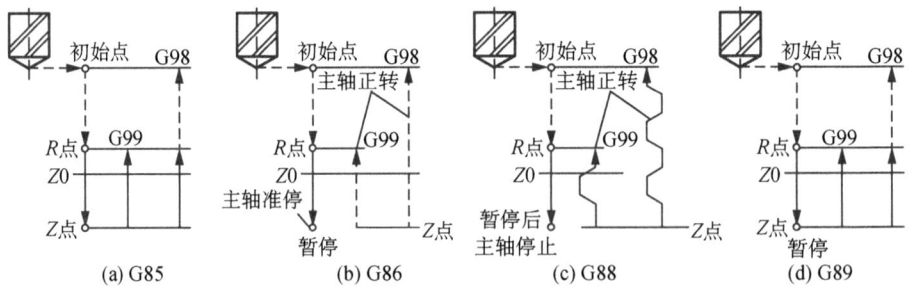

图 3-2-7 粗镗孔循环指令的动作

(4) G89 的动作类似于 G85,不同的是 G89 动作[图 3-2-7(d)]在刀具到达孔底后有进给暂停动作,故该指令常用于镗阶梯孔。

四、精镗孔循环指令 G76

1. 指令格式

$$G76\ X\_\ Y\_\ Z\_\ R\_\ Q\_\ P\_\ F\_;$$

式中，Q 为刀具在孔底的位移量（须为正值，负号将被忽略）。

2. 指令说明

其动作如图 3-2-8 所示，刀具快速定位到（X,Y）点后快速下降至 R 点（不做主轴定位），以 F 指定的进给速度镗孔，至孔底有三个动作：

① 进给暂停 P 秒。

② 主轴准停（定向停止），使刀尖指向一个固定的方向。

③ 刀具沿刀尖的反方向位移 Q 值，使刀尖离开加工孔面，最后快速提刀到初始点（G98）或 R 点（G99），刀具中心回到原来位置且主轴恢复转动。这样可以保证提刀时不至于划伤内孔表面，以实现高效率、高精度的镗削加工。该指令对加工高质量的孔是很有用的，但主轴需具备准停功能。

注意：镗刀在装到主轴上后，一定要在 CRT/MDI 方式下执行 M19 指令使主轴准停后，检查刀尖所处的方向，若与图中位置相反（相差 180°）时，须重新安装刀具使其按图 3-2-9 所示定位方向定位。

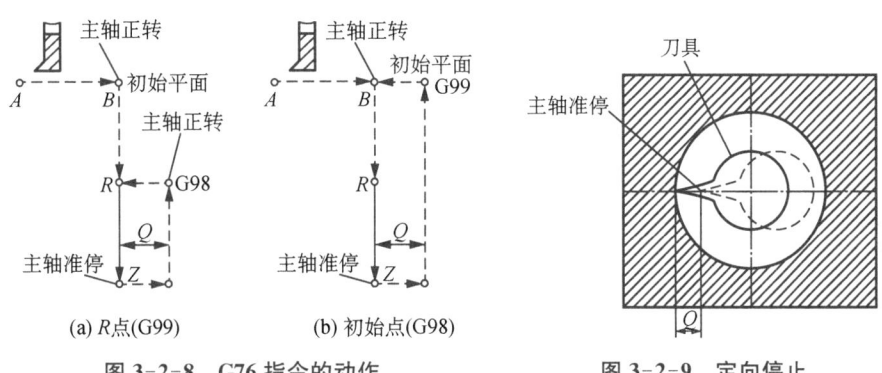

图 3-2-8　G76 指令的动作　　　　图 3-2-9　定向停止

五、背镗镗孔循环指令 G87

1. 指令格式

　　　　G87 X_ Y_ Z_ R_ Q_ P_ F_；

式中，Q 为刀具在孔底的位移量（须为正值，负号将被忽略）。G87 指令的动作如图 3-2-10 所示。

2. 指令说明

刀具快速定位到（X,Y）点，主轴准停；刀具沿刀尖的反方向位移 Q 值（让刀）；快进到 R 点（这时 R 点平面在孔底平面的下方）；消除让刀，使孔轴线与刀具轴线重合；主轴启动，刀具工进反镗（向上）到 Z 点；主轴准停，让刀；刀具快退到初始点；消除让刀，主轴起动。

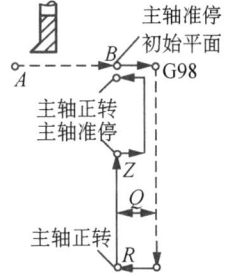

图 3-2-10　G87 指令的动作

该指令只能用于某些背镗操作，特殊的加工和安装要求限制了它的实际应用。只有当总成本预算合理时才会采用 G87 指令，大多数情况下都选择反转工件加工。

注意：G87 不能与 G99 同时使用，且使用 G87 指令时主轴需具备准停功能。

六、攻螺纹循环(内螺纹)

攻左旋螺纹循环指令为 G74,攻右旋螺纹循环指令为 G84,如图 3-2-11 所示。

1. 指令格式

$$G74\ X\_\_Y\_\_Z\_\_R\_\_P\_\_F\_\_;$$
$$G84\ X\_\_Y\_\_Z\_\_R\_\_P\_\_F\_\_;$$

2. 指令说明

G74 循环用于加工左旋螺纹。执行该循环时,主轴反转,刀具在 XOY 平面快速定位后快速移动到 R 点,执行攻螺纹动作到达孔底后,主轴正转退回到 R 点,主轴恢复反转,完成攻螺纹动作。

G84 动作与 G74 基本类似,只是 G84 用于加工右旋螺纹。执行该循环时,主轴正转,刀具在 XOY 平面快速定位后快速移动到 R 点,执行攻螺纹到达孔底后,主轴反转退回到 R 点,主轴恢复正转,完成攻螺纹动作。

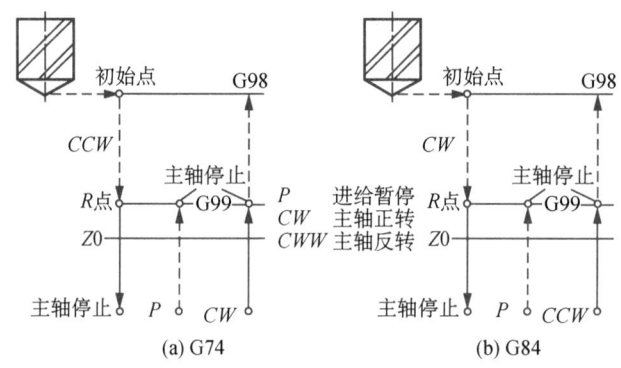

图 3-2-11 G74,G84 指令的动作

注意:

① 在指令 G74 前,需先以 M04 指令使刀具反转;在指令 G84 前,需先以 M03 指令使刀具正转。

② 在 G74 和 G84 加工中,进给速度 F、主轴转速 S 均不接受倍率开关的控制(固定在100%)。

③ 攻螺纹的进给速度 F(mm/min)=主轴转速 S

七、固定循环的取消

当不再使用固定循环指令时,应将其取消,使系统恢复到通常的加工状态(如 G00,G01 等)。使用 G80 指令或 01 组的 G 代码均可取消任何有效的固定循环。

1. 使用 G80 指令取消固定循环

G80 指令不但可以取消任何有效的固定循环,还可以自动切换到 G00 快速运动模式,见表 3-2-3。

表 3-2-3　G80 指令取消固定循环的模式

程序一	程序二	程序三
…… N0030 G80； N0040 X10.0 Y20.0； ……	…… N0030 G80； N0040 G00 X10.0 Y20.0； ……	…… N0040 G80 G00 X10.0 Y20.0； ……

上例中，三个程序差别很小，但执行的结果完全一样。程序一是一个标准的编程应用，其中的 N0040 程序段中并没有指定快速运动，它只是间接地表明了这一点。

注意：当用 G80 指令取消固定循环后，那些在固定循环前的插补模式（如 G00，G01，G02，G03）恢复，M05 指令也自动生效（G80 可使主轴停转）。

2. 使用 01 组的 G 码取消固定循环

用 01 组的指令 G00，G01，G02，G03，也能起到取消固定循环的功能，一般常用 G00 指令取消。

例如：

……

G99 G81 X-15. Y-15. Z-4. R5. F40；

X15.；

Y-5；

G00 Z150.；

M05；

……

八、使用固定循环的说明

① G73～G76，G81～G89 是模态指令，一旦指定便一直有效，直到出现其他孔加工循环指令或取消固定循环时才失效。

② 固定循环中的参数 X，Y，Z，R，Q，P，F 都是模态的，当变更固定循环方式时，不变的参数不必重复指令。只有在取消固定循环时，才清除 F 以外的所有加工数据。

③ 若程序段中不包含任何一轴（X、Y、Z）的移动指令，则不执行钻孔动作。

④ 在指定固定循环之前，必须用辅助功能 M 代码（M03 或 M04）使主轴旋转。

⑤ 固定循环指令不能和 M 代码（如 M05 或 M09 等）同在一个程序段中，因为 M 代码在执行完循环指令的第一个动作（X、Y 轴方向定位）后，即被执行。

⑥ 使用具有主轴自动起动的固定循环指令（G74，G84，G86）时，如果连续加工的孔间距较小或者从初始点到 R 点之间的距离较短，则应合使用 G04 暂停指令进行延时，其目的是防止在进入孔加工动作时，主轴尚未达到指定的转速。

⑦ 在固定循环中，刀具半径补偿指令（G41，G42）无效，刀具长度补偿指令（G43，G44）在刀具至 R 点时生效。

九、固定循环的重复

在固定循环指令的最后，用 K 地址指定执行固定循环的重复次数，可用于加工等间距的孔。但必须以增量模式(G91)指定第一个孔的位置,如果用绝对值方式(G90)指令的话,则会在相同位置重复钻孔。采用重复次数来编程时需要注意以下三点:

① 为节省提高加工效率,最好采用 G99 指令以使刀具返回 R 点。

② 如果使用 G74 或 G84 指令时,因为主轴回到 R 点或初始点时要反转,因此需一定时间,如果用 K 来进行多孔操作,则要估计主轴的起动时间。如果时间不足,不应使用 K 地址,而应对每一个孔给出一个程序段,并且每段中增加 G04 指令来保证主轴的起动时间。

③ 当 K=0 时,钻孔数据被存储,但不会执行该循环(即机床不动作)。

考证习题

一、填空题

1. G81 指令主要用于钻一般孔和钻_____。
2. _____循环用于加工左旋螺纹。

二、判断题

1. 孔加工循环与平面选择指令(G17,G18,G19)无关,即不管选择了哪个平面,孔加工都是在 XOY 平面上定位,并在 Z 轴方向上完成加工。 ( )
2. 在使用 G73 和 G83 指令进行深孔加工时,两指令在孔底动作均为快速返回。 ( )
3. 当不再使用固定循环指令时,应将其取消,使系统恢复到通常的加工状态。 ( )

三、选择题(选择一个或多个正确答案)

1. 下列属于固定循环指令中攻螺纹循环指令的有( )。
   A. G73   B. G74   C. G83   D. G84
2. 固定循环指令中调用 G74 前,主轴应先( )。
   A. 暂停   B. 准停   C. 正转   D. 反转
3. 下列属于粗镗孔循环指令中可通过手动方式将刀具移出孔外的指令是( )。
   A. G85   B. G86   C. G88   D. G89

四、简答题

1. 简述高速深孔啄钻循环指令 G73 与深孔啄钻循环指令 G83 的相同点与不同点。为什么优先采用 G83 指令?
2. 试说明攻螺纹循环指令 G74,G84 使用注意事项。

知识点 4 刀具长度补偿

在数控铣床上需要用刀具长度补偿功能补偿刀具的磨损,加工中心也有同样的需要。

一、刀具长度补偿功能应用的意义

1. 刀具长度补偿的意义

使用的每把刀具长度都不相同,另外由于刀的磨损或其他原因也会引起刀具长度发生变化,使用刀具长度补偿指令,可使每一把刀具加工的深度尺寸都准确。为了简化零件的数控加工编程,使数控程序与刀具形状和刀具长度尺寸无关,现代数控系统除了刀具有刀具半径补偿功能外,还有刀具长度补偿功能。刀具长度补偿使刀具垂直于进给平面偏移一个刀具长度修正值,因此数控铣床编程时一般无须考虑刀具长度。

2. 刀具长度补偿的应用

在加工中心上应用刀具长度补偿功能主要是为了补偿刀具的磨损,下面结合实例进行说明。

如图 3-2-12(a)所示,要求加工孔深为 h,而钻头的进给深度为 H,钻头因磨损或重磨而在长度方向的尺寸缩短了一个 e 值。如钻头进给深度仍为 H,则钻头所钻深度就会减少一个 e 值[图 3-2-12(b)],使加工孔深变为 $(h-e)$。要改变这一状况,达到加工尺寸要求,靠改变加工程序是比较复杂的,但如果使用刀具长度补偿功能指令就可以方便地解决这一问题。

刀具长度补偿功能可使刀具在补偿轴上的实际位移量比程序给定值增加或减少一个偏置量。使用刀具长度补偿指令后,可以让刀具的实际进给深度比程序给定值多运行一个 e 值[图 3-2-12(c)],即为 $(H+e)$,以补偿刀具长度的变化,使孔深仍为 h,所钻孔的深度仍然满足要求。这样不用修改程序即可加工出要求的孔深。采用刀具长度补偿指令后,当刀具长度发生变化或更换刀具时,不必重新修改程序,只要改变相应的补偿值即可。

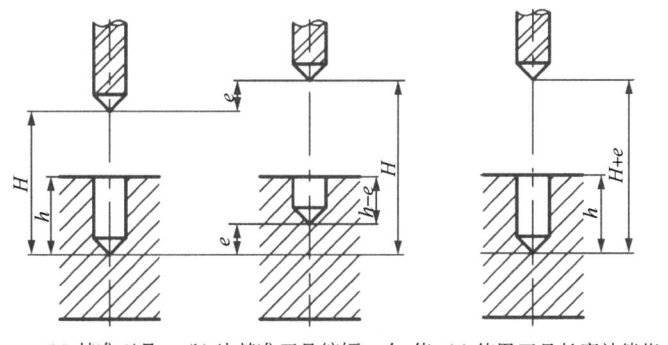

(a) 基准刀具　(b) 比基准刀具缩短一个e值　(c) 使用刀具长度补偿指令

图 3-2-12　刀具长度补偿

由于在加工中心上能自动换刀,那么当在一个零件的加工中需要用到多把刀时,还产生了新的问题,就是每把刀具的长度总会有所不同,因而在同一个坐标系内,在 Z 值不变的情况下,可能每把刀具的端面在 Z 轴方向的实际位置有所不同,这给编程带来了困难。

如果采用刀具长度补偿功能,则可在编程时将每把刀具的长度看成是相同的来进行编程。而在实际加工操作中则可将一把刀作为标准刀具,以此为基准,将其他刀具长度相对于标准刀具长度的增加值或减少值作为补偿值(即当前刀具与标准刀具的长度差值)记录在机床数控系统的某个单元内。如图 3-2-13 所示,T01 为标准刀,L_0 为标准刀的长度;T02,T03 为当前刀,L_2,L_3 为当前刀的长度;ΔL_2 为当前 2 号刀的长度补偿值,ΔL_3 为当前 3 号刀的长度补偿值。设当前刀长度为 L_i,则当前刀的长度补偿值为 $\Delta L_i = L_i - L_0$。若 $\Delta L_i > 0$,则表示当前刀比标准刀长;若 $\Delta L_i < 0$,则表示当前刀比标准刀短。

二、刀具长度补偿值的获取方法

刀具长度补偿值可通过以下三种方法获得。

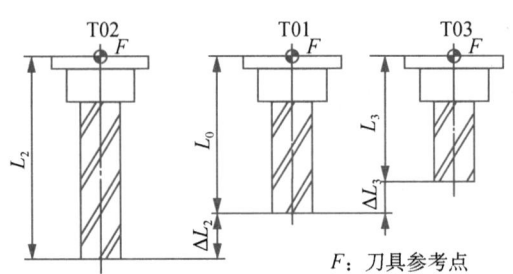

图 3-2-13　刀具长度补偿

方法一：如图 3-2-14 所示，将其中一把刀具作为基准刀，其长度补偿值为零，其他刀具的长度补偿值为其与基准刀的长度差值（可通过机外对刀测量）。此时应先通过机内对刀法测量出基准刀在 Z 轴返回机床原点时刀位点相对工件基准面的距离，并输入到工件坐标系（G54）的 Z 值偏置参数中。

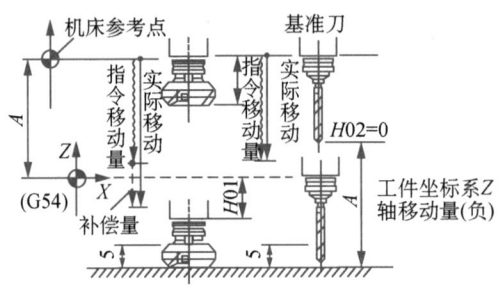

图 3-2-14　刀具长度补偿设定方法一

方法二：如图 3-2-15 所示，事先通过机外对刀法测量出刀具长度，作为刀具长度补偿值（该值为正），输入到对应的刀具补偿参数中。此时，工件坐标系（G54）中 Z 值的偏置值应设定为工件原点相对机床原点的 Z 轴方向坐标值（该值为负）。

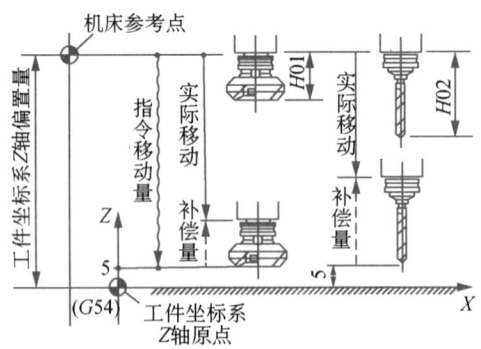

图 3-2-15　刀具长度补偿设定方法二

方法三：如图 3-2-16 所示，将工件坐标系（G54）中 Z 值的偏置值设定为零，即 Z 轴方向的工件原点与机床原点重合，通过机内对刀测量出刀具沿 Z 轴返回机床原点时刀位点相对工件基准面的距离（图中 $H01$，$H02$ 均为负值），将其作为每把刀具的长度补偿值。

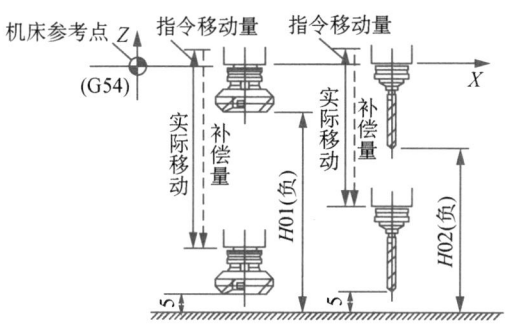

图 3-2-16 刀具长度补偿设定方法三

三、刀具长度补偿指令

1. **刀具长度补偿的建立**

该功能使补偿轴的实际终点坐标值（或位移量）等于程序给定值加上或减去补偿值，即实际位移量＝程序给定值±补偿值。其中，相加称为刀具长度正向补偿，用 G43 指令；相减称为刀具长度负向补偿，用 G44 指令。它们均为模态指令。

（1）指令格式

$$\begin{Bmatrix} G17 \\ G18 \\ G19 \end{Bmatrix} \begin{Bmatrix} G43 \\ G44 \end{Bmatrix} \begin{Bmatrix} Z\_ \\ Y\_ \\ X\_ \end{Bmatrix} H\_ ; \quad 或 \quad \begin{Bmatrix} G17 \\ G18 \\ G19 \end{Bmatrix} \begin{Bmatrix} G43 \\ G44 \end{Bmatrix} H\_ ;$$

式中，X，Y，Z 为补偿轴的编程坐标；G17，G18，G19 指令选择与补偿轴垂直的坐标平面；H 为指定的偏置号（即刀具长度补偿号的代码），它是存放刀具长度补偿值的内存地址。H00 的补偿值固定为 0。

当省略补偿轴时，可视为：

$$\begin{Bmatrix} G17 \\ G18 \\ G19 \end{Bmatrix} \begin{Bmatrix} G43 \\ G44 \end{Bmatrix} G91 \begin{Bmatrix} Z0 \\ Y0 \\ X0 \end{Bmatrix} H\_ ;$$

（2）指令说明

① 机床通电后默认为取消长度补偿状态。

② 在指定的坐标平面内使用 G43 或 G44 指令进行刀长补偿时，只能有第三轴（G17 为 Z 轴，G18 为 Y 轴，G19 为 X 轴）的移动，若有其他轴向的移动，则会出现报警。

③ 刀具长度补偿只能在线性程序段才有效，即 G00 和 G01 方式。

④ 实际使用时，鉴于习惯，一般仅使用 G43 指令，而 G44 指令使用得较少。正或负方向的移动，靠变换 H 代码的正负值来实现。

⑤ 补偿值存入由 H 代码指定的内存地址中，可由 CRT/MDI 操作面板预先设定。

2. **刀具长度补偿的取消**

取消刀具长度补偿有两种方法：一是用 H00 取消，H00 地址中的值总是为零；二是用 G49 代码取消，G49 是取消刀具长度补偿的代码，作用是使模态代码 G43，G44 无效，但不会取消 H 代码。

3. 长度补偿示例

如图 3-2-17 所示，要加工两个孔，则考虑了刀具长度补偿的加工程序如下：

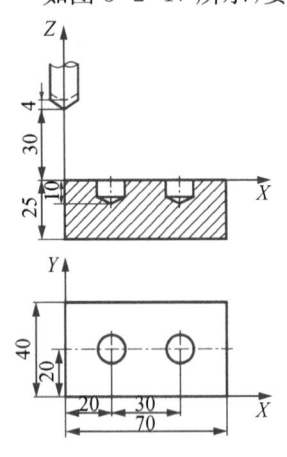

图 3-2-17 孔加工示例

O0002；
N10 G54 G90 G00 X0. Y0. Z100.0；
N20 S500 M03；
N30 G43 Z30.0 H01；
N40 G00 X-10.0 Y20.0；
N50 G91 G99 G82 X30.0 Y0. Z-15.0 R-25.0 P2000 F100.0 K2；
N60 G00 G49 Z45.0；
N70 G90 X0. Y0. Z100.0；
N80 M05；
N90 M30；

考证习题

一、填空题

1. 在数控铣床上应用刀具长度补偿功能主要是为了补偿刀具的_____。
2. 刀具长度补偿只能在_____方式才有效。
3. 取消刀具长度补偿有两种方法：一是用_____取消，H00 地址中的值总是为零；二是用_____代码取消。

二、判断题

1. 刀具长度补偿功能可使刀具在补偿轴上的实际位移量比程序给定值增加或减少一个偏置量。（   ）
2. 刀具长度补偿在任何方式下都有效。（   ）
3. 取消刀具长度补偿可用 H00。（   ）
4. 数控铣床编程时一般无须考虑刀具长度。（   ）

三、选择题（选择一个或多个正确答案）

1. 如果采用刀具长度补偿功能，则可在编程时将每把刀具的（   ）看成是相同的来进行编程。
   A. 长度　　　　B. 几何参数　　　　C. 半径　　　　D. 使用寿命
2. G49 是取消刀具长度补偿的代码，作用是使模态代码（   ）无效，但不会取消 H 字。
   A. G41　　　　B. G42　　　　C. G43　　　　D. G44

四、简答题

刀具长度补偿的意义是什么？

学习活动 2 程序设计,历练技能

请你按照编程原则,完成盖板的程序设计。
一、工艺制订
1. 零件的安装
根据图样要求、毛坯及前道工序加工情况,确定工艺方案及加工路线。
以已加工过的底面为定位基准,用平口钳夹紧工件前后两侧面,并固定于工作台上。因工件的加工部位主要是孔,以工件的对称中心(ϕ60 mm 孔轴线)和工件上表面的交点为工件原点,建立工件坐标系。

2. 选择刀具
该零件材料为 HT200,孔的尺寸精度和表面粗糙度要求较高,选择刀具,填入表 3-2-4。

盖板的程序设计

表 3-2-4 数控加工刀具卡片

产品名称或代号:			零件名称:盖板		零件图号:		
序号	刀具号	刀具规格及名称	材质	数量	加工表面	备注	
编制:			审核:				

3. 确定加工工艺
以工件的对称中心(ϕ60 mm 孔轴线)和工件上表面的交点为工件原点,工艺路线安排如下:
① 钻中心孔:为保证孔的位置精度要求,均对所有孔以 A3 中心钻钻中心孔;
② 4×ϕ12H7 mm 通孔:ϕ10 mm 钻头钻孔→ϕ11.8 mm 钻头扩孔→ϕ12 mm 铰刀铰孔;
③ M16:ϕ14 mm 钻头钻孔→ϕ40 mm 锪钻倒角→M16 攻螺纹;
④ ϕ16 mm 阶梯孔:ϕ10 mm 钻头钻孔→ϕ11.8 mm 钻头扩孔→ϕ16 mm 立铣刀铣孔。
⑤ ϕ60 mm 孔:ϕ28 mm 镗刀粗、精镗
编制加工工艺卡片,填入表 3-2-5。

表 3-2-5 数控加工工艺卡片

零件名称	盖板	零件图号		工件材质	HT200	
工序号	程序编号	夹具名称		数控系统	车间	
1	O0001	平口钳		FANUC 0i		
工步号	工步内容	刀具号	主轴转速/ (r·min^{-1})	进给量/ (mm·r^{-1})	背吃刀量/ mm	备注
编制		审核		批准		

二、编写加工程序

以工件的对称中心（ϕ60 mm 孔轴线）和工件上表面的交点为工件原点，进行程序设计，填入表 3-2-6。

表 3-2-6 盖板的加工程序

加工程序	程序说明

学习活动 3　小组竞赛，强化技能

完成如图 3-2-18 所示工件中 4×M18 螺纹孔的加工。工件材料为铝合金，外形已加工到尺寸。试编写 4×M18 的加工程序，填入表 3-3-7。

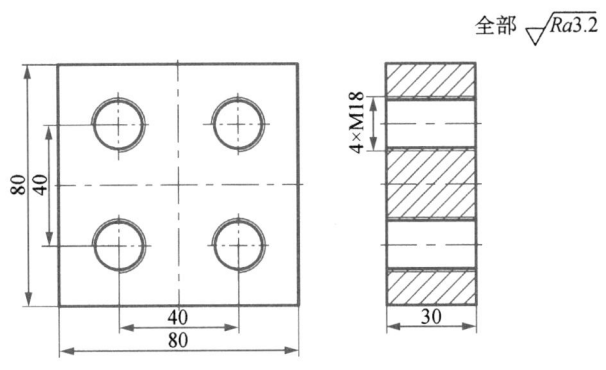

图 3-2-18 孔系零件图

表 3-2-7 孔系零件的加工程序

加工程序	程序说明

加工如图 3-2-19 所示零件,毛坯为半成品尺寸 100 mm×100 mm×22 mm,零件材料为硬铝,试制订合理的加工工艺,编写端盖的加工程序并填入表 3-3-8。(拓展题,小组完成)

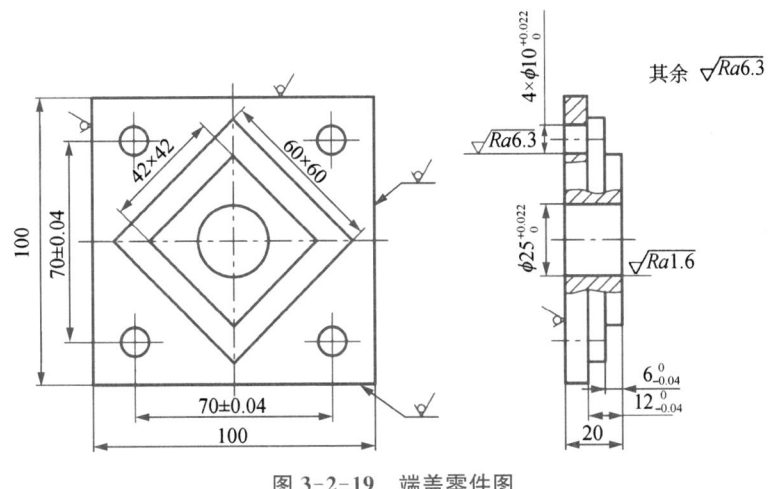

图 3-2-19 端盖零件图

表 3-3-8 端盖的加工程序

加工程序	程序说明

学习活动 4 仿真训练,拓展应用

小组共同完成图 3-2-19 中竞赛零件的仿真加工,提交仿真视频,根据仿真情况,填写表 3-2-9 中的检测结果。

表 3-2-9 端盖的仿真加工评分标准

序号	项目	检测内容		配分		检测结果		得分
		IT	Ra	IT	Ra	IT	Ra	
1	直径	$\phi 25$	—	2				
2		$\phi 10$(4处)	—	8				
3	中心距长度	70±0.04（2处）	—	4		—		
4		60(2处)	—	2				
5		42(2处)	—	2				
6		6	—	3				
7		12	—	3				
8		20	—	1		—		
9	程序	检查程序正误		75				

(续表)

序号	项目	检测内容		配分		检测结果		得分
		IT	Ra	IT	Ra	IT	Ra	
10	考场纪律	① 小组讨论完成； ② 文明生产,避免产生撞刀、崩刀、换件等				若有违反的小组酌情扣3~10分		
11	评分细则	① 外径尺寸每超差不得分,长度尺寸每超差不得分； ② 倒角不合格酌情扣1~2分； ③ 程序没完成或指令格式有错误导致程序无法运行扣20~30分； ④ 程序能运行但存在指令格式错误或编写不规范酌情扣2~10分						

学习活动5 小组汇报,检查评估

请你根据盖板的加工程序设计过程中的任务完成情况、表现,给出合理的自评、互评成绩；教师根据每个小组的汇报及小组自评和互评成绩,进行点评,见表3-2-10。

表3-2-10 综合评价

项目评分			评分细则	配分	得分		
					自评	小组互评	教师评价
职业素养 (30分)	纪律情况 (10分)	不迟到,不早退	违反1次不得分	4			
		积极参与活动	根据上课统计情况得1~2分	4			
		笔记本、笔教材	1项不带扣1分	2			
	职业道德 (10分)	与他人合作	不符合要求不得分	5			
		工匠精神、爱国情怀	对工作精益求精且效果明显得3~5分	5			
	职业能力 (10分)	工艺制订能力	符合工艺要求	3			
		程序设计能力	正确运用加工指令	4			
		创新能力*(加分项)	工艺优化、加工程序创新,难度大的零件的攻关等,视情况得1~3分	3			
工作任务 (70分)	小组分配	组织分配	人员安排合理,分工明确得3分；1项组织不当扣1分	3			
	自主学习	自学能力、解决问题的能力	问题组织能力3分；抽查成绩4分	7			
	程序设计	刀具卡片、工艺卡片、程序卡片	刀具卡片3分；工艺卡片5分；程序卡片6分	14			

(续表)

项目评分			评分细则	配分	得分		
					自评	小组互评	教师评价
工作任务(70分)	小组竞赛	个人赛、小组赛	个人赛6分,计入本人成绩;小组赛10分,计入小组成员成绩	16			
	仿真训练	操作规范、零件加工	操作规范,撞刀、换件扣2~5分;零件仿真加工实际得分占总分10%	10			
	小组汇报	团队合作、语言表达、竞争意识	汇报6分;自评、互评符合真实情况各2分	10			
	企业案例	收集企业案例情况	案例程序设计7分;每收集1例得0.5分,最高得3分	10			
资源平台活动情况	测验	按时提交、成绩	按照资源平台每个模块的赋分权重得分,最后期末成绩占20%	—	—	—	—
	讨论、提问	回答准确率					
	作业	完成程度、成绩					
	考试	成绩					
	课件阅读	完成程度					
总分							
总分[加权平均分(自评20%,小组评价30%,教师评价50%)]							
组长签字			教师签字				

请你根据小组互评成绩,认真检查自己,查找不足,写出自己的补救方法及下一步的学习计划,完成项目总结报告。

教师指导意见:_____

学习活动 6　企业案例，拓展应用

如图 3-2-20 所示，零件毛坯为 50 mm×30 mm×10 mm 的半成品，材料是 45 钢，生产类型为单件、小批生产，编写两台阶孔的加工程序并完成零件的仿真加工。请你去企业收集相关孔系类零件的案例，进行程序设计练习，上传到资源平台。

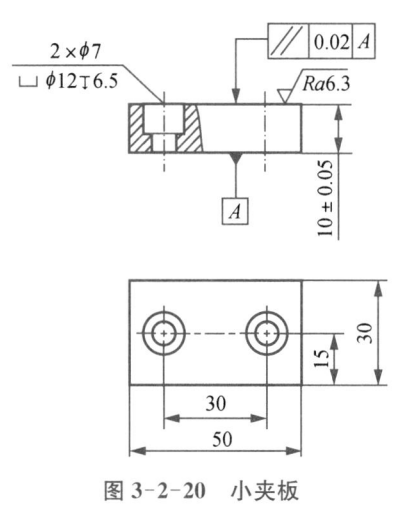

图 3-2-20　小夹板

任务三
特殊零件的编程与加工

任务描述

在模具零件上,有很多相同、对称、相似的图形在数控铣床或加工中心上加工,如果用常用指令进行加工,程序就比较烦琐。为了简化程序,可以根据零件结构选用坐标变换指令进行编程。如图3-3-1所示法兰盘零件,半成品尺寸为$\phi300$ mm×20 mm,生产类型为单件、小批生产。下面以该零件为例,试正确设定工件坐标系,制订加工工艺方案,选择合理的刀具和切削工艺参数,选择合理的坐标变换指令正确编写数控加工程序并完成零件的仿真加工。

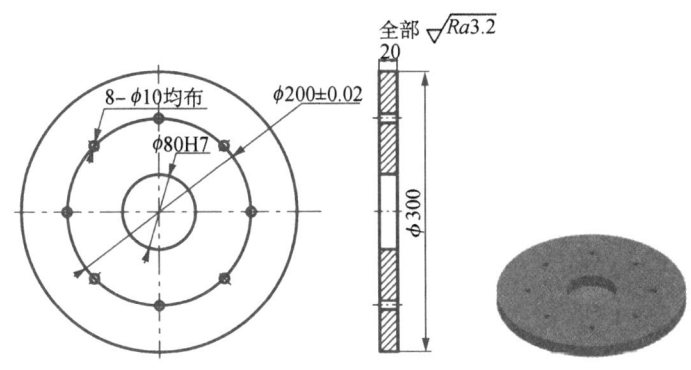

图 3-3-1 法兰盘零件图

法兰盘的仿真加工

教学目标

一、素质目标
① 培养学生养成认真学习、刻苦钻研的良好习惯;
② 引导学生树立正确的人生观,激发学生的爱国热情。
二、知识目标
① 掌握坐标变换指令种类、使用方法及加工方案的选择;
② 掌握常用指令 G15,G16,G51,G50,G51.1,G50.1,G68,G69 的格式及用法。
三、能力目标
① 能分析和制订零件的加工工艺;
② 能正确选择坐标变换指令,编写零件的加工程序;

③ 正确装夹工件、合理选择刀具及切削用量；
④ 能在数控机床上完成零件的加工。

学习要求

通过该任务的 6 个环节，明确"特殊类零件的编程与加工"任务中的加工程序设计的内容与步骤，巩固常用加工指令、法兰盘的程序设计。具体工作步骤及要求，见表 3-3-1。

表 3-3-1 具体工作步骤及要求

序号	工作步骤	要求	学时安排	备注
1	明确任务 自主学习	能快速明确任务要求并清晰地表达，在教师要求的时间内完成任务；能够在自主学习过程中发现问题，解决问题，完成知识点的测试，掌握常用加工指令、法兰盘的程序设计	0.3 学时	
2	程序设计 历练技能	边学边练，掌握简单特殊类零件的程序设计	0.5 学时	
3	小组竞赛 强化技能	按照竞赛要求，在规定的时间内，完成法兰盘程序设计	0.2 学时	
4	仿真训练 拓展应用	用仿真软件进行仿真加工，检验设计程序的正确性，修改完善加工程序	0.5 学时	
5	小组汇报 检查评估	能够清晰地总结知识，思路清晰，语言描述流畅。完成任务自评与互评、学习报告	0.5 学时	
6	企业案例 拓展应用	根据企业产品结构，设计加工程序	课外	教材案例

课前引导

该零件 $\phi 300$ mm×20 mm 已在前面工序加工完成。本工序加工 8-$\phi 10$ mm 和 $\phi 80$H7 mm 的孔。8-$\phi 10$ mm 加工精度不高，表面粗糙度值全部为 $Ra1.6$ mm。根据零件结构选用极坐标指令编程，程序简洁。通过学习本任务内容，使学生掌握极坐标与简化编程指令格式、用法等。

学习活动 1 明确任务，自主学习

根据任务要求，通过观看微课、动画等方式，学习相关知识，完成资源平台中的课前测验。预习并总结在学习过程中遇到的问题以及解决办法，填入表 3-3-2。

表 3-3-2 遇到的问题

序号	遇到的问题	是否解决 （已解决的问题说明解决办法）
1		
2		

教师检查学生自学情况，根据学生提交的问题及表现，在课堂上用如下问题抽查自学情况（也可在资源平台提问），然后进行集中讲授和个别指导。

1. 比例缩放功能指令 G50，G51 的功能是什么？

_____

_____

2. 坐标系旋转功能指令主要用于什么零件？

_____

知识点 1　极坐标指令 G15，G16

极坐标指令定义终点的坐标值除了可采用直角坐标输入外，还可以用极坐标输入，即可通过指定其相对极点的极半径和极角对其进行定位。

G16——开启极坐标功能

G15——取消极坐标功能

一、指令格式

　　　　　G16X__ Y__；(或 X__ Z__；或 Y__ Z__；)
　　　　　G15；

式中，

X——X 轴半径；

Y——角度值。

二、指令说明

① 极坐标的平面选择与圆弧的平面选择方法相同，也使用 G17，G18，G19 指令来指定。必须注意的是，用所选平面的第一个坐标轴指令极半径，第二个坐标轴指令极角度，见表 3-3-3。

表 3-3-3 极坐标的平面选择与圆弧的平面选择

G 代码	选择的平面	第一个坐标轴	第二个坐标轴
G17	XOY 平面	X=半径	Y=角度
G18	XOZ 平面	X=半径	Z=角度
G19	YOZ 平面	Y=半径	Z=角度

在 XOY 和 XOZ 平面内,X 后面的数值是极径值,Y 或 Z 后面的数值是极角值;在 YOZ 平面内,Y 是极径值,Z 是极角值。极角的单位是"°",规定所选平面的第一根轴(+方向)逆时针方向为角度的正方向,顺时针方向为角度的负方向。

② 除了极半径和极角度外,极坐标还需要旋转中心(也称为极点),它是 G16 指令前的最后一个编程点。如图 3-3-2 所示为极坐标系统的三个基本特征。

③ 极径和极角的值与绝对值方式(G90)还有增量值方式(G91)有关,也可以将绝对值方式和增量值方式混合使用。

④ 在绝对值方式(G90)下,极径的起点是坐标系的原点,极角的起始边永远是当前有效平面的第一个坐标轴。如图 3-3-3(a)所示为绝对值方式的极坐标编程。

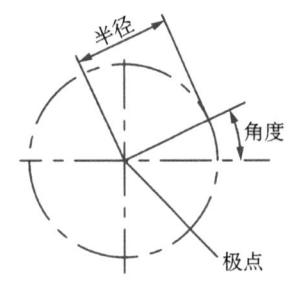

图 3-3-2 极坐标的三个特征

⑤ 在增量值方式(G91)下,极径的起点是当前刀具位置,极角是相对于上一次编程角度的增量值,在刚进入极坐标编程方式时,极角的起始边是当前有效平面的第一个坐标轴,缺省表示极角为零。如图 3-3-3(b)所示为增量值方式的极坐标编程。

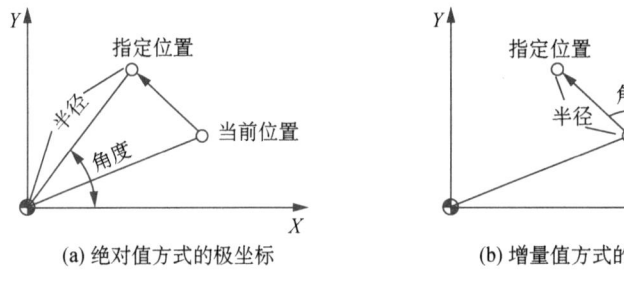

(a) 绝对值方式的极坐标   (b) 增量值方式的极坐标

图 3-3-3 极坐标编程

考证习题

一、判断题

1. 在 FANUC 0i 系统中,极径和极角的值与绝对值方式还是增量值方式有关,也可以将绝对值方式和增量值方式混合使用。   (   )
2. G16 开启极坐标功能。   (   )

二、选择题(选择一个或多个正确答案)

1. 极坐标的平面选择与圆弧的平面选择方法相同,也使用 G17,G18,G19 指令来指定。必须注意的是,用所选平面的第一个坐标轴指令(   ),第二个坐标轴指令极角度。

   A. 极半径   B. 极点   C. 极角度   D. 极直径

2. 取消极坐标指令是(   )。

   A. G15   B. G16   C. G17   D. G18

三、简答题

1. 极坐标的三个基本特征是什么?
2. 极径和极角的值在绝对值方式(G90)和增量值方式(G91)中,有什么不同?

知识点 2　简化编程指令

一、比例缩放功能指令 G50,G51

该指令可使原编程尺寸按指定比例缩小或放大,因此可用一个程序加工出形状相同、尺寸不同的工件。比例可以在程序中指定,还可用参数指定比例。如图 3-3-4 所示,P_0 为缩放中心,从 ABCD 缩放到 abcd。该功能不是数控系统的标准功能,不同的系统采用不同的指令代码及格式。G50 为开始缩放,G51 为取消缩放。

1. 指令格式

$$G51\ X\_\ Y\_\ Z\_ \begin{cases} P\_\ ; \\ I\_\ J\_\ K\_\ ; \end{cases}$$

$$G50;$$

式中,X,Y,Z 为缩放中心的坐标值;P 为缩放系数(适用于各轴缩放比例值相同时,如图 3-3-4);I,J,K 为各轴(X,Y,Z)的缩放比例因子(适用于各轴缩放比例值不同时,如图 3-3-5);缩放因数的指定范围为 0.001~999.999。

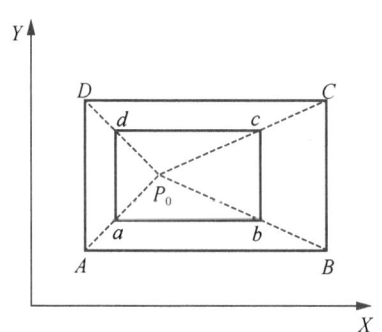

图 3-3-4　各轴以相同比例编程

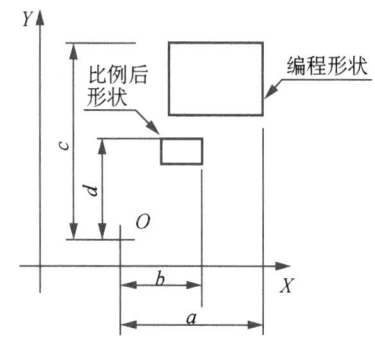

图 3-3-5　各轴以不同比例编程

2. 指令说明

① G51 既可指定平面缩放,也可指定空间缩放。必须在单独的程序段内用 G51 指令,图形缩放后,用 G50 指令取消缩放功能。

② 在 G51 后,运动指令的坐标值以 X,Y,Z 为缩放中心,按规定的缩放比例进行计算。

③ 在有刀具补偿的情况下,先进行缩放,然后才进行刀具半径补偿和刀具长度补偿。

④ G51,G50 为模态指令,可相互注销,G50 为缺省值。

二、镜像加工指令 G50.1,G51.1

该指令可以将刀具路径按指定规律转换到其他象限中去(产生镜像变换),以实现对称加工编程,简化加工程序。该功能不是数控系统的标准功能,不同的系统采用不同的指令代码及格式。G51.1 为镜像加工有效,G50.1 为取消镜像加工模式。

1. 指令格式

$$G51.1\ X\_\_\ Y\_\_;$$
$$……;$$
$$G50.1\ X\_\_\ Y\_\_;$$

式中,X,Y 为镜像中心的坐标值或指定的镜像轴。G51.1 为可编程镜像,G50.1 为取消镜像。

2. 指令说明

在指定平面上,若仅有一轴指定镜像时,圆弧、刀具半径补偿或坐标回转等的回转方向或补正方向均反向执行;取消镜像时,应在镜像中心进行或在取消镜像后以绝对值指令定位,否则绝对值和机械位置无法吻合;由于数控镗铣床的 Z 轴一般安装刀具,所以,Z 轴一般都不进行镜像加工。

3. 编程实例

精铣如图 3-3-6 所示零件轮廓,试编写程序,设背吃刀量为 4 mm。

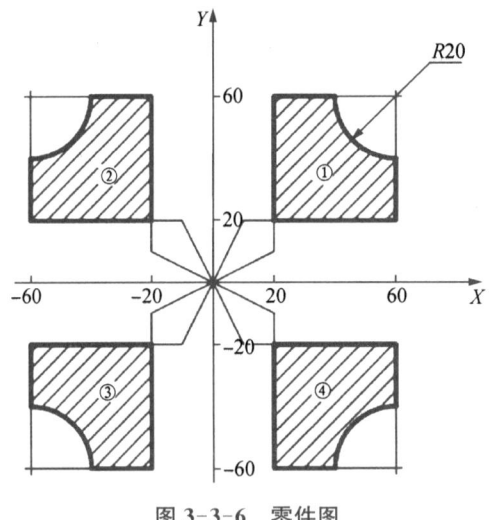

图 3-3-6 零件图

加工程序见表 3-3-4。

表 3-3-4 镜像加工参考程序

加工程序	程序说明
O0001;	程序名
G54 G69 G90 G49 G21 G17 G80;	程序初始化
G91 G28 Z0;	主轴 Z 轴方向回参考点
S300 M03;	主轴正转,转速为 300 r/min

(续表)

加工程序	程序说明
G90 G00 X0 Y0 Z100.;	刀具抬至安全平面,长度补偿 H01
G43 H01 Z10. M08;	刀具到安全平面
M98 P100;	加工轮廓①
G51.1 X0;	Y 轴镜像,镜像位置为 X=0
M98 P100;	加工轮廓②
G51.1 X0 Y0;	X 轴、Y 轴镜像,镜像位置为(0,0)
M98 P100;	加工轮廓③
G50.1 X0;	X 轴镜像继续有效,取消 Y 轴镜像
M98 P100;	加工轮廓④
G50.1 Y0;	取消镜像
G90 G49 G00 Z100. M09;	取消刀补,刀具抬高,切削液关
X0 Y0;	刀具回起始点
M05;	主轴停
M30;	程序结束
子程序	
O100;	子程序号(轮廓①的加工程序)
G91 G41 G00 X20. Y14. D01;	增量编程,左补,刀具到达起始点
G01 Z-14. F100;	Z 轴方向铣削 4 mm
Y46. F150;	顺时针铣削轮廓
X20.;	
G03 X20. Y-20. I20.;	
G01 Y-20.;	
X-50.;	
G00 Z14.;	抬刀
G40 X-14. Y-20.;	取消刀补
M99;	子程序结束,返回主程序

考证习题

一、填空题

1. 比例缩放功能指令 G50,G51,可使原编程尺寸按指定比例缩小或放大,因此可用一个程序加工出_____的工件。

2. 镜像加工指令 G50.1,G51.1,可以将刀具路径按指定规律转换到其他象限中去（产生镜像变换），以实现_____加工编程,简化加工程序。

二、判断题

1. 在指定平面上,若仅有一轴指定镜像时,圆弧、刀具半径补偿或坐标回转等的回转方向或补正方向均正向执行。（　　）

2. G51 既可指定平面缩放,也可指定空间缩放。（　　）

三、选择题(选择一个或多个正确答案)

1. G51.1 X__ Y__;中的 X,Y 为镜像中心的坐标值或(　　)。
   A. 镜像平面　　　　B. 镜像点　　　C. 指定的镜像轴　　D. 指定平面

2. 比例缩放功能指令 G51 X__ Y__ Z__ P__ 中,P 为(　　),适用于各轴缩放比例值相同时。
   A. 各轴的缩放比例因子　　　　B. 时间
   C. 坐标值　　　　　　　　　　D. 缩放系数

3. (　　)指令可使原编程尺寸按指定比例缩小或放大,因此可用一个程序加工出形状相同、尺寸不同的工件。
   A. 极坐标指令　　　　　　　　B. 比例缩放功能指令
   C. 镜像加工指令　　　　　　　D. 坐标系旋转功能指令

四、简答题

镜像加工指令作用是什么？如何使用？

知识点3　坐标系旋转功能指令 G68,G69

一、坐标系旋转功能指令 G68,G69

该指令可使编程图形绕定义点旋转指定的角度实现工件加工。G68 为建立坐标旋转,G69 为取消坐标旋转。

1. 指令格式

$$G68 \begin{Bmatrix} X\_\_ Y\_\_ \\ X\_\_ Z\_\_ \\ Y\_\_ Z\_\_ \end{Bmatrix} R\_\_ ;$$

$$G69;$$

式中,X,Y,Z 为旋转中心的坐标值；R 为旋转角度,单位是"°",逆时针为正,顺时针为负。

2. 指令说明

坐标系旋转功能只需要确定以下三个中的一个要素：旋转中心、旋转角度、旋转的刀具路径。坐标旋转绕旋转中心进行,根据所选平面,该点可用两个不同的轴来定义：用 G17 时,X,Y 轴是旋转点坐标,用 G18 时是 X,Z 轴,用 G19 时是 Y,Z 轴;当程序在绝对值方式下时,G68 程序段后的第一个程序段必须使用绝对值方式移动指令,才能确定旋转中心。如果这一程序段为增量值方式移动指令,那么系统将以当前位置为旋转中心,按

G68 给定的角度旋转坐标;坐标旋转激活后,所有移动指令将绕旋转中心旋转,因此整个几何图形将旋转一个角度;在有刀具补偿的情况下,先旋转后补偿(刀具半径补偿、刀具长度补偿);在有缩放功能的情况下,先缩放后旋转。

3. 编程实例

对于旋转重复图形,使用系统提供的旋转功能指令 G68 编程,可大大简化编程。先编出一个图形,再将其旋转,角度用增量值编程,重复调用,加工出所有图形。在程序设计上,一般要三级,即主程序、重复调用子程序、图形原形子程序。在主程序中,先调用原形子程序加工第一图形,再指令重复调用子程序,而原形子程序包含在重复调用子程序的旋转功能中。

加工如图 3-3-7 所示的图案,试用坐标系旋转指令编写加工程序。

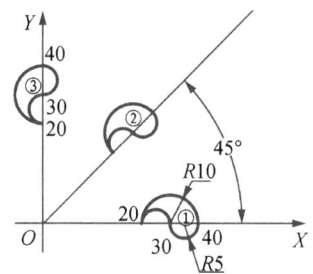

图 3-3-7 相同图案

加工程序见表 3-3-5。

表 3-3-5 相同图案加工参考程序

加工程序	程序说明
O0002;	程序名
G54 G69 G90 G49 G21 G17 G80;	程序初始化
G91 G28 Z0;	主轴 Z 轴方向回参考点
T01 M06;	自动换 1 号刀
S300 M03;	刀具快速定位,启动主轴
G00 G43 H01 Z5.0;	刀具抬至安全平面,长度补偿 H01
M98 P31001;	旋转加工三次
G69;	取消旋转
G90 G00 Z100.;	刀具抬高 100 mm
M05;	主轴停止
M30;	程序结束
O1001;	重复调用子程序
G90 G00 X20. Y0;	
M98 P1002;	

(续表)

加工程序	程序说明
G91 G68 X0 Y0 R45.0;	
M99;	
O1002;	图形原形子程序
G01 Z-2. F150;	
G91 G02 X20. Y0 R10.0 F250;	
G02 X-10. Y0 R5.;	
G03 X-10. Y0 R5.;	
G90 G00 Z5.;	
M99;	

考证习题

一、判断题

1. 坐标系旋转功能指令 G68,G69,可使编程图形绕定义点旋转指定的角度实现工件加工。（　　）

2. 当程序在绝对值方式下时,G68 程序段后的第一个程序段必须使用增量值方式移动指令,才能确定旋转中心。（　　）

3. 在有刀具补偿的情况下,先旋转后补偿(刀具半径补偿、刀具长度补偿);在有缩放功能的情况下,先缩放后旋转。（　　）

二、选择题(选择一个或多个正确答案)

1. 在 G68　X__　Z__　R__ 指令中,R 为(　　)。
A. 旋转角度　　　B. 半径　　　C. 深度　　　D. 半径差

2. 对于(　　)图形,使用系统提供的旋转功能指令 G68,可大大简化编程。
A. 旋转重复　　　B. 方体　　　C. 对称　　　D. 圆柱体

三、简答题

如何使用坐标系旋转功能指令?

学习活动 2　程序设计,历练技能

法兰盘的程序设计

请你按照编程原则,完成法兰盘的程序设计。

一、工艺制订

1. 零件的装夹

以已加工过的底面为定位基准,用三爪自定心卡盘装夹,并固定于铣床工作台上。

2. 刀具选择

根据孔的尺寸及精度要求,选择刀具,填入表 3-3-6。

表 3-3-6 数控加工刀具卡片

产品名称或代号:			零件名称:法兰盘		零件图号:	
序号	刀具号	刀具规格及名称	材质	数量	加工表面	备注
编制:			审核:			

3. 确定加工工艺

① 钻 8-ϕ10 mm 通孔;

② ϕ80 mm 孔:ϕ28 mm 镗刀精镗孔。

编制加工工艺卡片,填入表 3-3-7。

表 3-3-7 数控加工工艺卡片

零件名称	法兰盘	零件图号		工件材质		45 钢	
工序号	程序编号	夹具名称		数控系统		车间	
1	O0001	平口钳		FANUC 0i			
工步号	工步内容	刀具号	主轴转速/ (r·min^{-1})	进给量/ (mm·r^{-1})		背吃刀量/ mm	备注
编制		审核		批准			

二、编写加工程序

以工件的对称中心(ϕ200 mm 孔轴线)和工件上表面的交点为工件原点,进行程序设计,填入表 3-3-8。

表 3-3-8 法兰盘加工程序

加工程序	程序说明

学习活动 3 小组竞赛,强化技能

完成如图 3-3-8 所示,毛坯尺寸为 100 mm×100 mm×30 mm,零件材料为 45 钢,试合理选择加工指令,编写长方体凸台及 8 个孔的加工程序并完成仿真加工,填入表 3-3-9。

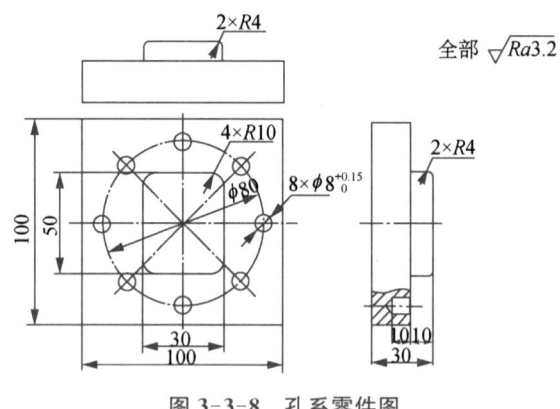

图 3-3-8 孔系零件图

表 3-3-9 孔系零件的加工程序

加工程序	程序说明

(续表)

加工程序	程序说明

加工如图 3-3-9 所示透盖零件,毛坯为半成品,零件材料为 HT200,试制订合理的加工工艺,编写零件中 $6×\phi10$ mm 的加工程序,填入表 3-3-10 中。(拓展题,小组完成)

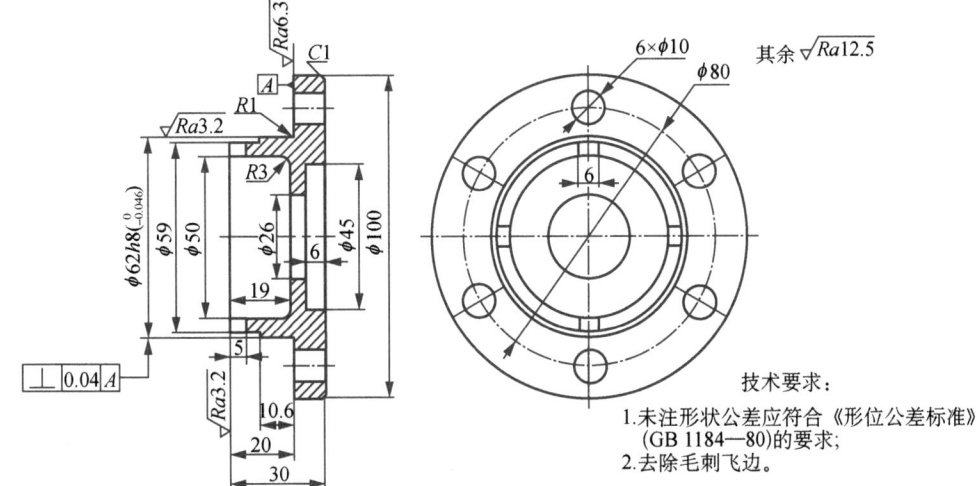

图 3-3-9 透盖零件图

表 3-3-10 透盖的加工程序

加工程序	程序说明

学习活动 4　仿真训练,拓展应用

请根据编程竞赛中零件(图 3-3-9)的加工程序,完成透盖的仿真加工,提交仿真视频,根据仿真情况,填写表 3-3-11 中的检测结果。

表 3-3-11　透盖的仿真加工评分标准

序号	项目	检测内容		配分		检测结果		得分
		IT	Ra	IT	Ra	IT	Ra	
1	圆弧	R1	—	1	—	—		
2		R3	—	1	—	—		
3	直径	φ62	—	7	—	—		
4		φ50	—	1	—	—		
5		φ26	—	1	—	—		
6		φ45	—	1	—	—		
7		φ59	—	1	—	—		
8		φ10(6处)		6				
9	长度	5	—	1	—	—		
10		10.6	—	1	—	—		
11		20	—	1	—	—		
12		30	—	1	—	—		
13		6	—	1	—	—		
14	槽	6	—	1	—	—		
15	程序	检查程序正误		75				
16	考场纪律	① 小组讨论完成; ② 文明生产,避免产生撞刀、崩刀、换件等				若有违反考场纪律的考生酌情扣 3~10 分		
17	评分细则	① 外径尺寸每超差不得分,长度尺寸每超差不得分; ② 倒角不合格酌情扣 1~2 分; ③ 程序没完成或指令格式有错误导致程序无法运行扣 20~30 分; ④ 程序能运行但存在指令格式错误或编写不规范酌情扣 2~10 分						

学习活动 5　小组汇报,检查评估

请你根据法兰盘的加工程序设计过程中的任务完成情况、表现,给出合理的自评、互评成绩;教师根据每个小组的汇报及小组自评和互评成绩,进行点评,见表 3-3-12。

表 3-3-12 综合评价

项目评分			评分细则	配分	得分		
					自评	小组互评	教师评价
职业素养(30分)	纪律情况(10分)	不迟到,不早退	违反1次不得分	4			
		积极参与活动	根据上课统计情况得1~2分	4			
		笔记本、笔、教材	1种不带扣1分	2			
职业素养(30分)	职业道德(10分)	与他人合作	不符合要求不得分	5			
		工匠精神、爱国情怀	对工作精益求精且效果明显得3~5分	5			
	职业能力(10分)	工艺制订能力	符合工艺要求	3			
		程序设计能力	正确运用加工指令	4			
		创新能力*(加分项)	工艺优化、加工程序创新,难度大的零件的攻关等,视情况得1~3分	3			
工作任务(70分)	小组分配	组织分配	人员安排合理,分工明确得3分;1项组织不当扣1分	3			
	自主学习	自学能力、解决问题的能力	问题组织能力3分;抽查成绩4分	7			
	程序设计	刀具卡片、工艺卡片、程序卡片	刀具卡片3分;工艺卡片5分;程序卡片6分	14			
	小组竞赛	个人赛、小组赛	个人赛6分,计入本人成绩;小组赛10分,计入小组成员成绩	16			
	仿真训练	操作规范、零件加工	操作规范、撞刀、换件扣2~5分;零件仿真加工实际得分占总分10%	10			
	小组汇报	团队合作、语言表达、竞争意识	汇报6分;自评、互评符合真实情况各2分	10			
	企业案例	收集企业案例情况	案例程序设计7分;每收集1例得0.5分,最高得3分	10			
资源平台活动情况	测验	按时提交、成绩	按照资源平台每个模块的赋分权重得分,最后期末成绩占20%	—	—	—	—
	讨论、提问	回答准确率					
	作业	完成程度、成绩					
	考试	成绩					
	课件阅读	完成程度					
总分							
总分[加权平均分(自评20%,小组评价30%,教师评价50%)]							
组长签字			教师签字				

请你根据小组互评成绩,认真检查自己,查找不足,写出自己的补救方法及下一步的学习计划,完成项目总结报告。

教师指导意见:

学习活动 6　企业案例,拓展应用

如图 3-3-10 所示,某企业片材机零件图,毛坯尺寸为 $\phi 110\ mm \times 20\ mm$,零件材料为 A3 钢,编写轴承压盖的加工程序。请你去企业收集相关孔系类零件的案例,进行程序设计练习,上传到资源平台。

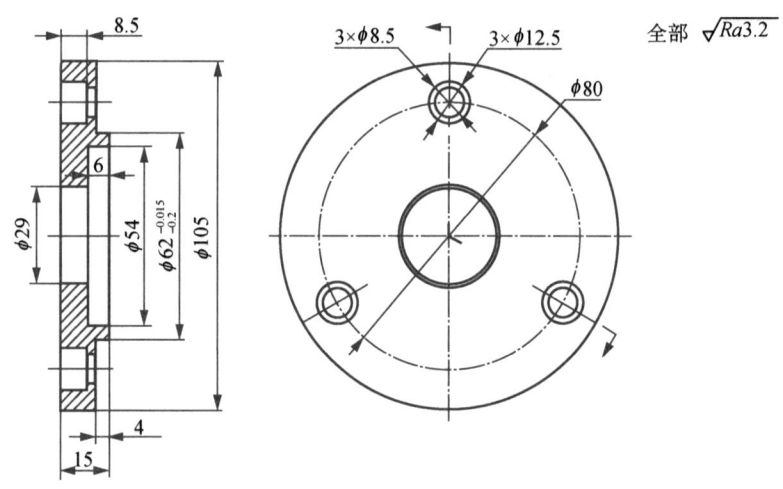

图 3-3-10　压盖

任务四
配合类零件的编程与加工

通过大赛样例和数控车铣"1+X"职业技能证书样例,巩固车铣加工指令,掌握配合零件的加工工艺、配合精度、程序设计,提高操作技能,将技能大赛、"1+X"证书融入教材,为考证奠定基础。

任务描述

如图 3-4-1 所示,车铣两零件配合加工图是 2018 年智能制造技术技能大赛样题,需要在数控车床和加工中心上完成加工。材质为 45 钢,毛坯为 $\phi 45$ mm×45 mm 圆棒料 1 根、60 mm×80 mm×30 mm 板材 1 块;零件配合要求为:台阶轴的两处外圆与长方体的台阶孔配合。试选择合理的刀具和切削用量,安排加工顺序,制订配合件的加工工艺方案,正确制订数控加工工艺,编写加工程序,并进行仿真加工。

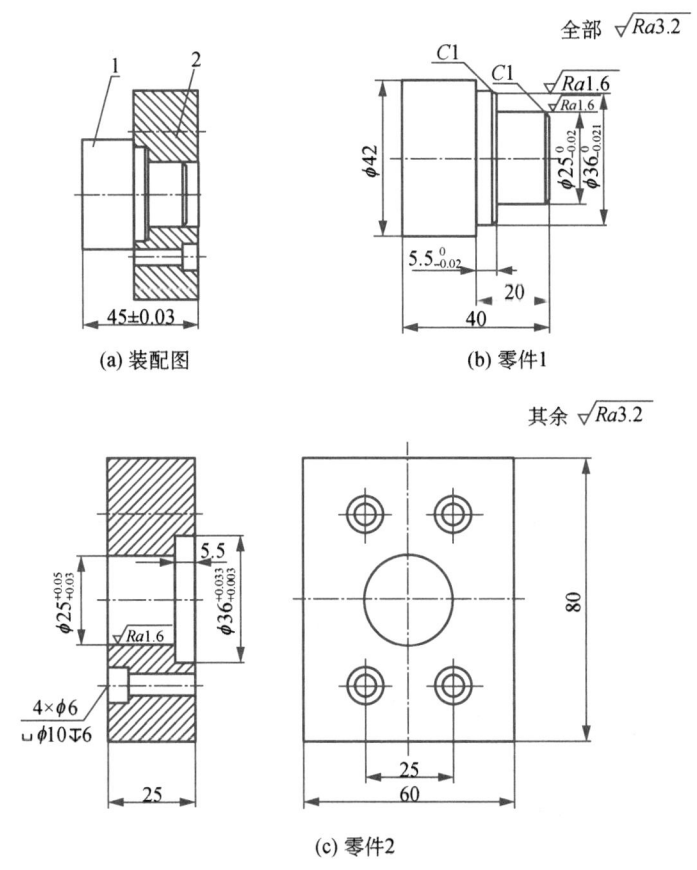

图 3-4-1 两零件配合图纸

教学目标

一、素质目标
① 培养学生的竞争意识、拼搏精神及创新能力；
② 培养学生严谨细致、精益求精的工匠精神。

二、知识目标
① 巩固轴、板类零件的加工方法、安装方法、刀具、切削用量的选择；
② 掌握配合零件的加工顺序。

三、能力目标
① 能够分析配合零件的加工工艺；
② 能合理选择配合零件的毛坯、刀具、夹具、机床、切削用量、工件装夹方法、加工方法；
③ 能编写配合零件的加工程序，并能仿真加工。

学习要求

通过该任务的 6 个环节，明确"配合类零件的编程与加工"任务中的加工程序设计的内容与步骤，巩固常用加工指令、配合零件的程序设计。具体工作步骤及要求见表 3-4-1。

表 3-4-1 具体工作步骤及要求

序号	工作步骤	要求	学时安排	备注
1	明确任务 自主学习	能快速明确任务要求并清晰地表达，在教师要求的时间内完成任务；能够在自主学习过程中发现问题，解决问题，完成知识点的测试，巩固常用加工指令等理论知识。	0.3 学时	
2	程序设计 历练技能	边学边练，掌握简单配合类零件的程序设计	0.5 学时	
3	小组竞赛 强化技能	按照竞赛要求，在规定的时间内，完成配合类零件的程序设计	0.2 学时	
4	自动编程 拓展训练	用仿真软件进行仿真加工，检验设计程序的正确性，修改完善加工程序	0.5 学时	
5	小组汇报 检查评估	能够清晰地总结知识，思路清晰，语言描述流畅。完成任务自评与互评、学习报告	0.5 学时	
6	赛证案例 提高技能	根据企业产品结构，设计加工程序	课外	

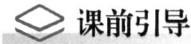

课前引导

零件 1 由 ϕ42 mm、ϕ36 mm、ϕ25 mm 外圆及倒角组成,结构简单。2 处精度外圆、1 处长度尺寸精度较高,精度外圆需要和零件 2 的台阶孔配合,应严格控制尺寸。

零件 2 由 4 个相同的台阶孔组成,精度较低,自由公差。一个精度较高的台阶孔和台阶轴配合,加工时需要以台阶轴为塞规进行检测。两零件装配在一起,保证配合尺寸为 45±0.03 mm,尺寸标注完整,结构清晰。

学习活动 1　明确任务,自主学习

根据任务要求,通过观看微课、动画等方式,学习相关知识,完成资源平台中的课前测验。预习并总结在学习过程中遇到的问题及解决办法,填入表 3-4-2。

表 3-4-2　遇到的问题

序号	遇到的问题	是否解决 (已解决的问题说明解决办法)
1		
2		

教师检查学生自学情况,根据学生提交的问题及表现,在课堂上用如下问题抽查自学情况(也可在资源平台提问),然后进行集中讲授和个别指导。

1. 内外轮廓的切入方法有哪些?

2. 配合零件分析的主要技术有哪些?

知识点　组合件的关键技术

一、车削组合件的关键技术

多件组合件由多个不同的零件经加工后,按图样组合(装配),达到一定的精度。

组合件的件数可多可少,组合程度可复杂可简单。它需要每个组件都必须符合加工要求,否则不经修配、一次组装很难保证组合后的工艺要求。

车削组合件是切削加工知识的综合运用。车削组合件的关键技术是加工工艺方案的制订、基准零件的选择,以及切削过程中的配车和配研。

1. 确定基准件

认真分析组合件的装配关系,确定基准零件(即直接影响组合件装配后各零件相互位置精度的主要零件)。

2. 先车削基准零件

加工组合件时,应先车削基准零件,然后根据装配的顺序,依次车削组合件中的零件。

3. 车削基准零件时应注意的问题

① 影响组合件配合精度的诸尺寸应尽量加工至两极限尺寸的中间值,且加工误差应控制在图样允许误差的 1/2,各表面的几何形状误差和表面间的相互位置误差应尽可能小。

② 有锥体配合的组合件,车削时车刀刀尖应与体轴线等高,避免产生圆锥素线的直线度误差。

③ 有偏心配合时,偏心部分的偏心量应一致,加工误差应控制在图样允许误差的 1/2,且偏心部分的轴线应平行于零件轴线。

④ 有螺纹配合时,螺纹应车制成形,一般不允许使用板牙、丝锥加工,以防工件位移而影响工件的同轴度。

⑤ 组合件各表面间的锐边应倒钝,毛刺应清除。

4. 组合件中其余零件的车削要求

组合件中其余零件的车削,一方面应按基准零件车削时的要求进行,另一方面应按已加工的基准零件及其他零件的实测结果作相应调整,充分使用配车、配研组合加工等手段,以保证组合件的装配精度要求。

5. 分别拟订各零件的加工方法

根据各零件的技术要求和结构特点,以及组合件装配的技术要求,分别拟订零件的加工方法,各主要表面的加工次数(粗、半精、精加工的选择)和顺序。通常应先加工基准表面,后加工零件上的其他表面。

二、内、外圆柱面的切入方法

内外轮廓的加工方法依据进刀方式的不同,可分为直线切入法、切线切入法、圆弧切入法。实际加工中要根据零件的实际结构合理选择切入方法。

1. 直线切入法

直线切入法是铣刀轴线与工件轴线平行(处在同一平面内)并以直线进给切入工件外圆,然后再执行圆弧插补的加工方法,如图 3-4-2 所示。

2. 切线切入法

切线切入法是铣刀沿工件外圆切线切入工件,然后再执行圆弧插补的加工方法,如图 3-4-3 所示。

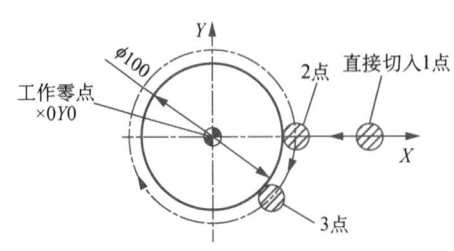

图 3-4-2 直线切入法铣整圆

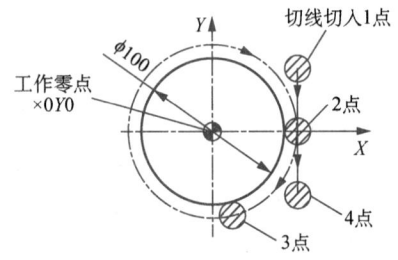

图 3-4-3 切线切入法铣整圆

3. 圆弧切入法

圆弧切入法是铣刀以过渡圆弧切入工件外圆,然后再执行圆弧插补的加工方法,如图 3-4-4 所示。

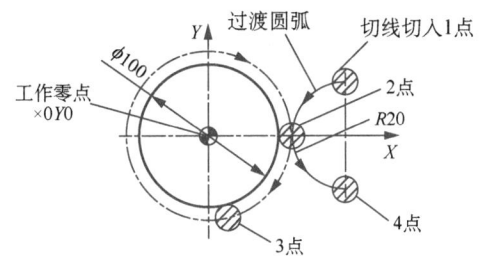

图 3-4-4　圆弧切入法铣整圆

内圆柱面的精加工进刀方法只能选用直线切入法和圆弧切入法,方法同外轮廓。精度不高的选择直线切入法,精度高的选择圆弧切入法。

考证习题

一、判断题

1. 车削组合件的关键技术是加工工艺方案的制订、基准零件的选择,以及切削过程中的配车和配研。　　　　　　　　　　　　　　　　　　　　　　　　　(　　)
2. 基准零件是直接影响组合件装配后各零件相互位置精度的主要零件。　(　　)
3. 影响组合件配合精度的诸尺寸应尽量加工至两极限尺寸。　　　　　(　　)

二、选择题(选择一个或多个正确答案)

1. 有锥体配合的组合件,车削时车刀刀尖应(　　)零件轴线,避免产生圆锥素线的直线度误差。

　　A. 等于　　　　　B. 高于　　　　　C. 低于　　　　　D. 都可以

2. 精铣精度高的内圆柱面时,一般选择(　　)进刀方式。

　　A. 圆弧切入法　　B. 直线切入法　　C. 切线切入法　　D. 螺旋切入法

三、简答题

根据图 3-4-1 所示的两零件配合图纸,分析在数控铣床或加工中心上加工图 3-4-1(c)中的中间台阶孔时,如何选择加工方法?

学习活动 2　程序设计,历练技能

请你按照编程原则,完成车铣配合零件的程序设计。记录下你在编写过程中遇到的主要问题及解决方法。

配合零件的程序设计

一、配合零件的加工工艺分析

1. 配合零件的技术要求分析

(1) 尺寸精度

零件1的尺寸精度有3处,2处外圆φ25 mm、φ36 mm,长度尺寸为5.5 mm,其尺寸公差值分别为0.02 mm、0.021 mm、0.02 mm,其余部位精度都低于该公差要求;零件2的尺寸精度主要指内孔的直径尺寸精度,有2处精度内孔,其尺寸公差值为0.02 mm、0.03 mm,其余部位精度都低于该公差要求。

(2) 位置精度

零件1、零件2都没有标注位置精度,按照未注公差要求。

(3) 表面粗糙度

零件1、零件2的配合孔和外圆的表面粗糙度要求较高,都为$Ra1.6\ \mu m$,其余为$Ra3.2\ \mu m$。

(4) 配合精度要求,零件1与零件2的配合尺寸为(45±0.03) mm。

2. 配合零件的结构工艺性分析

(1) 配合零件组成表面的形式

该配合零件由圆柱面配合,两个零件结构较简单。在加工时注意加工顺序,在保证每个零件精度的同时,也要保证配合要求。

(2) 构成零件的各表面的组合关系

两个零件相配合,2处φ25 mm、φ36 mm外圆与内孔配合,形成两处间隙配合,保证配合长度为45±0.03 mm。

3. 加工工序的安排

先加工零件1,再加工零件2;加工零件2的孔时,用零件1的圆柱进行测量。

二、配合零件的机床、刀具选择

1. 设备选择

零件1在数控车床上加工;零件2用的刀具较多,如果选择铣床,安装刀具比较复杂。现在举办的智能制造技能大赛,都选择加工中心,已完全自动化。工艺设计在大赛中是很关键的,整个加工过程由机器人来完成,所以可以选择立式加工中心。

2. 零件毛坯

选用φ45 mm×45 mm圆棒料1根、60 mm×80 mm×30 mm长方体1块,毛坯为45钢。

3. 零件的装夹

零件1用三爪卡盘装夹,零件2用液压平口钳装夹。

4. 刀具选择

零件1可选用90°外圆车刀来加工;零件2可选用端铣刀、麻花钻、扩孔钻、铰刀、镗刀。编制加工刀具卡片,填入表3-4-3。

表 3-4-3　数控加工刀具卡片

产品名称或代号：			零件名称:配合零件		零件图号：	
序号	刀具号	刀具规格及名称	材质	数量	加工表面	备注
零件 1						
零件 2						
编制：			审核：			

三、配合零件基准与加工方法的选择

1. 配合零件的基准

零件 1 直径方向的基准是轴线，长度方向的基准是右端面；零件 2 的基准是对称中心线，上下平面。

2. 选择配合件的加工方法

根据配合件的每个部件的精度和表面粗糙度技术要求，零件 1 选用车削加工，可以达到要求；零件 2 选用铣削、钻削、铰削。

四、编制加工工艺

1. 确定加工工艺

本任务为两零件配合，既要保证单件的加工精度，又要保证两零件之间的配合精度。为了保证圆柱面与内孔的配合精度，应使台阶孔和台阶外圆分别在一次装夹中加工完成。综合考虑各方面的因素，加工工艺路线安排如下。

零件 1 加工工艺：

① 自定心卡盘夹持零件 1 毛坯，车 $\phi42$ mm×23 mm 的外圆柱作为定位基准夹持面。

② 调头夹持 $\phi42$ mm×23 mm 外圆，粗、精车零件 1 右端两外圆及倒角至尺寸要求。

零件 2 加工工艺：

① 粗、精铣底面、四个台阶孔至尺寸要求，钻扩 $\phi25$ mm 孔至 $\phi24.8$ mm。

② 调头装夹。

- 粗、精铣上平面；

- 铰ϕ25 mm 孔至要求尺寸；
- 精镗ϕ36 mm 至要求尺寸。

编制加工工艺卡片，填入表 3-4-4。

表 3-4-4 配合零件数控加工工艺卡片

零件名称		两件配合		零件图号		工件材质		45 钢	
夹具名称						车间			
工序号	工序名称	工序内容		刀具号	主轴转速/ (r·min^{-1})	进给量/ (mm·r^{-1})	背吃刀量/ mm		备注
零件 1									
零件 2									
编制				审核		批准			

五、编写加工程序

零件 1 在数控车床上完成，以左右端面与轴线的交点为编程原点；零件 2 在加工中心上完成，以对称中心线为编程原点。将加工程序填入表 3-4-5、3-4-6，或另加附页。

表 3-4-5 零件 1 加工程序

加工程序	程序说明

表 3-4-6 零件 2 加工程序

加工程序	程序说明

学习活动 3　小组竞赛，强化技能

如图 3-4-5 所示，毛坯为 80 mm×80 mm×15 mm 长方体一块、φ45 mm×45 mm 圆棒料一根，零件材料为 45 钢，试合理选择加工指令，编写零件 1 中孔的加工程序和零件 2 的加工程序并填入表 3-4-7，完成仿真加工。

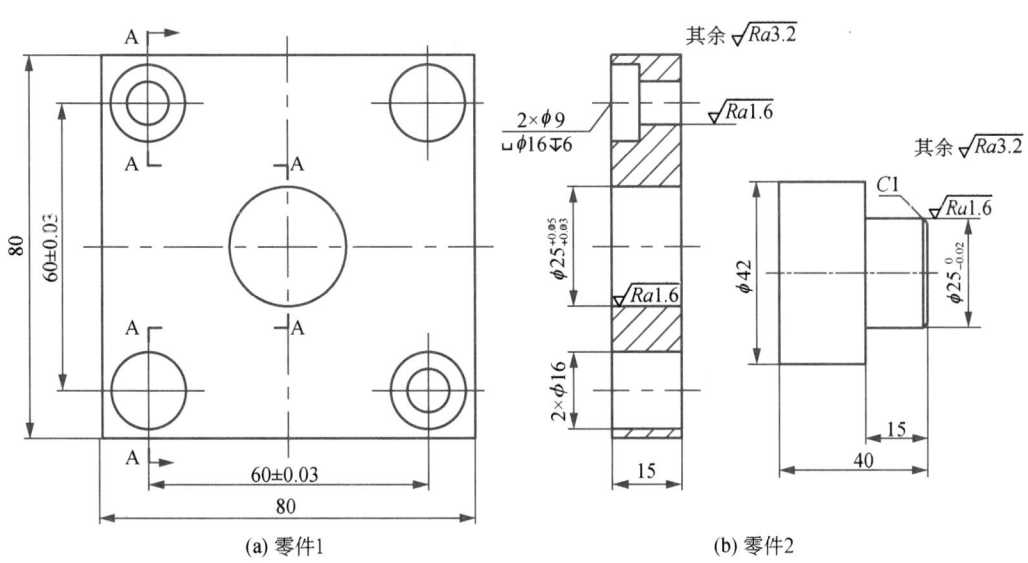

(a) 零件1　　　　(b) 零件2

图 3-4-5　车铣配合类零件

表 3-4-7　车铣配合零件的加工程序

加工程序	程序说明

(续表)

加工程序	程序说明

如图 3-4-6 所示为车铣零件图,是 2021 年数控车铣"1+X"证书考试实操练习样题。毛坯与轴承规格见表 3-4-8。零件配合要求为:轴承座的内孔 ϕ42 mm 与轴承的外径配合,传动轴与轴承的内孔配合。试选择合理的刀具和切削用量,安排加工顺序,制订配合件的加工工艺方案,正确制订数控加工工艺,设计加工程序,填入表 3-4-9 和表 3-4-10。(拓展题,小组完成)

表 3-4-8 车铣配合零件的毛坯规格

序号	零件名称	材料	规格	数量	备注
1	轴承座	2A12 铝	80 mm×80 mm×25 mm	1	毛坯
2	传动轴	45 钢	ϕ55 mm×65 mm	1	毛坯
3	深沟球轴承	轴承钢	型号:16004;外径:42 mm,内径:20 mm	1	标准件

"1+X"证书考试实操——自动编程解析

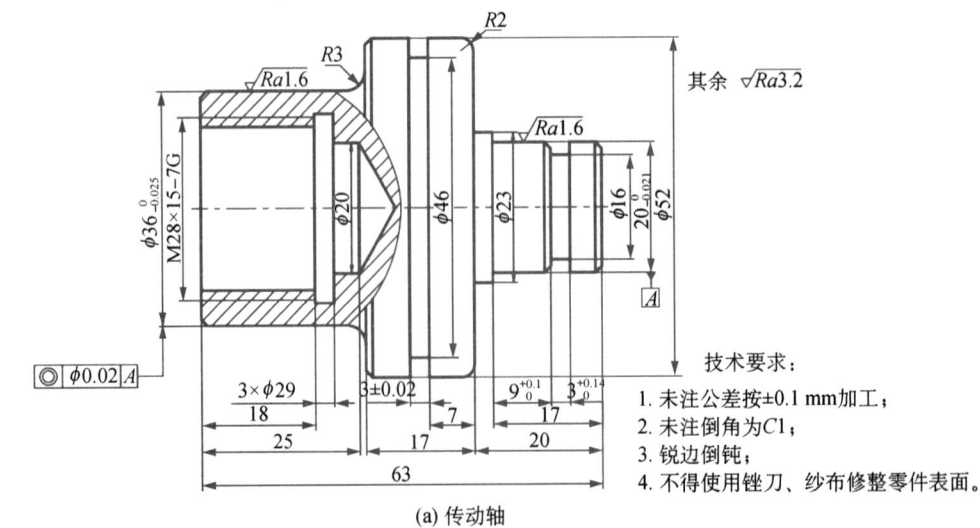

(a) 传动轴

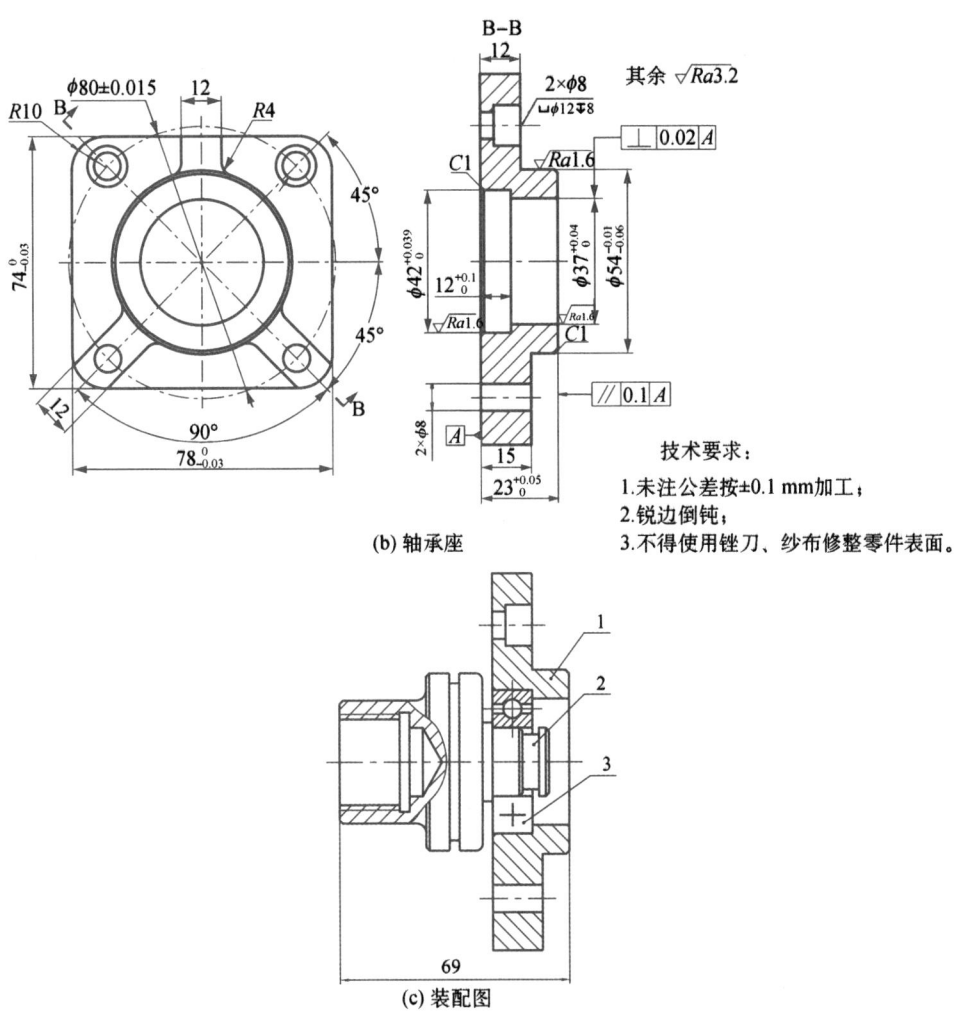

(b) 轴承座

技术要求：
1. 未注公差按±0.1 mm加工；
2. 锐边倒钝；
3. 不得使用锉刀、纱布修整零件表面。

(c) 装配图

图 3-4-6　数控车铣"1＋X"证书考试实操零件图

表 3-4-9　传动轴的加工程序

加工程序	程序说明

表 3-4-10 轴承座的加工程序

加工程序	程序说明

学习活动 4　自动编程,拓展训练

请你根据数控车铣"1+X"职业技能考证样题(图 3-4-6),进行自动编程,提交编程视频,根据生成的加工程序进行赋分,填写表 3-4-11 中的检测结果。

表 3-4-11 检测结果

程序错误或不合理的地方	扣分	得分
	根据程序情况, 1 处不合理扣 1 分; 1 处错误扣 2 分	

学习活动 5　小组汇报,检查评估

请你根据车铣配合类零件的加工程序设计过程中的任务完成情况、表现,给出合理的自评、互评成绩;教师根据每个小组的汇报及小组自评和互评成绩,进行点评,见表 3-3-12。

表 3-4-12 综合评价

项目评分			评分细则	配分	得分		
					自评	小组互评	教师评价
职业素养 (30 分)	纪律情况 (10 分)	不迟到,不早退	违反 1 次不得分	4			
		积极参与活动	根据上课统计情况得 1～2 分	4			
		笔记本、笔、教材	1 种不带扣 1 分	2			
	职业道德 (10 分)	与他人合作	不符合要求不得分	5			
		工匠精神、爱国情怀	对工作精益求精且效果明显得 3～5 分	5			

(续表)

项目评分			评分细则	配分	得分		
					自评	小组互评	教师评价
职业素养(30分)	职业能力(10分)	工艺制订能力	符合工艺要求	3			
		程序设计能力	正确运用加工指令	4			
		创新能力*(加分项)	工艺优化、加工程序创新,难度大的零件的攻关等,视情况得1～3分	3			
工作任务(70分)	小组分配	组织分配	人员安排合理,分工明确得3分;1项组织不当扣1分	3			
	自主学习	自学能力、解决问题的能力	问题组织能力3分;抽查成绩4分	7			
	程序设计	刀具卡片、工艺卡片、程序卡片	刀具卡片3分;工艺卡片5分;程序卡片6分	14			
	小组竞赛	个人赛、小组赛	个人赛6分,计入本人成绩;小组赛10分,计入小组成员成绩	16			
工作任务(70分)	自动编程训练	程序正确、合理	自动编程得分占总分10%	10			
	小组汇报	团队合作、语言表达、竞争意识	汇报6分;自评、互评符合真实情况各2分	10			
	案例收集	收集案例情况	案例程序设计7分;每收集1例得0.5分,最高得3分	10			
资源活动情况	测验	按时提交、成绩	按照资源平台每个模块的赋分权重得分,最后期末成绩占20%	—	—	—	—
	讨论、提问	回答准确率					
	作业	完成程度、成绩					
	考试	成绩					
	课件阅读	完成程度					
总分							
总分[加权平均分(自评20%,小组评价30%,教师评价50%)]							
组长签字			教师签字				

请你根据小组互评成绩,认真检查自己,查找不足,写出自己的补救方法及下一步的学习计划,完成项目总结报告。

教师指导意见：_____

学习活动 6　赛证案例，提高技能

1. 大赛案例

收集相关数控车铣大赛试题，编写零件的加工程序。

2. 数控车铣"1+X"职业技能考试案例

收集相关数控车铣考证试题，按照考证要求进行程序设计，为考取证书作准备。

参 考 文 献

［1］武友德,甯福贵. 金属切削加工与刀具[M]. 北京:机械工业出版社,2019.
［2］穆国岩. 数控机床编程与操作[M]. 北京:机械工业出版社,2019.
［3］李桂云,王晓霞. 数控编程及加工技术[M]. 大连:大连理工出版社,2018.
［4］郭恒. 数控车床操作实训教程[M]. 西安:西北工业大学出版社,2009.
［5］张晓东,王小玲. 数控编程与加工技术[M]. 北京:机械工业出版社,2008.
［6］黄伟林. 数控加工基础[M]. 北京:中国劳动社会保障出版社,2007.
［7］赵正文. 数控铣床/加工中心加工工艺与编程[M]. 北京:中国劳动社会保障出版社,2006.
［8］于久清. 数控车床/加工中心编程方法、技巧与实例[M]. 北京:机械工业出版社,2008.
［9］赵金凤,井新文,王振宝. 数控车床编程与加工[M]. 北京:中国轻工业出版社,2016.
［10］何宏伟. 数控铣工[M]. 北京:机械工业出版社,2010.
［11］周晓刚,郑爱权. 数控加工技术[M]. 天津:南开大学出版社,2010.
［12］王泉国,王小玲. 数控车床编程与加工[M]. 北京:机械工业出版社,2012.